电气类
科创与竞赛初阶教程

迟晓红 沈 瑶 刘文凤 主编

图书在版编目(CIP)数据

电气类科创与竞赛初阶教程 / 迟晓红,沈瑶,刘文凤主编. —西安:西安交通大学出版社,2024.11.
ISBN 978-7-5693-3065-6

I. TM

中国国家版本馆 CIP 数据核字第 2024QD5790 号

书　　名　电气类科创与竞赛初阶教程
DIANQILEI KECHUANG YU JINGSAI CHUJIE JIAOCHENG
主　　编　沈　瑶　迟晓红　刘文凤
责任编辑　李　佳
责任校对　王　娜

出版发行　西安交通大学出版社
(西安市兴庆南路 1 号　邮政编码 710048)
网　　址　http://www.xjtupress.com
电　　话　(029)82668357　82667874(发行中心)
(029)82668315(总编办)
传　　真　(029)82668280
印　　刷　西安五星印刷有限公司

开　　本　787 mm×1090 mm　1/16　**印张** 19.625　**字数** 464 千字
版次印次　2024 年 11 月第 1 版　2024 年 11 月第 1 次印刷
书　　号　ISBN 978-7-5693-3065-6
定　　价　53.80 元

如发现印装质量问题,请与本社发行中心联系。
订购热线:(029)82665248
投稿热线:(029)82668818
读者信箱:19773706@qq.com

前　言

本书是在践行“新工科”建设理念的人才培养背景下，为工科专业所开设的科创能力培养与竞赛培训相关课程编写的教材。本书主要面向缺少电子系统设计基本知识和经验的学生入门学习应用。在本书的学习过程中，对专业理论基础知识要求不高，主要通过应用功能多样的电子模块完成实际案例的设计，学生可利用 Arduino 开发平台实现简单的控制过程，能够根据实际情景设计功能完备的电子作品。这一实践过程为后续专业课程学习奠定基础，激发学生创新实践兴趣，为参加各类科技竞赛和创新创业活动提供实践支撑。

本书分为 5 章。第 1 章简要介绍单片机的发展历史和种类，为电子系统设计的硬件选择提供基础。第 2 章介绍 C 语言编程基础，使学生学习基本的编程思想和方法，帮助学生读懂应用程序。第 3 章初识 Arduino，介绍了 Arduino 数字端口的使用，模拟端口的使用、通信、显示和类库等内容，每部分均以实验任务形式展现，通过简单的例子，学生可以快速掌握Arduino 不同端口的使用方法，为电子系统整体设计打下基础。第 4 章为综合实验，通过会唱歌的台灯、自动门禁系统、智能垃圾桶和智能机器人四个项目案例，介绍了利用 Arduino 开发电子系统的步骤，每个案例先给出设计任务，再介绍每个电子模块的使用方法，由浅到深进行整体设计。第 5 章介绍树莓派的使用方法，树莓派作为一款强大的微型计算机，可用于搭建功能更为强大的控制系统，为复杂电子系统设计提供基础，助力用户开启创意无限的电子世界。通过对本书的学习，使学生能在一定程度上弥补目前科创能力培养与竞赛类课程无参考教材的现状，有利于学生快速开展项目设计和作品实现。

本书在西安交通大学电气工程学院的支持下完成。第 1 章和第 2 章由迟晓红完成，第 3 章、第 4 章由沈瑶完成，第 5 章及全书的内容设计及审核由刘文凤完成。本书在编写中采用了课程项目设计过程中积累的成果，同时在内容、顺序、层次和结构等方面得到了西安交通大学电气工程学院经验丰富的老前辈、专家及相关高校同行的指导和大力支持，在此表示诚挚的感谢。

由于我们经验不足，书中难免存在疏漏，恳请广大读者批评指正。对此，我们将深为感激。

编者

2024 年 3 月

目　录

第1章　创新设计入门

创新是灵感的迸发和思路的拓展，电子作品需要通过硬件选配及程序开发，将创新设计最终实现为实际作品。本章简述了电子作品设计入门可选用的硬件种类及特征，概述了常用开发语言的特点其适用范围，介绍了常用的开发环境和特点。通过本章的学习，可以了解目前主流硬件的主要特性，并对程序语言及开发环境有初步认识。

1.1　入门硬件简介

根据电子设计作品在外部设备、通信方式、计算规模和处理速度等方面的需求差异，需要在设计初期选择合适的处理器硬件。针对作品设计入门阶段的硬件选择，可以直接选择发展成熟且较常用的开发板，如 Arduino、STM32 系列的开发板，也可以根据作品特征选择单片机芯片，然后自己设计开发板。

1.1.1　单片机概述

目前，单片机正朝着高性能和多品种方向发展，未来将会进一步实现低功耗、小体积、大容量、高性能、低价格和外围电路内装化等需求。由于单片机的体积、结构和功能特点，在实际应用中可以完全融入应用系统中，因此也被称为嵌入式微控制器。根据目前的发展情况，本节从不同角度对单片机进行分类，大致可以分为通用型/专用型、总线型/非总线型等类型。

1. 单片机的分类

单片机按适用范围可分为通用型和专用型。如 80C51 是通用型单片机，它不是为某种特殊用途设计的；而专用型单片机是针对某一类产品甚至某一个产品设计生产的，例如为了满足电子体温计的要求，在片内集成具有模数转换器接口等功能的温度测量控制电路。

单片机按照总线结构可以分为总线型和非总线型。总线型单片机普遍设置有并行地址总线、数据总线、控制总线，这些引脚用以扩展并行外围器件，例如 AT80C31/AT89C51；另外，也有许多单片机把所需要的外围器件及外设接口集成在片内，可以不要并行扩展总线，大大减小封装成本和芯片体积，将这类单片机称为非总线型单片机。

单片机根据数据总线位数可分为 4 位、8 位、16 位和 32 位单片机。4 位单片机结构简单，价格便宜，适用于控制单一的小型电子类产品，如 PC 机用的输入键盘和鼠标、电池充电器、遥控器、电子玩具、小家电等。8 位单片机是目前品种最为丰富、应用最为广泛的单片机。8 位单片机主要分为 51 系列和非 51 系列单片机。51 系列单片机以其典型的结构，丰富的逻辑位操作功能和指令系统，被长期广泛应用在各个领域。16 位单片机的操作速度及数据传输能力在性能上比8位机有很大提升。目前应用较多的16位单片机有德州仪器公司(Texas Instruments,TI)的MSP430系列、凌阳SPCE061A系列、摩托罗拉的68HC16系列、英特尔的MCS-96/196系列等。32位单片机的运行速度和功能实现了大幅提升,由于技术发展及价格下降,得到了广泛应用。32位单片机主要由安谋国际科技股份有限公司(Advance RISC Machines,ARM)研制,但是严格来说,ARM不是单片机,而是一种32位处理器内核。实际中使用的ARM内核的单片机有很多型号,如:ARM系列、STM-32系列、LPC2000系列、S3C/S3F/S3P系列等。

另外,单片机按照应用领域可分为家电类、工控类、通信类、个人信息终端类等。一般来说,工控类单机片寻址范围大、运算能力强;用于家电的单片机多为专用型,通常具有小封装、低价格、外围器件和外设接口集成度高的特点。

2. 主流单片机简介

随着单片机的持续发展,种类日渐繁多,由20世纪80年代的4位、8位发展到现在的各种高速单片机,目前已投放市场的主要单片机产品多达70多个系列,500多个品种。其中还不包括专业系统或整机厂商定制的专用单片机,以及针对专门业务、领域和市场的单片机品种。本节仅对部分常见的和常用的单片机系列进行介绍。

1)8051单片机

8051单片机最早由英特尔公司推出,随后英特尔公司将80C51内核使用权以专利互换形式出让给世界许多著名集成电路(integrated circult,IC)芯片制造厂商,如飞利浦、日本电气、爱特梅尔(ATMEL)、起威、西门子、华邦等。在保持与80C51单片机兼容的基础上,这些公司融入了自身的优势,扩展了针对满足不同需求的外围电路,如满足模拟量输入的A/D、满足伺服驱动的脉冲宽度调制(pulse width modulation,PWM)、满足高速输入/输出控制的HSL/HSO、满足串行扩展总线的I2C、保证程序可靠运行的看门狗(watchdog,WDT)、引入使用方便且价廉的Flash ROM等,开发出上百种功能各异的新品种。因此,80C51单片机成为众多芯片制造厂商的内核基础,以80C51为内核的统称为51系列单片机。

2)PIC单片机

PIC-16C系列和PIC-17C系列8位单片机是美国微芯科技公司(MicroChip)的主要单片机产品,CPU采用精简指令计算(reduced insturction set computing,RISC)结构,采用哈佛(Harvard)双总线结构,运行速度快,工作电压低,功耗低,具有较大的输入/输出和直接驱动能力,价格低,一次性编程,小体积,适用于用量大、要求低、价格敏感的产品。在办公自动化设备、消费电子产品、电子通信、智能仪器仪表、汽车电子、金融电子、工业控制等多个领域都有广泛的应用。PIC系列单片机在世界单片机市场份额排名中逐年提高,发展非常迅速。

3)AVR单片机

AVR单片机是爱特梅尔在90年代推出的RISC单片机,跟PIC单片机类似,使用Harvard结构,是增强型RISC内载Flash的单片机。芯片上的Flash存储器附在用户的产品中,可随时编程,再编程,使用户的产品设计容易,更新换代方便。AVR单片机具有高速处理能力,在一个时钟周期内可执行复杂的指令,每兆赫可实现1 MIPS(million instruction per second,单字长定点指令平均执行速度)的处理能力。AVR单片机工作电压为2.7~6.0 V,达到能耗最优化。AVR单片机广泛应用于计算机外部设备、工业实时控制、仪器仪表、通信设备、家用电器、宇航设备等各个领域。

4)MSP430 单片机

德州仪器公司的 MSP430 单片机,采用冯·诺依曼架构,通过通用存储器地址总线与存储器数据总线将 16 位 RISC CPU、多种外设、高度灵活的时钟系统进行完美结合。MSP430 在不同时刻的混合信号处理和应用方面有明显优势。MSP430 的外设一般对软件服务依赖性较低,例如,模数转换器均具备自动输入通道扫描功能和硬件启动转换触发器,部分也带有 DMA 数据传输机制,可以在应用中重复利用 CPU 资源实现目标功能,而不必花费过多精力用于基本的数据处理。MSP430 可以使用更少的软件与更低的功耗,实现更低成本的系统,主要应用于计量设备、便携式仪表、智能传感系统等领域。

5)基于 ARM 内核的单片机

ARM 公司设计了大量高性能、廉价、耗能低的 RISC 处理器、相关技术及软件。ARM 将其技术授权给世界上许多著名的半导体、软件和原始设备制造厂商,每个厂商得到的都是一套独一无二的 ARM 相关技术及服务,ARM 也成为了许多全球性 RISC 标准的缔造者。目前,总共有 30 余家半导体公司与 ARM 签订了硬件技术使用许可协议,典型的产品有 ARM7、ARM9、STM32 系列等,适用于嵌入控制、多媒体、数字信号处理和移动式应用等多个领域。

1.1.2 Arduino 电子原型平台

Arduino 是一个基于单片机电路板的开源物理计算平台,可用于开发交互式系统,接受来自各类开关或传感器的输入,并能控制各种灯光、电动机和其他物理输出装置。Arduino 项目可以单独运行,也可以与计算机上运行的软件(如 Processing、MaxMSP)配合使用。

目前市场上还有许多其他可用于物理运算的单片机和单片机平台,如 Parallax Basic Stamp、Netmedia 的 BX-24、Phidgets、麻省理工学院的 Handyboard 都能提供类似的功能,但这些单片机的编程都较为复杂。Arduino 不但简化了使用单片机工作的流程,同时还为初学者提供了其他系统不具备的多种优势。首先,相比其他单片机平台而言,Arduino 开发板的价格相对便宜;其次,提供了可以跨平台运行 Arduino 软件的 Arduino IDE(integrated development environment,集成开发环境),能在 Windows、Macintosh OSX 和 Linux 操作系统中运行;再次,Arduino 的编程环境简单明了,易于初学者使用,同时对高级用户来讲也足够灵活。可扩展软件是开源工具,允许有经验的程序员在其基础上进行扩展开发,其使用的编程语言可以通过 C++库进行扩展。

开源和可扩展硬件 Arduino 以 Atmel 公司的 ATMEGA 8 位系列单片机及其 SAM3X8E 和 SAMD21 32 位单片机为硬件基础。开发板和模块计划在遵循"知识共享许可协议"的前提下发布,所以经验丰富的电路设计人员可以做出属于自己的模块,并进行相应的扩展和改进。即使是经验相对缺乏的用户也可以做出试验版的基本开发板,便于了解其运行的原理并节约成本。Arduino 开发板有各种各样的型号,如 Arduino Uno、Arduino Nano、Arduino Mega、Arduino Leonardo、Arduino Micro、Arduino Ethernet、ArduinoYún、Arduino Due 等。

1. Arduino Uno 开发板

Arduino Uno 是 2011 年 9 月 25 日在纽约创客大会上发布的,目前官方最新的版本是

Rev4，称为 Arduino Uno R4，最常用的是 Arduino Uno R3。Arduino Uno 是基于 ATmega328p的单片机开发板，其中字母“p”表示低功耗 picoPower 技术，有 14 个数字输入/输出引脚(有 6 个可用作 PWM 输出)、6 个模拟输入引脚、16 MHz 晶振。Arduino Uno 是经典入门款开发板，适用于初学者进行小规模系统开发使用。

Arduino Uno 中单片机安装在标准 28 针 IC 插座上，这样做的好处是项目开发完毕后，可以直接把芯片从 IC 插座上拿下来，并把它安装在自己的电路板上。然后可以用一个新的 ATmega328p 单片机替换 Uno 板上的芯片，当然，这个新的单片机要事先烧写好 Arduino 下载程序(运行在单片机上的软件，实现与 Arduino IDE 通信，也称为 bootloader)。用户可以购买烧写好的 ATmega328p，也可以通过另外一个 Arduino Uno 板自己烧写。Arduino Uno 还有一款采用贴片工艺的版本，称为 Arduino Uno SMD。Arduino Uno R3 开发板如图 1－1 所示，由于 Arduino 的硬件和软件都是开源的，所有关于 Arduino 的软硬件资源都可以从网上获得，因此可以买到大量的克隆板。用户如果愿意也可以使用官方原理图和印制电路板图自己做一个。

图 1－1　Arduino Uno 开发板

2. Arduino Nano 开发板

Arduino Nano 是 Arduino Uno 的微型版本，去掉了 Arduino Duemilanove/Uno 的直流电源接口及稳压电路，采用 Mini-B 标准的 USB 插座。Arduino Nano 是基于 ATmega328p 的小型开发板，可以直接插在面包板上使用。除了外观变化，Arduino Nano 的其他接口及功能基本保持不变，控制器同样采用 ATmega328 (Nano3.0)，具有 14 路数字 I/O 口(其中 6 路支持 PWM 输出)、8 路模拟输入、1 个 16 MHz 晶体振荡器、1 个 Mini－B USB 口、1 个 ICSP header 和 1 个复位按钮。

Arduino Nano 和 Arduino Uno 在使用上几乎没区别，使用时要注意在 IDE 中选对开发板型号。另外，两种板子采用的 USB 接口芯片不同，Uno 用的是 ATmega16U2，Nano 用的是 FT232RL。由于两种板子用 ATmega328 的封装形式不同，因此 Nano 比 Uno 多了 A6 和 A7 两个引脚，能够支持 8 路模拟输入，如图 1－2 所示。

图 1 - 2　Arduino Nano 开发板

3. Arduino Mega 开发板

Arduino Mega 是基于 ATmega1280 或 ATmega2560 单片机的开发板，具有 54 个数字输入/输出引脚(其中 15 个可用于 PWM 输出)、16 个模拟输入引脚、4 个 UART 接口、1 个 USB 接口、1 个 DC 接口、1 个 ICSP 接口、1 个 16 MHz 的晶体振荡器、1 个复位按钮，如图 1 - 3 所示。Arduino Mega 与 Arduino Mega 2560 的主要区别在于处理器程序存储器的差别，Mega 用的是带有 128 KB 程序存储空间的 ATmega1280 处理器，而 Mega 2560 用的是 256 KB 程序存储空间的 ATmega2560 处理器。由于 Arduino Mega 开发板的 flash 存储空间较大且具有丰富的 IO 接口，因此可以用于大型项目开发。

图 1 - 3　Arduino Mega 开发板

4. Arduino Leonardo 开发板

Arduino Leonardo 是一款基于 ATmega32u4 的微控制器板。它有 20 个输入/输出引脚(其中 7 个可用作 PWM 输出，6 个可用作模拟输入)，1 个 16 MHz 晶体振荡器，1 个 Micro USB 接口，1 个电源插座，1 个 ICSP 插头和 1 个复位按钮，如图 1 - 4 所示。它包含了支持微控制器所需的一切，只需通过 USB 电缆将其连至计算机或者通过 AC - DC 适配器或电池为其供电即可开始使用。Leonardo 与先前的所有电路板都不同，因为 ATmega32u4 具有内置式

USB 通信,从而无需二级处理器。因此,除了虚拟(CDC)串行通信端口,Leonardo 还可以充当计算机的鼠标和键盘。

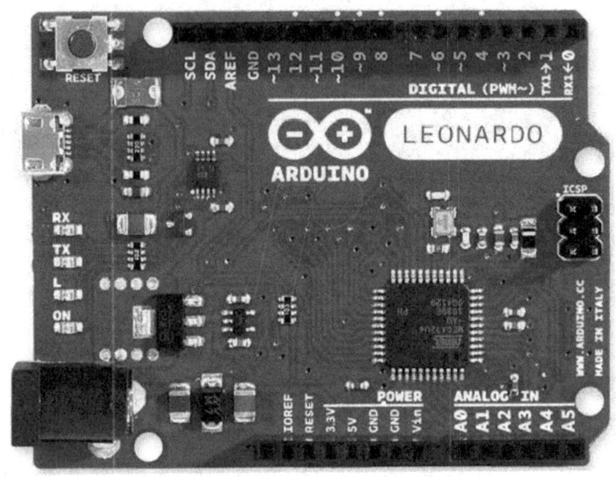

图 1-4　Arduino Leonardo 开发板

1.1.3　STM32 微控制器

STM32 是意法半导体公司(ST Microelectronics,STM)基于 Arm Cortex-M 内核开发的 32 位微控制器(Microcontroller Unit,MCU)统称。STM32 包含众多系列产品,按其性能可分为入门系列(F0),基础系列(F1),增强系列(F3),高性能系列(F2、F4、F7 等)、超低功耗系列(L0、L1、L4 等);按 Arm 内核的不同可分为 Cortex-M0 系列(F0)、Cortex-M3 系列(F1、F3)、Cortex-M4 系列(F4)等。由于 STM32 型号很多,所以有着规范的命名规则,从其型号名称便可知道其部分参数,如产品类型、Flash 容量、封装等,其命名规则如图 1-5 所示。

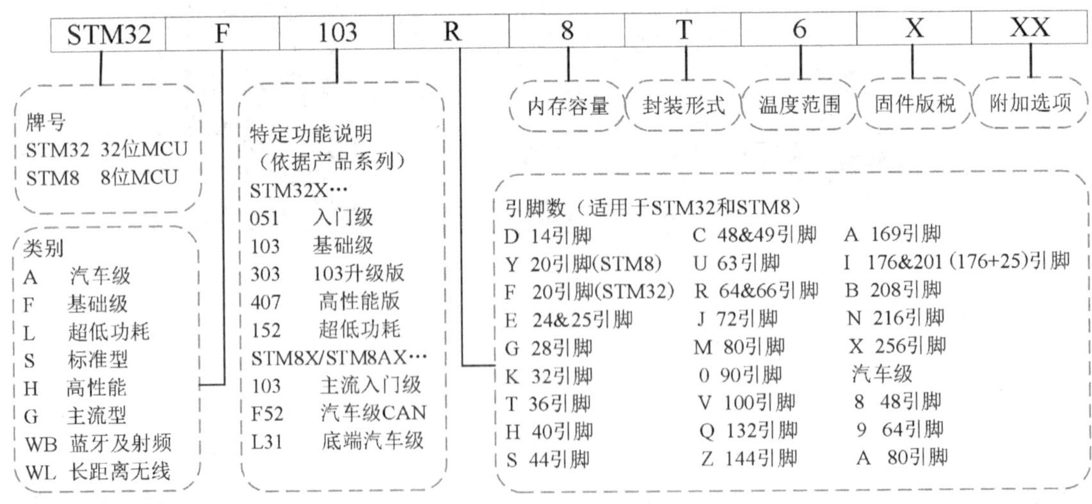

图 1-5　STM32 系列处理器命名规则

1. STM32 F0 入门系列 MCU

STM32 F0 是以 Arm Cortex－M0 为核心的入门系列微控制单元(micro controller unit, MCU), Arm Cortex－M0 是为嵌入式专门开发的结构,具有数字信号处理、实时性能、低电压和低功率等增强功能,适用于小项目或一般平台的开发应用。

STM32 F0 包括 STM32 F0x0、STM32 F0x1、STM32 F0x2、STM32 F0x3、STM32 F0x8 等适用于不同场景的产品。STM32 F0x0 系列 MCU 在传统 8 位和 16 位 MCU 的基础上进行了优化,在使用过程中能有效避免不同架构平台迁徙和相关开发带来的额外工作;STM32 F0x1 系列 MCU 具有高度的功能集成、多种存储容量和封装的选择。STM32 F0x2 系列 MCU 通过无晶振 USB 2.0 和控制局域网(controller area network,CAN)总线接口提供了丰富的通信接口,可以用于通信网关、智能能源器件或游戏终端等设备上。STM32 F0x3 系列 MCU 提供高速嵌入式存储器,具有各种增强型外设和输入/输出接口,如集成电路总线(inter－integrated circuit,I2C)、串行外设接口(serial peripheral interface,SPI)、通用同步/异步串行接收/发送器(universal synchronous/asynchronous receiver/transmitter,USART)等通信接口,以及 12 位模/数转换器、16 位计时器和一个高级控制脉冲宽度调制(PWM)定时器,适用于广泛的应用场景,包括应用控制和用户界面开发、手持设备、A/V 接收器、PC 外设、游戏平台、小型电气设备、打印机、报警系统和供热通风与空气调节系统等。STM32 F0x8 MCU 是面向便携式消费类应用设计的产品,如智能手机、各类配件和多媒体设备等,其工作电压为 1.8 V±8%的低电压工作模式,能够保持芯片的处理性能,并且使用异构系统架构集成了电源域,是一款理想的低电压辅助 MCU,可以提供很宽的电压动态范围或者直接连接 USB 装置。

2. STM32 F1 基础系列 MCU

STM32 F1 系列基础型 MCU 是基于 Arm Cortex－M3 内核的 MCU,可以满足工业、医疗和消费类市场的多应用场景需求,具有丰富外设、低功耗、低电压、高性能等特点。STM32 F100 系列 MCU 具有高处理性能,工作频率为 24 MHz,包含有电机控制定时器在内的 11 个 16 位定时器,以及面向工业控制的高速 12 位 ADC,在成本-性能-外设之间实现了平衡。STM32 F101 系列 MCU 的最高工作频率为 36 MHz,包含有 16 KB～1 MB Flash 存储器,在开发应用中具有高性价比。STM32 F102 系列 MCU 的最高工作频率为 48 MHz,包含有 USB 全速接口,是面向 USB 应用的优选。STM32 F103 系列 MCU 的最高工作频率为 72 MHz,具有 16 KB～1 MB Flash 存储器、丰富的控制外设、USB 全速接口和 CAN,适用于多种开发应用场景。STM32 F105/107 系列微控制器的最高工作频率为 72 MHz,具有 64～256 KB 片上 Flash 存储器、64 KB SRAM 和 14 个通信接口,适用于对连接功能和实时性能有高需求的应用,如工业控制、安全应用控制面板、音响等。

3. STM32 F3 增强系列 MCU

STM32 F3 系列是基于 Arm Cortex－M4 内核的 32 位 MCU,工作频率可达 72 MHz,本身带有 FPU 和 DSP 指令,并集成多种模拟外设,包括 25 ns 超快速比较器、可编程增益的运算放大器、12 位 DAC、超快速 12 位 ADC、21 通道 16 位 sigma－delta ADC、内核耦合存储器 SRAM(程序加速器)、144 MHz 高级 16 位脉冲宽带调制定时器(分辨率小于 7 ns)、高分辨率定时器等,灵活的互连矩阵可在外设之间自主通信,节省了 CPU 资源和功耗。STM32 F3 系列单片机包括 STM32 F301、STM32 F302、STM32 F303、STM32 F334、STM32 F373 等满足不同功能需求的型号。

STM32 F301 为混合信号 MCU，具有 3 个超快速比较器（小于 30 ns）、可编程增益的运算放大器（programmable gain amplifier，PGA）、12 位 DAC、每秒采样 5 M 次的超快速 12 位 ADC、144 MHz 的快速电机控制定时器（分辨率小于 7 ns），STM32 F301 的工作电压为 2.0～3.6 V，与 STM32 F101 兼容，存储容量范围为 32～64 KB，封装为 32～64 引脚。STM32 F302、STM32 F303 与 STM32 F301 相比具有更丰富的外设，包含有 USB Fall - speed（FS）和 CAN 2.0B 通信接口，与 STM32 F103 兼容且功能更为全面，存储容量范围为 32～256 KB，封装为 32～100 引脚，工作温度范围－40～105℃。STM32 F303 内核耦合存储器 SRAM 是提高速度的关键程序性能所专用的存储器架构，与 Flash 执行相比，其性能可提升 43％。STM32 F334 具有高分辨率定时器（217 ps），复杂的波形生成器和事件处理程序（HRTIM），可用于数字开关模式、电源、照明、焊接、太阳能和无线充电等数字功率转换；STM32 F373 具有 16 位 Sigma - Delta ADC 和 7 种内置增益，能够在生物识别传感器或智能计量等应用中实现高精度测量；STM32 F3x8 产品线支持 1.8 V 工作电压，节省系统功耗，尤其适合低电压工作设备，例如消费电子、游戏应用或传感器集线器。

4.STM32 增强系列 MCU

STM32 的增强系列包括 F2、F4 及 F7 等系列。STM32 F2 系列是基于 Arm Cortex - M3 的高性能 MCU，采用先进的 90 nm 非挥发性存储器（non - volatile memory，NVM）制程制造而成，具有自适应实时存储器加速器（ART 加速器）和多层总线矩阵。F2 系列 MCU 整合了 1 MB Flash 存储器、128 KB 静态随机存取存储器、以太网媒体访问控制地址、USB 2.0 接口、照相机接口、硬件加密支持和外部存储器接口，实现了高集成度、高性能、嵌入式存储器和外设，适用于医疗、工业与消费多场景应用。STM32 F4 系列是基于 Arm Cortex - M4 内核带有高速数字信号处理器和浮点处理单元指令的高性能 MCU，采用了 NVM 工艺和 ART 加速器，由于采用了动态功耗调整功能，通过闪存执行指令时功耗更低，在180 MHz的工作频率下通过闪存执行指令可实现 225 DMIPS/608 CoreMark 的性能。包括 11 个子类的兼容数字信号控制器系列，是 MCU 实时控制功能与高速数字信号处理功能的结合体，可用于多场景嵌入式控制，具有低功耗和高性能。STM32 F7 系列是基于 Arm Cortex- M7 内核的超高性能 MCU，采用 ART Accelerator 加速器及一级高速缓存，可以从内部闪存和外部存储器执行程序，实现释放微控制器内核资源最高性能。

5.STM32 超低功耗系列 MCU

STM32 的超低功耗系列包括 L0、L1、L4、L5 等，实现了功耗和性能的平衡，适用于低功耗、便携式、嵌入式等场景。

STM32 L0 系列是基于 ARM Cortex - M0＋内核的超低功耗 MCU，适合于电池供电或供电来自能量收集的应用场景。STM32 L0 微控制器提供了动态电压调节、超低功耗时钟振荡器、液晶显示器接口、比较器、数模转换器及硬件加密等功能，新的自主式外设（包括 USART、I2C、触摸传感控制器）分担了内核的负荷，减少了 CPU 唤醒次数，有助于减少处理时间及功耗。STM32 L0 系列 MCU 动态运行模式功耗电流约为 49 μA/MHz，超低功耗模式可低至 230 nA。

STM32 L1 系列是基于 Arm Cortex - M3 的超低功耗 MCU，采用超低泄漏制程，具有自主动态电压调节功能和 5 种低功耗模式，可灵活应用于各种场景。除了与 STM32 L0 类似的低功耗设计外，还设计有大量嵌入式外设，如 USB、LCD 接口、运算放大器、比较器，具有快速开/关模式的数/模、模/数转换器，电容触摸和高级加密标准，具有可扩展平台，兼容性良好。STM32 L1 系列 MCU 动态运行模式功耗电流约为 177 μA/MHz，超低功耗模式可低至 280 nA。

STM32 L4 系列 MCU 通过构建新型芯片架构实现了同类产品中更低的超低功耗及更高的性能，基于带浮点处理单元的 Arm Cortex - M4 内核以及意法半导体 ART 加速器技术，该系列在 80 MHz CPU 频率下的性能可达到 100 DMIPS，而且与不同的 STM32 系列引脚均兼容。

STM32 L5 系列 MCU 利用 Arm Cortex - M33 处理器的安全特性及其适用于 Armv8 - M 的 TrustZone 技术，在应用安全性、性能、功耗之间实现了平衡效果，专有的超低功耗技术适用于物联网、医疗、工业和消费类等节能应用场景。

STM32 系列 MCU 产品种类繁多，功能设计丰富，具有高性能、低功耗、外设丰富、简单易用等特点，具有广泛的应用场景，包括电机驱动与控制、PC 游戏外设、可编程控制器、变频器控制、智能家电、工业机器人、打印机和扫描仪等。

1.1.4　上位机树莓派

树莓派（Raspberry Pi，简写为 RPi 或 RasPi）是为学习计算机编程而设计的小型卡片式电脑，其系统基于 Linux 开发。树莓派由注册于英国的慈善组织“Raspberry Pi 基金会”开发，2012 年正式发售了世界上最小的台式机，外形只有信用卡大小，又被称为卡片式电脑。树莓派具有电脑的所有基本功能，可以将树莓派连接电视、显示器、键盘、鼠标等设备使用，实现日常桌面计算机的多种用途，包括文字处理、电子表格、媒体中心、游戏等。

树莓派经历了十几年的发展，迭代出 A 型、B 型、Zero 型等多个版本，目前常用版本为 3B+型和 4B 型。

1. 树莓派 Zero 系列

树莓派 Zero 是树莓派基金会推出的超小型、低功耗、超低价卡片式电脑主板。树莓派 Zero采用的是 ARM11 内核的 BCM2835 处理器，第一版在 2015 年底发布，现在常用的 V1.3 版本相较于最初的版本多了一个 CSI 摄像头接口。树莓派 Zero 总共有三个系列，其中 Raspberry Pi Zero 为简约版，不带 WiFi 和蓝牙功能，Raspberry Pi W 是网络版本，板载无线网卡，支持蓝牙 4.1 和 WiFi 功能，Raspberry Pi Zero WH 是在 Raspberry Pi Zero W 的基础上预先焊好了 40 PIN 排针，方便调试和使用。Raspberry Pi Zero 系列的迭代如图 1 - 6 所示。

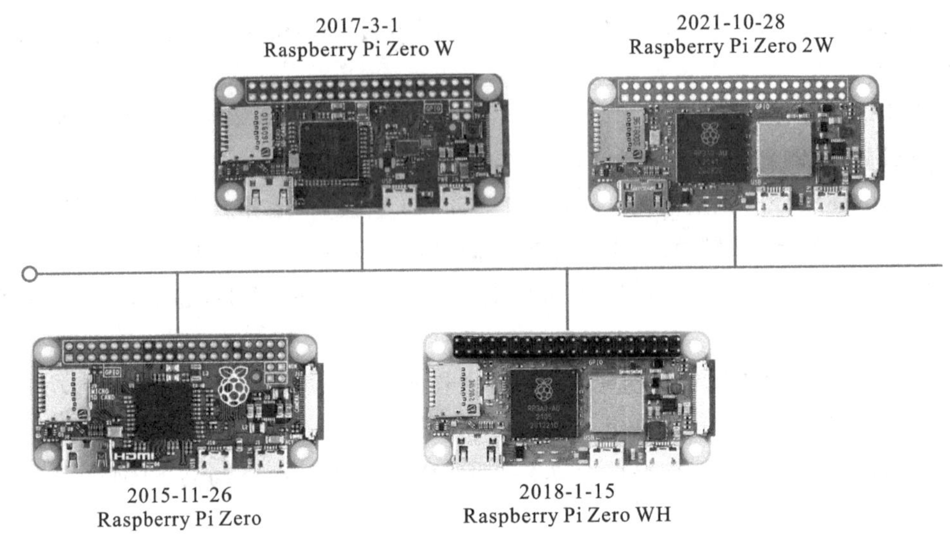

图 1-6　Raspberry Pi Zero 系列迭代历程

2021 年，树莓派又发布了 Raspberry Pi Zero 2W 版本，借助主频 1 GHz 的四核 64 位 ARM Cortex-A53 处理器和 512 MB 的 SDRAM，Zero 2W 的速度是原始 Raspberry Pi Zero 的 5 倍。Zero 2W 拥有一个 USB 2.0 接口、支持 OTG、一个与 HAT（顶部附加硬件）兼容的 40 PIN GPIO 接口、一个 Mini HDMI 视频输出接口、一个复合视频/重置针脚焊点及一个 CSI-2摄像头连接器，配备 2.4 GHz 频段 WiFi 及低功耗的蓝牙 4.2 模块，并支持 MicroSD 卡扩展。Zero 2W 的功能分布如图 1-7 所示。

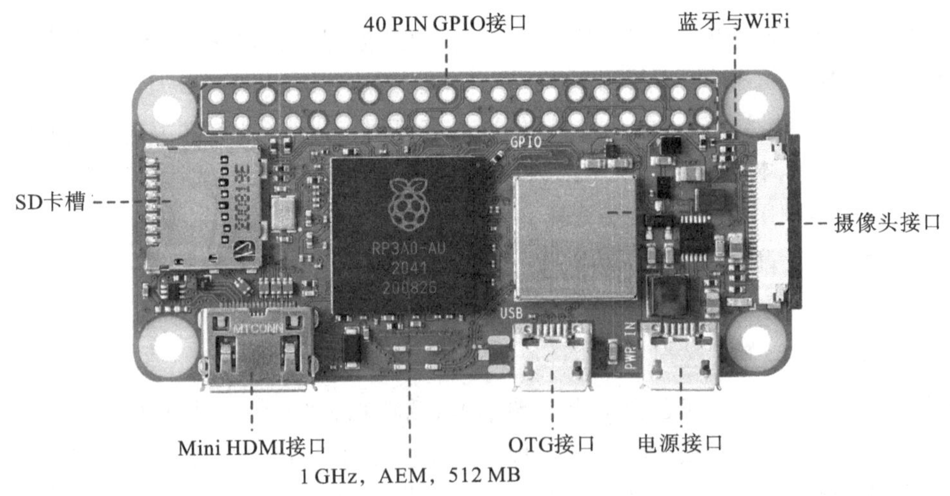

图 1-7　Raspberry Pi Zero 2W 版本功能分布图

2. 树莓派 A 系列

Raspberry Pi A 系列是树莓派推出的低规格和低成本的版本，该版本只有一个 USB 端口，功耗较低，没有以太网端口，最初版本只有 256 MB 的内存。Raspberry Pi A 重量轻、质量小，适用于中小型需求处理能力的项目，比如小型机器人、遥控飞机、遥控汽车和嵌入式项目。

Raspberry Pi A 系列版本更新较少，2014 年推出 Raspberry Pi 1A＋版后，在 2018 年推出了新款产品 Raspberry Pi 3A＋版，Raspberry Pi A 系列的迭代如图 1－8 所示。Raspberry Pi 3A＋版的尺寸与 1A＋版相同，在 CPU 上使用了 Broadcom BCM2837B0，Cortex－A53（ARMv8），64－bit，SoC，主频为 1.4 GHz，512 MB 内存，具有一个 USB 2.0 接口、蓝牙 4.2 接口、WiFi 模块、HDMI 和视频/音频接口。

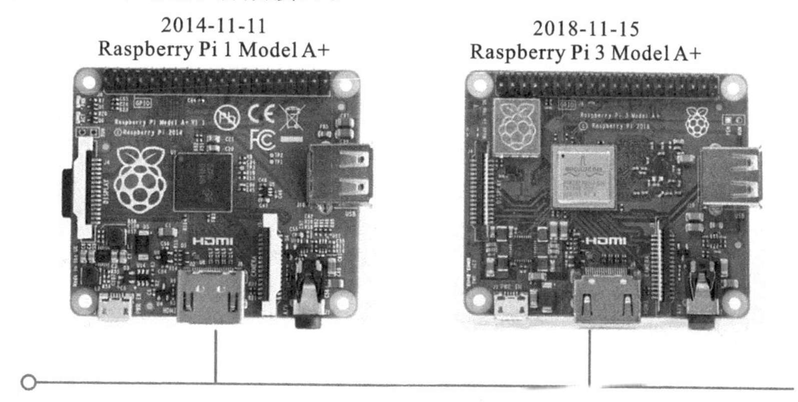

图 1－8　Raspberry Pi A 系列迭代历程

3. 树莓派 B 系列

2012 年树莓派板子上市时就有两个版本，Model A 和 Model B，B 系列比 A 系列的配置要高一些，比如 Raspberry Pi B 的 RAM 是 512 MB，并配有两个 USB2.0 接口和网卡。2014 年升级的 Raspberry Pi 1B＋版本的 GPIO 针脚从 26 针增至 40 针，USB 2.0 接口从两个增加到 4 个，使用了 MicroSD 卡，电源从原来的线性调节器改成了开关调节器，实现了功耗降低。Raspberry Pi 2B 是 B＋版的换代产品，采用了 900 MHz 四核 CPU 和 1 GB 的内存，具有 40 针扩展 GPIO 接口，4 个 USB 2.0 端口，立体声输出和复合视频端口，HDMI 接口，CSI（摄像机接口）、DSI（显示器串行接口）端口，以及微型 SD 卡插槽和微型 USB 电源。Raspberry Pi 3B 和 3B＋是树莓派的第二个新版本，在性能和功能上胜过了之前的版本。3B 和 3B＋采用 1.2 GHz 的 64 位四核 ARM Cortex－A53 CPU，具有板载 WiFi 和蓝牙 4.1 接口，同时也有更多的 USB 端口。2019 年 Raspberry Pi 发布了 4B 版本，Raspberry Pi B 系列的迭代过程如图 1－9 所示。

Raspberry Pi 4B 采用 1.5 GHZ 的四核 ARM Cortex－A72 CPU，有更多的内存型号可供选择，如 1 GB、2 GB、4 GB、8 GB。可应用全量千兆以太网和双频 802.11ac 无线网络，具有蓝牙 5.0 接口，两个 USB 3.0 接口、两个 USB 2.0 接口，支持 4K 高分辨率双显示器、VideoCore VI 图形，支持 OpenGL ES 3.x、4Kp60 HEVC 视频的硬件解码方法，而且与早期的 Raspberry Pi 产品完全兼容。Raspberry Pi 4B 是目前的主流版本，功能分布如图 1－10 所示。

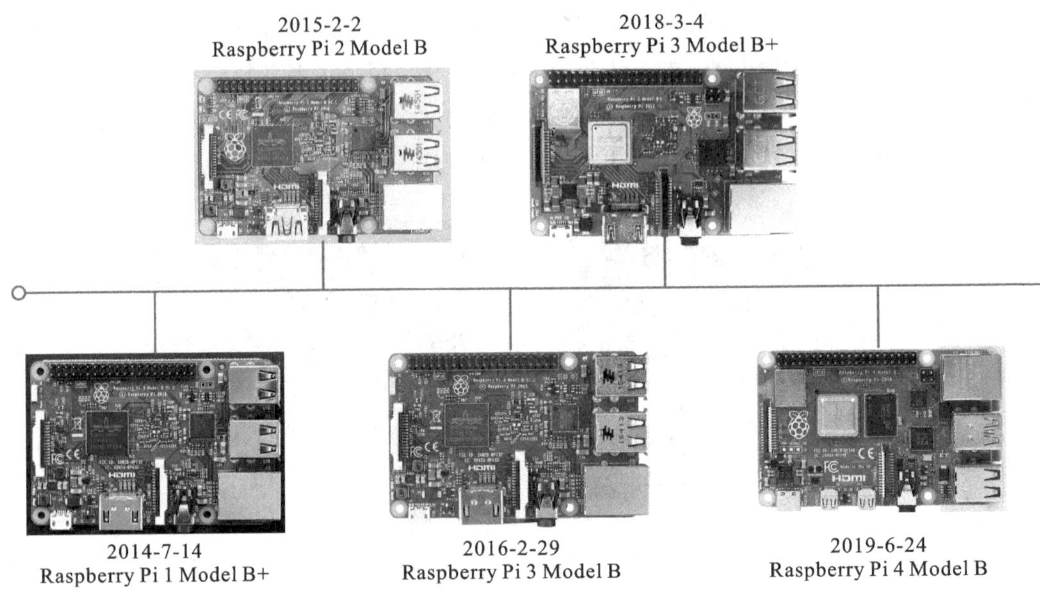

图 1-9 Raspberry Pi B 系列迭代历程

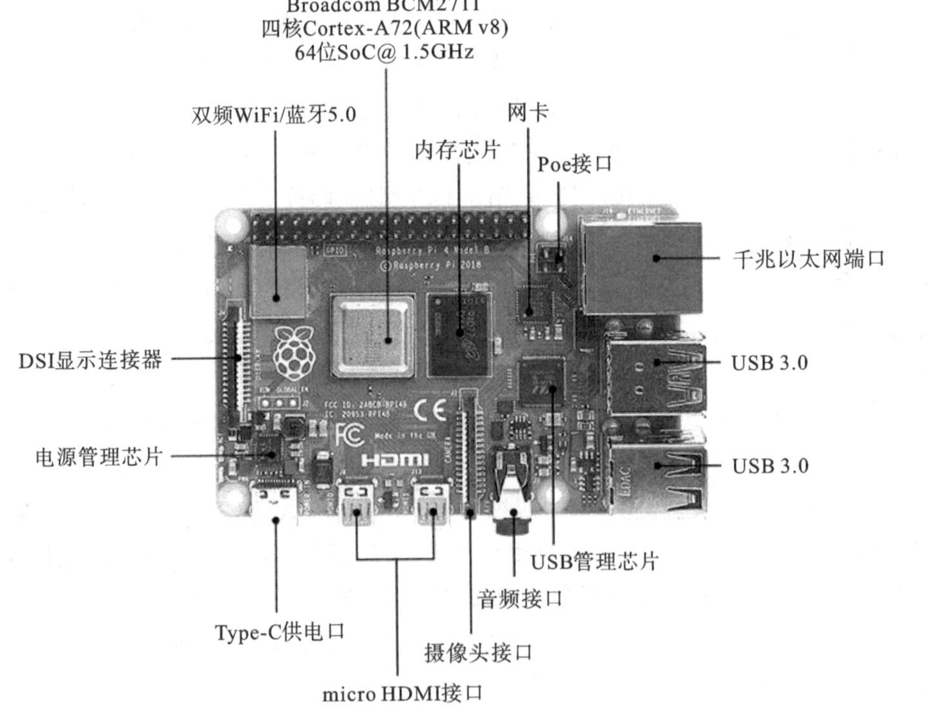

图 1-10 Raspberry Pi 4B 版本功能分布图

1.2 开发环境简介

集成开发环境(IDE)是一种集成了程序语言开发中需要的基本工具、基本环境和辅助功能的编程软件。IDE 一般包含三个主要组件:源代码编辑器(editor)、编译器或解释器(compiler/interpreter)和调试器(debugger)。程序开发人员可以通过图形用户界面访问这些组件,完成代码编译、调试和执行等过程。目前很多 IDE 都具有提高程序员开发效率的高级辅助功能,如代码高亮,代码补全和提示,语法错误提示,函数追踪,断点调试等等。

1.2.1 通用 IDE

现在市场上有大量商用和免费开源的 IDE,可供不同需求的程序开发选择和应用,本节主要介绍部分常用 IDE 的特点。

由微软公司开发的 Visual Studio(VS)支持创建各种类型的程序,如图 1-11 所示,包括桌面应用、Web 应用、移动 APP、视频游戏等。对于初学者和高级专业开发人员来说都是功能强大的开发工具。VS 支持 36 种以上不同的编程语言,如:ASP. NET、DHTML、JavaScript、Jscript、Visual Basic、Visual C#、Visual C++、Visual F#、XAML 及更多。

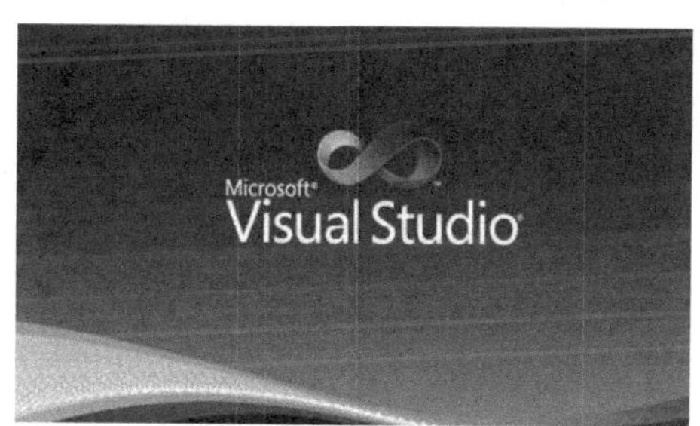

图 1-11 通用 IDE——VS

由国际商业机器公司(IBM)开发的 Eclipse 是跨平台的自由集成 IDE,如图 1-12 所示,支持 Windows、Linux 和 Mac OS X,是被广泛应用的免费开源的 Java 编辑器,可以灵活地适用于初学者和专业人员。随着软件不断的迭代,目前已经具有很好的插件机制,支持各种各样的扩展和插件。Eclipse 最初是一个 Java IDE,现在扩展到支持 C/C++、Java、Peri、PHP、Python、Ruby 及更多的语言。

图 1-12 跨平台通用 IDE——Eclipse

由捷并思公司(JetBrains)出品的 PyCharm 是著名的 Python IDE,如图 1-13 所示,除了最常用的 IDE 功能支持外,PyCharm 特别对 Python Web 开发进行了优化设计,支持 Google

App Engine 和 IronPython/Jupyter。PyCharm 除了支持 Python 编程语言之外，还支持多种 Web 开发语言，如：Java Script、Node. js、Coffee Script、Type Script、Dart、CSS、HTML，可以方便地与 Git、Mercurial 和 SVN 等版本管理(VCS)工具集成。由 JetBrains 出品的 IntelliJ IDEA，是主要用于 Java 开发的 IDE，集成了广泛的工具，可以用于 Web 和安卓移动类 App 的开发。除了支持 Java、Sass 和 Ruby 之外，它还支持与 PyCharm 相同的语言及 Google App Engine。

图 1-13　通用 IDE——PyCharm

CLion 是 JetBrains 公司的一款跨平台的 C/C++语言开发 IDE，支持 Linux、Mac OS X 和 Windows 平台，如图 1-14 所示。CLion 的智能编辑器可以提供代码辅助、代码生成、安全重构和快速文档的功能，可以有效提高代码开发效率和代码质量。应用它的实时代码分析功能，可以进行代码分析、数据流分析和其他基于 Clangd 的检查及 Clang-Tidy，以检测未使用和不可到达的代码、悬空指针、缺少的类型转换、没有匹配的函数重载以及许多其他问题。CLion 的调试器以 GDB 或 LLDB 作为后端，可以进行本地或远程调试，对于嵌入式开发，依靠 OpenOCD 和嵌入式 GDB 服务器配置进行片上调试，可通过反汇编和内存视图及外设视图深入了解嵌入式设备。

图 1-14　跨平台 C/C++语言开发 IDE——CLion

Code::Blocks 是免费开源的全功能跨平台 C/C++ IDE，如图 1-15 所示。支持 Windows、Linux 和 Mac OS X，对于经常在不同平台切换的开发人员而言，非常方便。Code::Blocks 支持 C、C ++和 Fortran3 种编程语言，还支持多种预设和定制插件。同时，Code::Blocks 还提供了许多工程模板，包括控制台应用、DirectX 应用、动态链接库、FLTK 应用、GLFW 应用、Irrlicht 工程、OGRE 应用、OpenGL 应用、QT 应用、SDCC 应用、SDL 应用、

SmartWin应用、静态库、Win32 GUI 应用、wxWidgets 应用、wxSmith 工程，另外它还支持用户自定义工程模板。

图 1-15　跨平台开源 C/C++语言开发 IDE——Code::Blocks

Dev C++是一款轻量级 C/C++语言开发免费开源 IDE，如图 1-16 所示，但只支持 Windows 平台，不支持 Linux 和 Mac OS X。DevC++使用 MingW64/TDM-GCC 编译器，遵循 C++11 标准，兼容 C++98 标准。开发环境包括多页面窗口、项目编辑器及调试器等。在项目编辑器中，集成了编辑器、编译器、链接器等，同时还拥有丰富的系统软件-嵌入式实时操作系统。提供高亮度的语法显示，以减少编辑错误，完善的调试功能适合 C/C++语言初学者教学，也适合非商业的一般开发者。

图 1-16　开源 C/C++语言开发 IDE——Dev C++

由 Apache Software Foundation-Oracle 公司开发的 NetBeans 是 C/C ++语言开发应用最广泛的 IDE 之一(见图 1-17)，也是免费的开源 IDE，允许使用动态和静态库创建 C 和 C++应用程序。NetBeans 为 C/C ++开发提供了许多丰富的功能，例如，代码重构、括号匹配、自动缩进、单元测试等。此外，它还为多种编译器(如 Oracle Solaris Studio、GNU、CLang/LLVM、Cygwin、MinGW 等)提供了强大的支持。此外，NetBeans 还提供了更轻松的文件导航，源代码检查，打包等功能。像 Eclipse 一样，兼容 Windows、Mac OS，Linux 和Solaris平台，具有 Qt 工具包支持、远程开发支持及高效的项目管理功能。

图 1-17　跨平台开源 C/C++语言开发 IDE——NetBeans

面向不同语言、不同产品的开发需求，目前有大量的商用和免费开源 IDE，读者在学习过程中可以根据应用对象的不同需求对开发工具进行选择和应用，在应用过程中需要关注平台的兼容性、数据库的可迁移性和兼容性等。

1.2.2 Arduino IDE

Arduino IDE 是 Arduino 产品的软件编辑环境，是 Arduino 的专用代码开发和下载工具。Arduino 硬件产品都需要写入代码后才能运作，要实现功能，硬件电路和程序代码缺一不可。Arduino IDE 同时支持 Windows、Linux、Mac 三种平台，适用于全种类的 Arduino 开发板。

Arduino IDE 作为一款专业的 Arduino 开发工具，主要功能是用于 Arduino 程序的编写和开发，它具有开放源代码的电路图设计，程序开发接口可免费下载，也可依需求自己修改。支持应用低价格的微处理控制器(AVR 系列控制器)，可以采用 USB 接口供电，不需外接电源，也可以使用外部 9 VDC 输入。Arduino 支持 ISP 在线烧录，可以将新的“bootloader”固件烧入 AVR 芯片。有了 bootloader 之后，可以通过串口或者 USB to RS232 线更新固件。同时可依据官方开放提供的 Eagle 格式 PCB 和 SCH 电路图简化 Arduino 模组，完成独立运作的微处理控制，比如可简单地与传感器、电子元件等连接。支持多种互动程序，如 Flash、Max/Msp、VVVV、PD、C、Processing 等。

目前应用较广泛的是 Arduino IDE 2.0.3 稳定版，如图 1-18 所示，该版本具有功能化的编辑器，通过一个响应式的界面以及更快的编译时间，让用户拥有更好的功能实现和应用体验。改进后的 Arduino IDE 2.0.3 用户界面，不仅提供了更直观的操作体验，还提升用户了写代码的速度，同时还提供了代码提示和纠错、串行输出、加快加载和编译时间等功能。

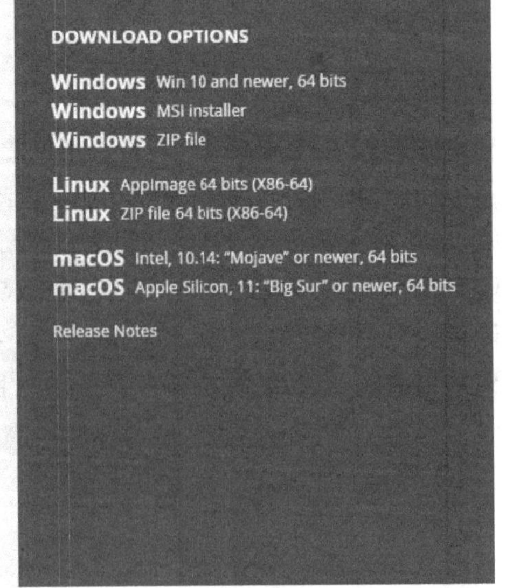

图 1-18 Arduino IDE 2.0.3 稳定版

Arduino IDE 2.0.3 的代码编辑自动补全功能，在编辑代码时，编辑器可以根据用户输入的代码进行自动补全(变量和函数)。当右键点击一个变量或一个函数时，编辑器会提供导航快捷键，跳到它们被声明的行(和文件)，如图 1-19 所示。

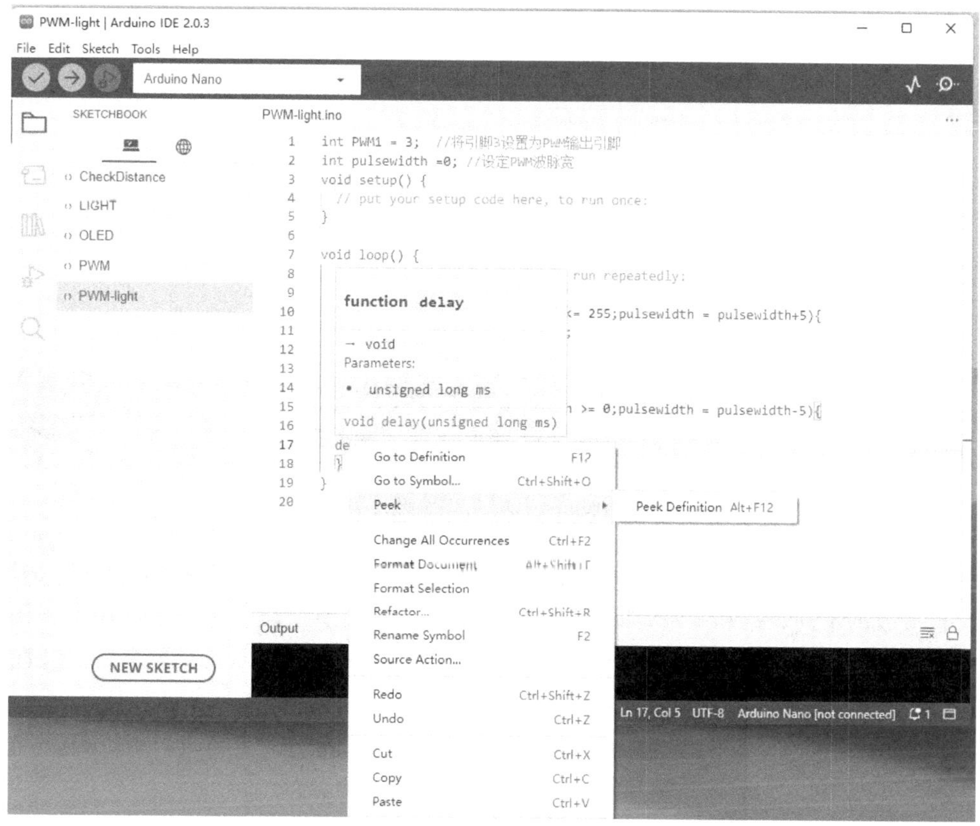

图 1-19 Arduino IDE 2.0.3 代码自动补全功能

Arduino IDE 2.0.3 在视图上也进行了改进和额外的支持，如可以下载黑夜模式主题，串口监视器和绘图仪可以一起使用，让用户在他们的数据输出上有两个视窗。

Arduino IDE 2.0.3 还支持代码云端同步，对于在多台电脑上工作或想把代码安全地存储在云端的人来说，Remote Sketchbook 的集成是一个非常有用的功能，如图 1-20 所示。在 Arduino Cloud 和 Arduino Web Editor 中的所有代码都可以在 Arduino IDE 2.0.3 中进行编辑，让用户可以方便轻松地从一台电脑切换到另一台电脑并继续工作。即使没有在所有机器上都安装 Arduino IDE 2.0.3 也没关系，只要打开 Arduino Web Editor，就可以在在线 IDE 中通过浏览器进行代码编写，并可以访问所有代码和库，而不必担心丢失写好的代码了。不仅如此，Arduino IDE 2.0.3 还支持脱机工作-稍后同步，用户只需将代码从云端下载下来就可以进行离线编辑，编辑完成后联网同步，代码中修改的部分就会上传，保证所有代码始终是最新的，并可随时使用。

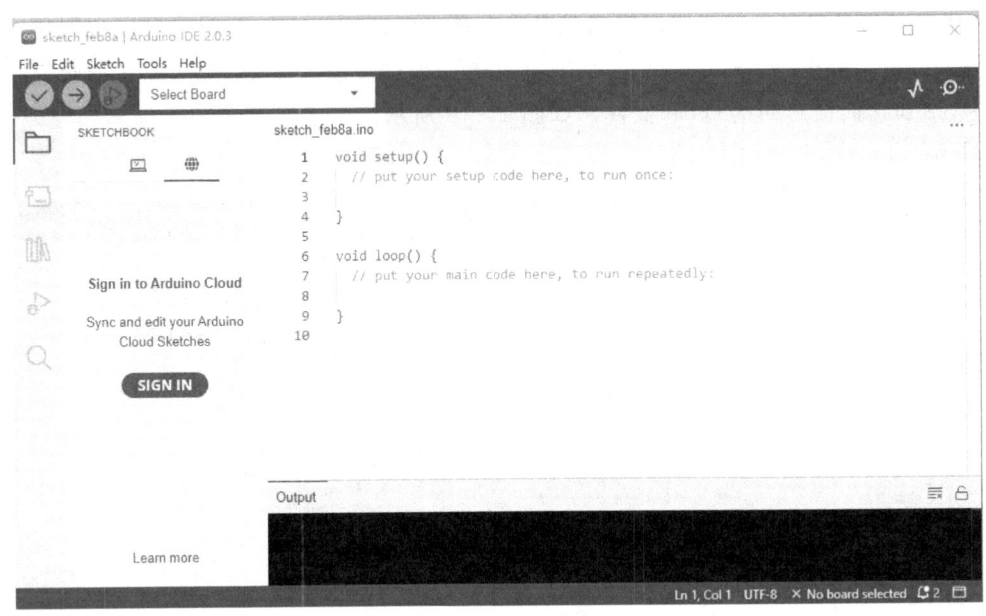

图 1 - 20　Arduino IDE 2.0 代码云端同步功能

Arduino IDE 2.0.3 还具有更丰富的串口绘图仪，它是一个多功能工具，用于跟踪从用户的 Arduino板接收的不同数据和变量，如图 1 - 21 所示。串口绘图仪是一个非常实用的视图工具，可以让用户在开发过程中更好地理解和比较数据，还可以用于测试和校准传感器，比较数值等。

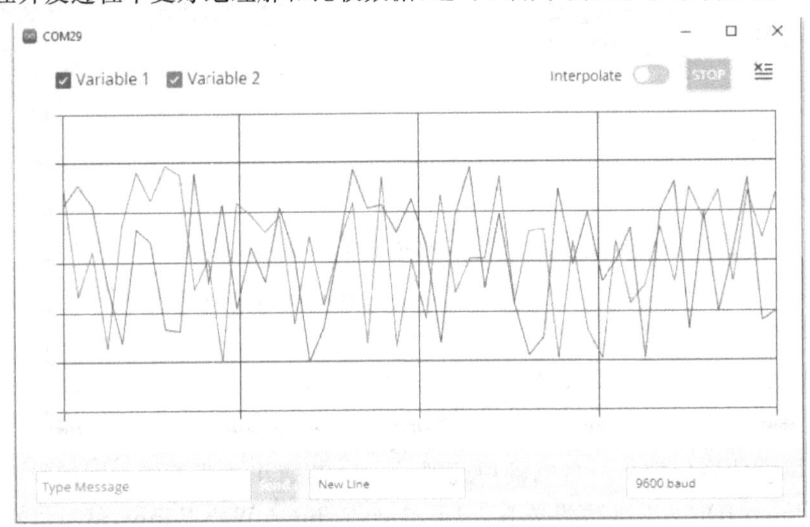

图 1 - 21　Arduino IDE 2.0 串口绘图仪功能

Arduino IDE 2.0.3 支持应用编程(in - application programming，IAP)，当有新的版本发布时，IDE 本身也可以更新。新的 IDE 基于 Eclipse Theia 框架，它是一个开源项目，基于与 VS Code 相同的架构(语言服务协议、扩展、调试器)，其前端是用 TypeScript 编写的，而大部分的后端是用 Golang 编写的。

1.2.3 Keil

Keil 是一款专用于单片机开发环境的工具，其主要功能是编写 MCU 程序和编译程序。MCU 支持用汇编语言和 C 语言来编写程序，汇编语言一般用于资源较少的单片机，较常用的是 C 语言编程开发。程序编写好以后，Keil 将其编译成.hex 文件，下载到单片机中执行。Keil 能够不接硬件电路直接进行用户程序仿真，或者利用硬件仿真器，通过连接单片机硬件电路，在仿真器中载入项目程序后进行实时仿真调试。Keil 软件提供了丰富的库函数和功能强大的集成开发调试工具，生成的目标代码效率高，多数语句生成的汇编代码很紧凑，容易理解。Keil 针对不同的 MCU 推出了 4 种 IDE，即 Keil MDK、Keil C51、Keil C251、Keil C166，分别对应不同种类和阶段的 MCU，如图 1-22 所示。

图 1-22　Keil 针对不同 MCU 的 IDE 工具

初学者最常用的是 51 单片机和 STM32 单片机。一般来说，51 单片机和 STM32 单片机的 Keil 版本不能共用，也就是一个 Keil 不能同时编译 51 和 STM32 单片机的程序。C51 是 Keil 公司开发的 51 系列兼容单片机 C 语言软件开发系统，兼容汇编语言与 C 语言的开发。与汇编语言相比，C 语言在功能性、结构性、可读性、可维护性上有明显的优势，因而易学易用。Keil 提供了包括 C 编译器、宏汇编、链接器、库管理和一个功能强大的仿真调试器等在内的完整开发方案，通过一个集成开发环境(μVision)将这些部分组合在一起。Keil 公司开发的 ARM 开发工具 MDK，是用来开发基于 ARM 内核系列微控制器的嵌入式应用程序，适合不同需求的开发者使用，包括专业的应用程序开发工程师和嵌入式软件开发的入门者。MDK 包含了工业标准的 Keil C 编译器、宏汇编器、调试器、实时内核等组件，支持所有基于 ARM 的设备。

在 Keil 集成开发环境中，通常是使用工程的方法来管理文件的，而不是用单一文件的模式。所有的文件，包括源文件(包括汇编程序、C 程序)、头文件，甚至说明性的技术文档都可以放在工程项目文件里统一管理。在使用 Keil 前，大家应该习惯这种工程的管理方式，对于 Keil 的初学者来讲，一般可以按照下面的步骤创建自己的 Keil 应用程序。

(1)建立一个工程项目文件：Project→ New μVision Project→ Create new project(选择文件保存路径)。

(2)选择目标器件：Select Device。

(3)创建源程序文件、输入程序代码、保存源程序：菜单栏选择 File→New→text(创建程序文件)、在 Text 窗口中输入程序代码、File→Save→name. asm 或者 name. c(汇编语言程序保存为. asm 格式,C 语言程序保存为. c 格式)。

(4)保存源程序到项目文件:菜单栏选择 Target→Source Group(或右键)→Add Files to Group"number"→选择 name. asm 或 name. c 文件。

(5)为工程项目设置软硬件调试环境:Project→Option For Target 'Target 1'。

(6)程序编译:Project→ Build Target/Rebuild All Target Files,生成. hex 文件。

(7)运行。

1.3 程序开发语言简介

程序设计语言是指计算机能够理解和识别用户操作意图的一种交互体系,是按照特定规则组织的计算机指令,使计算机能够自动运行各种运算处理。按照程序设计语言规则组织起来的一组计算机指令称为计算机程序,程序设计语言也叫编程语言。

程序设计语言可以分为机器语言、汇编语言和高级语言三个大类。机器语言是一种计算机硬件可以直接识别和执行的语言,直接使用二进制代码表达指令,是一种二进制语言。如执行 2 加 3 的加法指令,16 位计算机上的机器语言指令为 11010010 00111011,不同计算机结构的机器语言不同。汇编语言是在计算机发展早期为了帮助程序员提高编程效率,采用助记符与机器语言中的指令进行一一对应构成的。如执行 2 加 3 的加法指令,汇编语言指令为 add 2,3,result,运算结果写入到 result,不同计算机结构的汇编语言也不一样。由于机器语言和汇编语言都是直接操作处理器的硬件并基于此设计的,故二者统称为低级语言。高级语言是接近自然语言的一种计算机程序设计语言,用户可以更容易地描述计算问题并利用计算机解决问题。如执行 2 加 3 的加法指令,高级语言指令为 result=2+3,而且这个代码只与程序语言有关,与计算结构无关。

第一个广泛应用的高级语言是诞生于 1972 年的 C 语言,至今先后出现过 600 多种程序设计语言,由于各种原因多数语言已退出了历史舞台,目前还被广泛使用的主要包括 C、C++、C#、Go、HTML、Java、JavaScript、PHP、Python、SQL、Verilog 等。一般来说,通用语言比某些领域的专用语言的生命力更强。在常用的编辑语言中,C、C++、C#、Go、Java、Python 是通用编程语言,HTML(Web 页面超链接语言)、JavaScript(Web 浏览器端动态脚本语言)、MATLAB(基于矩阵运算的科学计算机语言)、PHP(Web 服务器端动态脚本语言)、SQL(数据库操作语言)、Verilog(硬件描述语言)是专用编程语言。

1.3.1 程序的语法元素

在利用不同语言进行程序设计时,程序中一般都包括基本结构、注释和标识符及保留字,不同语言有各自规定的程序结构和关键字意义。

1)程序的基本结构

程序的主体部分是实现程序功能的语句,一个较完整的 C/C++语言程序主要包括头文件、函数说明、全局变量、主函数、自定义函数等。Python 语言的程序主体中每行代码开始前的缩进表示代码之间的包含和层次关系，缩进可以使用 Tab 键或 4 个空格实现（二者不可混用）。

2）语句

程序由实现各种功能的表达式构成的程序语句组成，包括赋值语句、分支语句、循环语句等。例如很多语言都用"＝"（等号）表示赋值，包含"＝"的语句就是赋值语句，表示将等号右侧的计算结果赋给左边的变量。分支语句是控制程序执行路径的判断条件语句，例如 Python 中采用 if、elif、else 实现条件判断功能。循环语句是根据判断条件确定一段程序是否再次执行或多次执行的语句，循环语句有多种类型，可以采用不同条件判断语句构成条件循环语句。

3）函数

函数为一组表达特定功能语句的封装，与数学中函数的概念类似，能够接收变量并处理后输出结果。将一段特定功能语句封装在一个函数里是程序的模块化过程，便于阅读和使用。函数一般需要先定义后调用，编程语言的解释器或数据中会有一些常用的内置函数，可以直接调用。

4）标识符与关键字

C 语言中的标识符用来表示函数、类型及变量名称，可以是大写字母、小写字母、下划线和数字的排列组合，但必须由字母或下划线开头，不同标准的编译器对标识符有相应的长度限制，标识符的长度可以从 6 个字符到无限多。初学者要注意标识符的有效位数限制，建议在写程序时标识符不要取太长。

关键字作为程序语言内部定义并保留使用的标识符，用来构成程序结构、数据类型、存储类型等特殊功能，不可以作为变量或函数名使用。C 语言共有 32 个关键字（Keyword），C＋＋共有 63 个关键字，Python 3. x 共有 33 个关键字。不同语言中的关键字与其他标识符一样，也对大小写敏感。

5）注释

注释是对代码中的语句、函数、数据结构或方法等进行说明的语句，可提升代码的可读性，程序运行时会被编辑器或解释器略去，不被执行。在 C/C＋＋语言程序中，/＊ 与 ＊/之间或//后为注释语句，注释语句可以是一行，也可以是多行。Python 中有两种注释方法，单行注释以＃开头，多行注释以'''（3 个单引号）开头和结尾。

1.3.2　程序的控制结构

常用的程序语言都是由语句组成的，每条语句代表了程序执行的操作步骤。在程序语言中，为了解决某个问题所做的操作步骤流程安排，或者说为解决某个问题而定义的一组确定的、有限的操作步骤，称为算法。算法需要具有有穷性、确定性、有效性，还要有输入和输出。

程序的作用是将算法用计算机语言表示出来，从而在计算机上按照指定的操作完成对具体问题的求解工作。程序一般由三种基本结构组成:顺序结构、选择结构和循环结构。

(1)顺序结构是最基本、最简单的结构,顺序结构就是程序的各个部分按照排列次序依次执行,如图 1-23(a)所示。

(2)选择结构,也称为分支结构,是根据给定的条件从两条及以上途径中选择下一步要执行的操作路径,如图 1-23(b)所示。图中"表达式"表示给定的判断条件,当判断条件为真时,执行语句组 1;当判断条件为假时,执行语句组 2。

(3)循环结构,是根据一定的条件判断语句,重复执行一定次数给定的语句组,如图 1-23(c)所示。图中当"表达式"给定的判断条件为真时,重复执行接下来的语句组;当条件不成立时,程序执行离开循环结构。

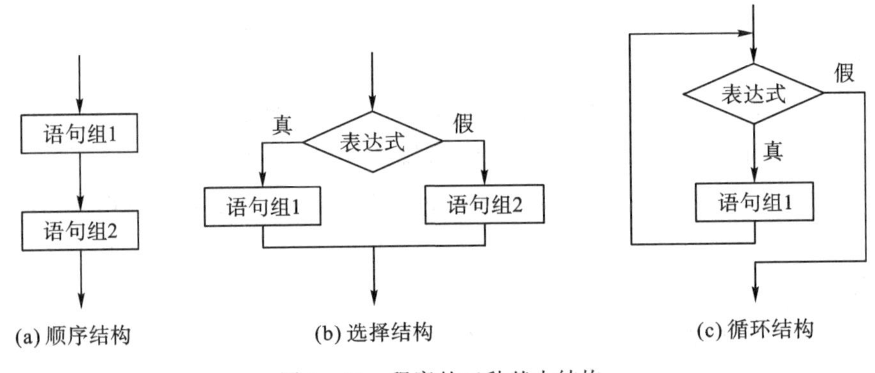

图 1-23　程序的三种基本结构

1.3.3　程序的数据类型

1. C 语言的数据类型

C 语言属于高级语言,有常量和变量两种类据类型。常量是指在程序运行过程中其值不能被改变的量,包括整数型常量、实数型常量及字符型常量。变量代表一个有名字、具有特定属性的存储单元,变量必须先定义、后使用,定义时需要指定变量的名字和类型。在 C99 标准中允许使用常变量,常变量有类型和存储单元,但其值不能改变,常变量在定义时要在前面加关键字 const。

C 语言中有多种数据类型,包含基本类型、派生类型、枚举类型和空类型。定义数据类型就是对数据分配存储单元的安排,包括存储单元的长度以及数据的存储形式。

在 C 语言基础上发展而来的 C++语言是面向对象的程序设计语言,"类(class)"是 C++中是十分重要和常用的数据类型。"类"代表了一批对象的共性和特征,是"对象"(对象=算法+数据)的抽象。

2. Python 的数据类型

在 Python 中包含多种数据类型,根据表示数据的数量可以分为基本数据类型和组合数据类型。基本数据类型表示单一数据,包括整数、浮点数、复数。组合数据类型是将多个同类型和不同类型的数据组织在一起,进行单一表示,按照数据之间的关系,组合数据类型包括序列类型、集合类型和映射类型。序列类型包括字符串、元组和列表，其中字符串十分常用，且单一字符表达一个含义，往往也被看作基本数据类型。Python 数据类型如图 1－24 所示。

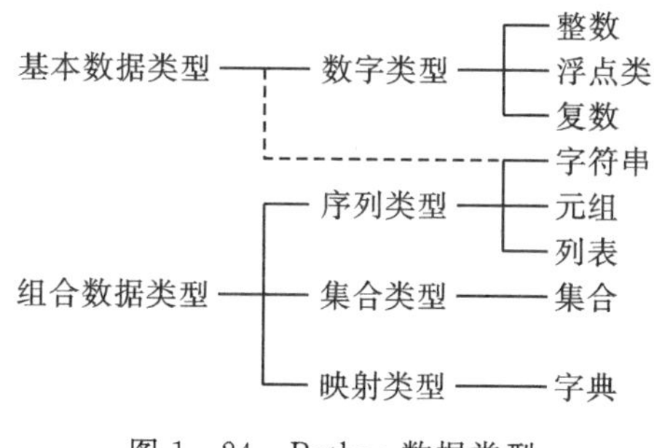

图 1－24　Python 数据类型

习题

1. 调研分析目前常用的 5 种软件开发语言，并总结各自的适用领域。
2. 关于创意作品的可行性分析，需要关注哪些方面？
3. 总结创意作品设计的硬件流程和软件流程，分析确定硬件选用和软件开发的影响因素。

第 2 章　C 语言程序设计简介

C 语言是一种通用的高级语言，可以用来开发系统软件和应用软件，具有简洁、紧凑、灵活的特点。C 语言只有 32 个关键字和 9 个控制语句，语法限制不太严格，其具有模块化的程序设计结构，采用函数作为三种程序控制结构的实现工具，实现了编程的模块化。C 语言具有丰富的数据类型和运算符，不仅具有高级语言的各种运算类型，而且支持用户扩充数据类型，利用丰富的运算符(ANSI C 提供 34 种运算符)配合复杂数据类型，能够高效处理各种数据。由于 C 语言中没有专门与硬件相关的输入和输出语句，程序的输入和输出通过调用库函数实现，这使得 C 语言的开发不依赖硬件系统，开发的程序有良好的可移植性。因此，C 语言可以满足初学者及专业软、硬件开发者的应用需求。

2.1　C 语言基础

在 C 语言开发工具选择过程中，可以根据开发需求选择合适的工具。本书在后续章节硬件开发中会介绍相应的支持 C 语言程序设计的工具，因此在程序开发部分仅以适合初学者的轻量级 Dev C++工具为例展开。

2.1.1　C 语言的基本元素

本节以简单的整数运算为例，介绍程序的基本结构和具体实现。

例 2.1　已知三个整数 a=4，b=7，c=14，按照公式 r=a+b×c 计算，并输出计算结果。

程序实现：

```
1. #include <stdio.h>              //标准输入输出头文件
2.   main()                         //主控函数
3.   {
4.       int a,b,c,r;               //定义整数变量
5.       a=4;b=7;c=14;              //变量赋值
6.       r=a+b*c;                   //算数运算并赋值
7.       printf("r= %d\n",r);       //输出结果
8.   }
```

1.程序的基本结构

一个较为完整的 C 语言程序主要包括头文件、函数说明、全局变量、主函数、自定义函数等。头文件是一组＃include ＜＊.h＞语句，包含引用的标准库函数信息，如例 2.1 的第 1 行。

主函数是 main( )函数作为程序的主控函数，后面{ }中为程序主体，在程序主体中可以进行自定义函数编写。若采用 f1()～fn()表示自定义函数，则 C 语言的一般形式可表达如下：

```
#include < .h>语句
全局变量
main()
      {
      局部变量
      程序段
      }
f1()
      {
      局部变量
      程序段
      }
f2()
      {
      局部变量
      程序段
      }
      ·
      ·
      ·
fn()
      {
      局部变量
      程序段
      }
```

2. 注释

注释是代码中对语句、函数、数据结构或方法等进行说明的语句，可以提升代码的可读性，会被编辑器或解释器略去，不被执行。

在例 2.1 中，程序实现代码中的右侧/＊ 与 ＊/之间为注释语句，注释语句可以是一行，也可以是多行。

3. 标识符与关键字

C 语言中的标识符用来表示函数、类型及变量名称，可以是大写字母、小写字母、下划线和数字的排列组合，但必须由字母或下划线开头，不同标准的编译器对标识符有相应的长度限制，标识符的长度可以从 6 个字符到无限多。初学者要注意标识符的有效位数限制，建议在程序中使用标识符时不要取太长。

关键字是程序语言内部定义并保留使用的标识符，用来构成程序结构、数据类型、存储类型等特殊功能，不可以作为变量或函数名使用。C 语言共有 32 个关键字，见表 2－1，与其他标识符一样，关键字也对大小写敏感。

表 2－1　C 语言的关键字及功能说明

关键字	功能简述
auto	声明自动变量
short	声明短整型变量或函数
int	声明整型变量或函数
long	声明长整型变量或函数
float	声明浮点型变量或函数
double	声明双精度变量或函数
char	声明字符型变量或函数
struct	声明结构体变量或函数
union	声明共用数据类型
enum	声明枚举类型
typedef	用以给数据类型取别名
const	声明只读变量
unsigned	声明无符号类型变量或函数
signed	声明有符号类型变量或函数
extern	声明变量是在其他文件中声明
register	声明寄存器变量
static	声明静态变量
volatile	说明变量在程序执行中可被隐含地改变
void	声明函数无返回值或无参数，声明无类型指针
if	条件语句
else	条件语句否定分支(与 if 连用)
switch	用于开关语句
case	开关语句分支
for	一种循环语句

续表

关键字	功能简述
do	循环语句的循环体
while	循环语句的循环条件
goto	无条件跳转语句
continue	结束当前循环,开始下一轮循环
break	跳出当前循环
default	开关语句中的“其他”分支
sizeof	计算数据类型长度
return	子程序返回语句(可以带参数,也可不带参数)循环条件

2.1.2　输入与输出函数

C 语言本身没有提供输入和输出语句,数据的输入和输出操作是通过调用库函数实现的。使用常用输入输出库函数时,在源程序中应包含头文件 stdio.h。

1. 字符输入、输出函数

字符输入函数(getchar)的功能为从标准输入设备(键盘)读取一个字符,函数原型为:

int getchar()

函数原型(function prototype)指出函数返回值的类型、参数个数及参数类型。由 getchar 函数的原型可知,函数没有参数,返回值为一个整数(ASCⅡ码值)。

字符输出函数(putchar)的功能为向标准输出设备(屏幕)输出一个字符,函数原型为:

int putchar (char x)

例 2.2　字符输入、输出函数的应用。

```
#include<stdio.h>
int main()
{char a1,a2,a3;
  a1=getchar();   //从键盘输入一个字符,并赋值给 a1
  a2=getchar();
  a3=getchar();
  putchar(a3);   //将变量 a3 的值(一个字符)输出到屏幕
  putchar(a2);
  putchar(a1);
  return 0;
}
```

程序的运行结果如下:

输入：abc↓

输出：cba

函数使用过程中需要注意，函数名 getchar 后面的圆括号中没有参数，但不可省略，getchar函数会从键盘读入一个字符作为返回值。在字符输入过程中，只有输入回车（Enter）后才开始执行，并且输入的空格、回车都会作为字符赋值给变量。

2. 格式输出函数 printf

格式输出函数的函数原型为：

int printf(格式字符串，输出列表)

按照"格式字符串"指定的格式，在屏幕上输出"输出列表"中的每一项，例如：

```
int x=2; float y=3.14;
printf("x=%d, y=%f\n",x,y);
```

输出结果为：

x=2，y=3.140000

格式输出函数在使用过程中需要注意以下几点：

(1)格式字符串必须使用双引号引起来，内容可以包括普通字符、格式说明符和转义字符：普通字符就是需要原样输出的字符，如示例双引号中的 x=、y=，就是普通字符；格式说明符由%开头，如示例双引号中的%d、%f，作用是将对应输出的项按指定格式输出；转义字符是由\开头的字符序列，转义字符在输出时会按照对应含义完成控制功能，如\n 控制换行。常用转义字符和 printf 函数格式说明符及功能见表 2-2。

(2)输出列表是需要输出的数据，可以是变量、常量或表达式，不同数据之间可以使用逗号分隔，如示例中的 x、y。

(3)当没有输出列表时，输出的内容仅是格式字符串中包含的文本信息。

表 2-2　常用转义字符和 printf 函数格式说明符及功能

字符类型	格式	功能
转义字符	\n	换行(LF)，将光标移到下一行开头
	\b	退格(BS)，将当前位置移到前一列
	\r	回车(CR)，将光标移到本行开头
	\t	水平制表(HT)，跳到下一 Tab 位置
	\v	垂直制表(VT)
	\f	换页(FF)，将当前位置移到下页开头
	\'	单引号
	\"	双引号
	\\	反斜杠字符(\)
	\ddd	1～3 位八进制数所代表的任意字符，如"\142"为八进制数 142 表示的字符"b"
	\xhh	1～2 位十六进制数所代表的任意字符，如"\x62"为十六进制数 62 表示的字符"b"

续表

字符类型	格式	功能
printf 函数格式说明符	%d	有符号十进制整数
	%u	无符号十进制整数
	%i	与%d 相同
	%o	无符号八进制整数(不输出前缀 0)
	%x	无符号十六进制整数(不输出前缀 0)
	%c	输出一个字符
	%s	输出一个字符串
	%f	以十进制浮点数形式输出实数,默认保留 6 位小数
	%e	以指数形式输出实数,默认保留 6 位小数
	%g	根据值,自动选择%f 或%e,不输出无意义的 0
	%p	输出指针(地址)
	%%	输出一个%

在不同类型数据输出时,需要采用合适的输出格式说明符。

1)整型数据输出

例 2.3　整型数据输出时,需要注意符号位的输出方式。

```
#include<stdio.h>
int main()
{
  int a=1,b=-1;
  printf("%d,%d,%u,%u,%o,%o,%x,%x\n",a,b,a,b,a,b,a,b);
}
```

输出结果为:

1,-1,1,4294967295,1,37777777777,1,ffffffff

这是由于变量 a 和 b 的值在内存中是以补码的形式存储的,当以%u、%o 和%x 格式输出整数时,如果为负数,则将使用补码表示的符号位也作为数值读取并输出。

2)字符和字符串输出

例 2.4　在输出字符和字符串时,可以采用 ASCII 码表示。

```
#include<stdio.h>
int main()
{
char ch='A';
```

```
    int b=66;
    printf("%c,%d,%c,%d\n", ch,ch,b,b);
}
```

输出结果为：

A,65,B,66

这是由于字符型数据在内存中以 ASCII 码(整数)存储，因此字符类型可以采用整数形式输出自身的 ASCII 码值。如果整型数据的值在表示字符的 ASCII 范围内，则也可以采用字符形式进行输出。

3)实型数据输出

在格式说明符中%与格式说明字符直接可以增加说明符，printf 函数的附加说明符及其功能见表 2-3。

例 2.5 输出实型数据时，用 printf 函数可以控制输出的格式、符号等。

```
#include<stdio.h>
int main()
{
  printf("%6d\n",1234);
  printf("%3d\n",1234);
  printf("%-6d\n",1234);
  printf("%06d\n",1234);
  printf("%+6d\n",1234);
  printf("%o\n",1234);
  printf("%#o\n",1234);
  printf("%4.3f\n",12.3456);
  printf("%4.2f\n",12.3456);
  printf("%-4.2f\n",12.3456);
}
```

输出结果为：

```
  1234
1234
1234
001234
+1234
2322
02322
12.346
12.35
12.35
```

表 2－3　printf 附件说明符及功能列表

符号	功能说明
字母 l	输出长整型数据，加在 d、o、x、u 前面
正整数 m	数据输出宽度，当实际数据输出的宽度超过 m 时按照实际数据输出，当实际数据宽度小于 m 时在数据左边补空格
正整数 n	对于实数，表示输出 n 位小数；对于字符串表示从左开始截取的字符个数
－	输出数据在指定宽度内左对齐
＋	输出数据带有＋号
0	输出的数据在指定宽度内右对齐，左边补 0
＃	用于格式符 o 和 x 前，在输出八进制数或十六进制数时，输出前导符号 0 和 0x

3. 格式输入函数 scanf

格式输入函数的函数原型为：

int scanf(格式字符串，地址表)

格式输入函数的功能是通过键盘向指定的变量输入由"格式字符串"规定的数据。

例 2.6　scanf 的使用方法。

```
#include<stdio.h>
int main()
{
  int a,b,c;
  scanf("%d%d%d",&a,&b,&c);
  printf("%d,%d,%d\n",a,b,c);
  return 0;
}
```

运行程序，使用键盘按照以下方式输入数据，为变量 a、b、c 赋值。

1 2 3↙(从键盘输入：1 空格 2 空格 3 回车)

运行后输出变量 a、b、c 的值为 1、2、3(输出为：1、2、3)

在程序中，& 是"取地址运算符"，&a、&b 和 &c 表示的是获取变量 a、b、c 在内存中的地址，函数 scanf 的作用是按照变量 a、b、c 在内存中的地址，将输入的数据 1、2、3 存入对应的存储单元。

格式输入函数在使用过程中，格式字符串中可以是格式说明符或普通字符，需要注意以下事项：

(1)格式说明符：在 scanf 函数中，格式说明符的使用和 printf 函数相似，作用是规定向指定地址表中输入数据的格式，常用的格式说明符及功能见表 2－4。

表 2-4　scanf 函数的格式说明符、附加说明符及功能说明

类型	表示方法	功能
格式说明符	%d	以十进制形式输入有符号整数
	%o	以八进制形式输入无符号整数
	%x	以十六进制形式输入无符号整数
	%u	以十进制形式输入无符号整数
	%f	以小数形式输入单、双精度实数
	%e	以指数形式输入单、双精度实数
	%g	输入单、双精度实数
	%c	输入单个字符
	%s	输入字符串
附加说明符	字母 l	加在 d、o、x、u 前表示输入长整型数据；加在 f、e 前表示输入 double 型数据
	字母 h	加在 d、o、x、u 前表示输入短整型数据
	正整数 m	指定输入数据所占宽度

(2)普通字符：当格式字符串中包含普通字符时，必须在对应位置“原样输入”普通字符。普通字符使用不当，会导致数据输入方面的报错。例如：

```
scanf("a=%d,b=%f\n",&a,&b);
```

其中，a=和 b=为普通字符；\n 为换行符。在执行时需要“原样输入”，也就是从需要键盘实际输入：“a=1,b=2.3\n”后，再按回车键，系统才会将 1 赋值给变量 a，将 2.3 赋值给变量 b。

(3)当输入数据时候，遇到空格、按回车键、按 Tab 键，或到达指定宽度，或遇到非法输入，则系统认为输入结束。

例如：

```
int n;
float x;
scanf("%3d%f",&n,&x);
```

当键盘输入数据为：-123 空格 4567.89 的时候，变量 n 获得的数据为-12，变量 x 获得的数据为 3。这是因为变量 n 的输入宽度为 3，所以取-12 赋值给 n；然后将 3 赋值给 x，遇到空格输入结束，后续输入的 4567.89 无效。

在实际应用中，常常先用 printf 函数输出需要输入的数据，再用 scanf 函数进行输入，见例 2.7。

例 2.7

```
#include<stdio.h>
```

```
int main()
{
  int a;char ch;float x;
  printf("a=?,ch=?,x=? \n");
  scanf("%d%c%f",&a,&ch,&x);
  printf("a=%d,ch=%c,x=%f\n",a,ch,x);
}
```

运行显示:a=?,ch=?,x=?

键盘输入:-123b456.789

运行结果:a=-123,ch=b,x=456.789001

以上程序中,输入数据-123b456.789,第一个数据对应%d 格式符,在-123 后遇到字符 b,系统默认-123 后面无数字,第一个数据输入结束,将-123 赋值给变量 a;字符 b 则赋值给变量 x;数据 456.789 赋值给变量 x,这是由于输出对应的格式符为%f(保留 6 位小数,最后一位 1 为系统误差)。如果把输入的数据为-123b45o.789,则运行结果为:

a=-123,ch=b,x=45.000000

这是由于 45 后出现了非法输入字母 o,系统默认该数值输入结束因此将 45 赋值给变量 x,并按照制定格式输出。

习题

1.编写程序,在屏幕上显示如下信息:

```
* * * * * * * * * * * * * * * * * * * * *
Hello word!
* * * * * * * * * * * * * * * * * * * * *
```

2.编写程序,分别输入 a 和 b 的值并求和后,使输出结果形式为"a+b= "。

3.编写程序,分别输入 a、b、c 三个数值,并输出其中值最大者。

2.2　C 语言的数据类型

C 语言属于高级语言,数据有常量和变量两种表现形式。常量是指在程序运行过程中其值不能被改变的量,包括整数型常量、实数型常量及字符型常量。变量代表一个有名字和特定属性的存储单元,变量必须先定义、后使用,定义时需要指定变量的名字和类型。在 C99 标准中允许使用常变量,常变量有类型和存储单元,但其值不能改变,常变量在定义时要在前面加一个关键字 const。

C 语言中有多种数据类型,包含基本类型、派生类型、枚举类型和空类型。定义数据类型,就是对数据分配存储单元的安排,包括存储单元的长度及数据的存储形式。C 语言数据类型如图 2-1 所示,其中带有 * 的是 C99 标准中新增的类型。

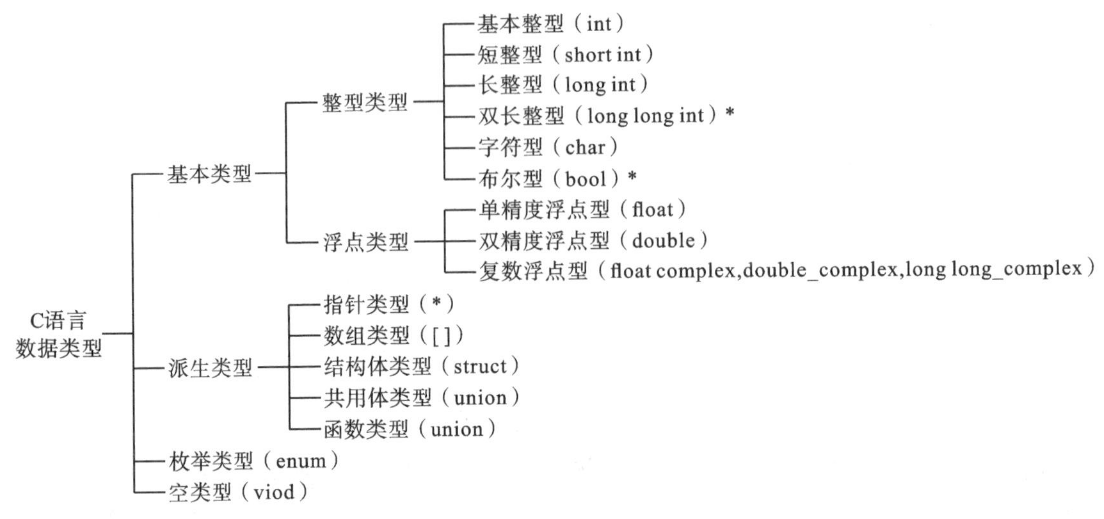

图 2-1　C 语言数据类型

2.2.1　基本数据类型与操作

1. 整型数据

在 C 语言中整型数据包含基本整型(int)、短整型(short int)、长整型(long int)和双长整型(long long int)，其中双长整型是 C99 新增的类型。整型数据(或变量)存储单元中都以补码形式存储，存储单元的第一位二进制数代表其符号，整型数据的值包含负数到正数的范围。在实际应用中，有时数据范围常常只有正值，则可以定义“无符号”类型。因此，在以上 4 种数据类型的基础上，整型数据又可以拓展为以下 8 种：

有符号基本整型　　[signed] int；
无符号基本整型　　unsigned int；
有符号短整型　　[signed] short [int]；
无符号短整型　　unsigned short [int]；
有符号长整型　　[signed] long [int]；
无符号长整型　　unsigned long [int]；
有符号双长整型　　[signed] long long [int]；
无符号双长整型　　unsigned long long [int]。

其中，[]中的内容表示是可选的，定义时可以有，也可以没有。根据不同的整数类型，编译系统会给变量分配不同的存储空间和取值范围，C 语言标准没有具体规定各种类型数据所占存储单元的长度，只规定了 long 型数据的长度不短于 int 型，short 型数据的长度不长于 int 型。

2. 浮点型数据

浮点数用来表示有小数点的实数，在 C 语言中实数是以指数形式存放在存储单元中的，一个实数表示为指数的方式有很多种，如 2.71828 可以表示为：2.71828×10^{0}，0.27828×10^{1}，0.026828×10^{2}，27.1828×10^{-1}，271.828×10^{-2}等，事实上这些形式都表示同一个数值。可以看出，小数点的位置可以在不同数字之间浮动，所以实数的指数形式称为浮点数。浮点数类型包含单精度浮点型（float）、双精度浮点型（double）和长双精度浮点型（long double）。

编译系统会为每一个 float 型变量分配 4 个字节空间，可以得到 6 位有效数字，数值以规范化的二进制数指数形式存放在存储单元中，4 个字节中表示小数和指数部分的位数由编译系统规定。指数部分占的位数越多，数值范围越大；小数部分占的位数越多，数值精度越高。为了扩大能表示数值的范围，用 8 字节存储一个 double 型数据，可以得到 15 位有效数字。对于 long double 型数据的处理方法，不同的编译系统有所区别，如在 Turbo C 中系统给 long double 型数据分配 16 个字节，而在 Visual C++中系统给 long double 型数据分配 8 个字节。在使用不同编译系统时，需要注意浮点数的数值范围。

3. 字符型数据

字符是按其代码（整数）形式存储的，在使用上有自己的特点。并不是任意一个字符都能够被程序识别，目前大多数系统采用 ASCII 字符集合，其中包括了 127 个字符，见表 2－5。

表 2－5　C 语言标准字符集

分类	字符
26 个大写字母	A B C D E F G H I J K L M N O P Q R S T U V W X Y Z
26 个小写字母	a b c d e f g h i j k l m n o p q r s t u v w x y z
10 个十进制数字字符	0 1 2 3 4 5 6 7 8 9
29 个图形字符	! " # % & ' ( ) * + , − . / : ; < = > ? [\ ] ^ _ { | } ~
空白符	空格、水平制表位（tab）、纵向制表位\V、换页\f、换行\n
执行字符	空字符（null）\0、告警\a、退格\b、回车\r、新行\n

字符变量用类型符 char 定义，例如：

char c='&';

定义 c 为字符型变量，并赋初值为字符'&'。'&'的 ASCII 代码是 38，系统把整数 38 赋给变量 c，实质上字符变量是一个字节的整型变量，用于存放字符，字符对应着 0～127 之间的整数代码。在输出字符变量时，可以选择以十进制整数形式输出，也可以输出字符，例如：

printf("%d %c\n",c,c); /用%d 格式输出十进制整数，%c 格式输出字符

输出结果是：38 &

字符型数据属于整型的一种，也可以采用 signed 和 unsigned 修饰符表示符号属性，字符型的取值范围为：

有符号字符型 signed char，取值范围：−128～127；

无符号字符型 unsigned char，取值范围：0～255。

在使用的时候，字符的代码不能为负值，因此在存储字符的时候实际上只用到了 0～127 这一部分取值。

4.数据的基本操作

为了支持复杂运算操作,C 语言提供了多种功能运算符,见表 2-6。

表 2-6　C 语言的运算符(部分)

<table>
<tr><th>分类</th><th>运算符及功能说明</th></tr>
<tr><td>算术运算符</td><td>+(加),-(减),*(乘),/(除),%(取余,模运算),++(自增),--(自减)</td></tr>
<tr><td>关系运算符</td><td>>(大于),<(小于),==(等于),!=(不等于),>=(大于等于),<=(小于等于)</td></tr>
<tr><td>逻辑运算符</td><td>&&(与),||(或),!(非)</td></tr>
<tr><td>赋值运算符</td><td>=(赋值及其扩展赋值运算符)</td></tr>
<tr><td>位运算符</td><td>&,|,^,~,>>,<<</td></tr>
<tr><td>条件运算符</td><td>?:(条件运算符,三目运算符,三元运算符)</td></tr>
<tr><td>逗号运算符</td><td>,(逗号运算符)</td></tr>
<tr><td>指针运算符</td><td>&(取地址符),*(寻址符)</td></tr>
<tr><td>求字节运算符</td><td>sizeof(获取字节数)</td></tr>
<tr><td>特殊运算符</td><td>()(括号运算符,更改表达式运算顺序、函数调用),[](数组下指针访问成员运算符),·(结构体变量访问成员运算符)</td></tr>
</table>

算术运算和赋值运算是最基本的运算功能,在 C 语言中用算术运算符和括号将运算对象(常量、变量、函数等)连接成为符合语法规则的表达式,则称为 C 算术表达式。在 C 语言中的算术运算和赋值运算中,优先级与数学的逻辑相同,遵循先乘除后加减,括号优先,优先级相同时自左向右运算等规则。

在程序中经常会遇到不同类型数据的运算,当一个运算符两侧的数据类型不同时,应先进行类型转换,使二者成为同一种数据类型后再进行运算,类型转换是编译系统自动完成的。也可以使用强制类型转换运算符,将表达式转换成为所需的类型,具体方法为:

(类型名)(表达式)　将表达式转换为括号中指定的类型

(double)a　将 a 转换成为 double 型

(int)(a+b)　将 a+b 的值转换为 int 型

(float)(7%3)　将 7%3 的值转换为 float 型

需要注意的是,表达式需要用括号括起来,如果写成:

(int)a+b

则只会将 a 转换成为整型,然后与 b 相加。在强制类型转换时,会得到一个所需类型的中间数据,原来的数据类型不会发生变化。例如:

a=(int)x

如果已经定义 x 为 float 型变量,在进行强制类型转换运算(int)x 时会得到一个 int 型的中间数据值,即 x 的整数部分,并将其赋值给 a。运算后,a 为 int 型,x 的数据类型仍为 float。

2.2.2　数组

数组是具有相同数据类型的一组有序变量的集合，这些变量称为数组元素，通常采用下标的方法表示数组中的元素序号及数组维数。按照下标的个数，可分为一维数组、二维数组、三维数组等。

1. 一维数组

在使用数组的时候，必须在程序中先定义，规定数组名称，其中的元素个数、类型等。一维数组是数组名后只有一组方括号的数组，一般形式为：

类型说明符号 数组名[元素个数]；

一维数组的命名规则遵循标识语命名规则，与变量名的命名规则相同。在定义数组时，方括号中元素的个数，可以采用常量或表达式来表示。由于数组在定义的同时会在内存中分配存储空间，所以表达数组长度的方括号中的元素个数不能包含变量，例如：

int a[10]；表示含有 10 个元素的整型数组，a[0]为第 0 个元素，a[9]为第 10 个元素。

int a[4＋6]；也表示含有 10 个元素的整型数组。

int a[n]；元素个数为变量，这种表达式是不合法的。

在定义数组的同时，可以给各个数组元素赋值，称为数组初始化。在定义数组时可以对数组中所有元素赋初值，例如：

inta[10]＝{0,1,2,3,4,5,6,7,8,9}；

经过上述赋值后，数组中的元素都有具体的数值，a[0]＝0，a[1]＝1，……，a[9]＝0。在对全部数组元素赋初值时，由于数据个数已确定，可以不指定数组长度，例如：

inta[5]＝{0,1,2,3,4}；

可以写成：

inta[]＝{0,1,2,3,4}；

数组初始化时，也可以只给数组中一部分元素赋值，例如：

inta[10]＝{0,1,2,3,4}；

此时数组 a 中有 10 个元素，只对其中 5 个赋初值，未赋值的元素系统自动将其赋值为 0。

在定义数组并对其中各元素赋值后，就可以引用数组中的元素。需要注意的是，只能引用数组元素，而不能一次性整体调用数组中的全部元素值。引用数组元素的表示形式为：

数组名[元素序号]

a[0]表示数组 a 中序号为 0 的元素，它和一个简单变量的作用和功能相似，如下的表达式包含了对数组元素的引用：

```
int a[10]={0,1,2,3,4};     //定义包含 10 个元素的数组
a[0]=5;                    //将 a[0]赋值为 5
a[1]=2*a[3/4];             //将 a[1]赋值为 2*a[3/4]，即赋值为 2*a[0]，结果为 10
a[6]=a[3%2]+a[3-3];        //将 a[6]赋值为 a[1]+a[0]，即赋值为 15
```

2. 二维数组

二维数组是数组名后有两组方括号的数组，一般形式为：

类型说明符号 数组名[下标 1][下标 2];

二维数组的命名规则遵循标识语命名规则,与变量名的命名规则相同。在定义数组时,方括号中的下标可以用常量或常量表达式来表示。和一维数组类似,二维数组在定义的同时也会在内存中分配存储空间,所以表达数组长度的方括号中的元素个数不能包含变量,例如:

float a[2][3];

表示含有 2 行 3 列的数组,共有 6 个浮点型元素:

a[0][0] a[0][1] a[0][2]

a[1][0] a[1][1] a[1][2]

在定义二维数组的同时会在内存中分配一块连续的存储区,存储区的首地址由数组名表示,数据元素在存储区中按行存放。例如:

float a[2][3];

编译系统会在内存中为数组 a 分配 2 * 3 * sizeof(float)字节的存储空间,其中数组名 a 表示存储区的首地址,如图 2-2 所示。

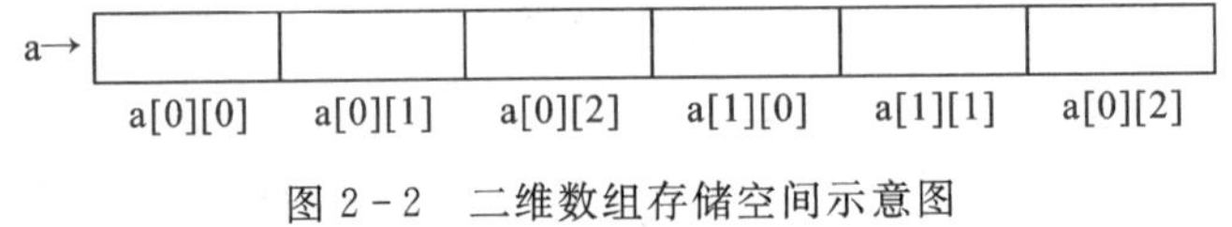

图 2-2 二维数组存储空间示意图

一维数组在定义时的规则,在多维数组中也同样适用。在定义二维数组的同时,可以给各个数组元素赋值,称为数组初始化。二维数组初始化的常用方法如下:

(1)在定义数组时可以对数组中所有元素赋初值,例如:

float a[2][3]={{0,1,2},{3,4,5}};

经过上述赋值后,数组中的元素都有具体的数值,a[0][0]=0,a[0][1]=1,a[0][2]=2,a[1][0]=3, a[1][1]=4, a[1][2]=5。

(2)可以将所有数据写在一对大括号内,按照数组元素在内存中的存储顺序进行赋值。例如:

float a[2][3]={0,1,2,3,4,5};

(3)可以为部分数组元素赋值,例如:

float a[2][3]={{1},{3}};

赋值完成后,数组 a 中元素如下:

$$\begin{bmatrix} 1 & 0 & 0 \\ 3 & 0 & 0 \end{bmatrix}$$

(4)在对二维数组元素赋初值时,第一维的长度可以不指定,但第二维的长度不能省略,系统会根据所赋初值个数计算第一维的长度。例如:

int a[3][4]={1,2,3,4,5,6,7,8,9,10,11,12};

可以写成:

int a[][4]={1,2,3,4,5,6,7,8,9,10,11,12}。

与一维数组类似,二维数组的每个元素都应具有相同的数据类型,每个元素可视为一个变量。二维数组的引用和操作也与一维数组相似。引用二维数组的方式为：

数组名[下标1][下标2]；

下标1和下标2是值大于或等于0的整型表达式，表达式可以包含变量，但需要注意下标的取值范围应限制为0～(行长度－1)和0～(列长度－1)。

3.字符数组

字符数组是指数据类型为char的数组，前面介绍的数组的定义、存储和引用等规则都适用于字符数组。字符数组用于存放字符或字符串，每个数组元素就是一个字符。由于C语言规定字符串以“\0”结尾，因此在使用字符数组存放字符串时，也要在字符串结尾添加“\0”作为结束标记。在定义用来存放字符串的字符数组时，元素个数要比实际字符串中的字符个数多1，用于存放“\0”。初始化字符数组的方法和注意事项有：

(1)使用字符常量初始化字符数组，例如：

char a[10]＝{‘C’,‘H’,‘I’,‘N’,‘A’,‘\0’}；

在赋值时要注意，初值个数(即字符个数)不能大于数组长度。初值个数小于数组长度时，系统只将字符赋给数组中靠前的元素，其余元素赋值为空字符“\0”。如果赋值的初值个数与数组长度相同，在定义字符数组时可以省略数组长度，系统会根据初值个数确定数组长度。例如：

char a[]＝{‘C’,‘H’,‘I’,‘N’,‘A’,‘\0’}；

此时，数组长度自动设定为6。

(2)使用字符串常量初始化字符数组，例如：

char a[6]＝{“CHINA”}；

或

char a[6]＝“CHINA”。

赋值时要注意，数组长度必须比实际字符串长度多1，用于存放字符串结束标志“\0”。

(3)省略数组长度对数组进行定义，例如：

char a[]＝“CHINA”。

(4)数组名为地址常量，不能将字符串直接赋值给数组名，例如：

char a[6]；

a＝“CHINA”；

如上表达方式是错误的。

(5)对于字符串，系统默认在遇到第一个“\0”时即结束，例如：

char a[]＝“china\0abc\0def”；

此字符数组a的长度为13，存放的字符串为“china”。

对于字符的输入、输出、格式化等操作，可以采用字符输入函数getchar，字符输出函数putchar、格式化输入、输出函数scanf和printf的格式说明符％来实现。对于字符串的输入、输出、格式化等操作，可以采用字符串输出函数puts、字符串输入函数gets、字符串连接函数strcat、字符串复制函数strcpy、字符串比较函数strcmp、字符串长度函数strlen等来实现。也可以采用二维字符串数组来存放多个字符串。

2.2.3 指针

指针是C语言中的一种数据类型，用于存放数据的内存单元地址。计算机系统的内存拥有大量的存储单元，每个存储单元的大小为1字节，为了便于管理，必须为每个存储单元编号，该编号就是存储单元的“地址”，每个存储单元拥有唯一的地址。指针变量除了可以存放变量的地址外，还可以存放其他数据的地址，例如可以存放数组和函数的地址。

1. 指针的概念与操作

在计算机中，对内存空间的访问（存、取数据）是通过地址来实现的，地址“指向”需要操作的内存单元，称为指针。

在程序中直接定义和使用变量的操作，实际上也是对某个地址存储单元进行操作，只是变量与地址的联系由编译系统负责管理，这种直接按变量地址存取变量的方式称为“直接访问”。还可以定义一种特殊的变量，用来存放变量的地址，称为指针变量（pointer variable）。指针变量与变量之间的指向关系如图2-3所示。

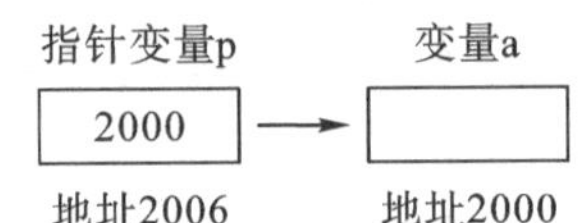

图2-3 指针变量与变量间的指向关系

1）指针变量的定义

定义指针变量一般形式为：

类型标识符 *变量名；

例如：

```
int *p1, *p2;
```

以上语句定义了两个指向int型数据的指针变量p1和p2，用于存放int型变量的地址。在定义指针变量时可以对其进行初始化，例如：

```
int a;
int *p=&a;
```

或

```
int a, *p=&a;
```

上述语句的作用是定义int型变量a和指向int型数据的指针变量p，同时将p赋值为变量a的地址。&a表示获取变量a的地址。

2）指针变量的引用

指针变量的引用与运算符“*”和“&”密切相关，取地址运算符“&”的功能是取变量的地址，它是单目运算符。取地址运算符的运算对象必须是已经定义的变量或数组元素，但不能是数组名，运算结果是运算对象的地址。指针运算符“*”的功能是取指针变量所指向地址中的内容，与取地址运算符“&”的运算是互逆的，也是单目运算符。指针运算符的运算对象必须是地址，可以是已赋值的指针变量，也可以是变量或数组元素的地址，但不能是整数，也不能是非地址型的变量，运算结果就是地址对应的变量。

在使用指针时需要注意，指针变量只能存储地址，而且存储的地址必须是已经明确定义过的对象(变量、数组等)的地址。例如：

```
int a, * p, * q;
p=2006;/错误/
q=&a;/正确/
```

其中，语句 p=2006；是错误的，并不能实现将编号为 2006 的存储单元地址赋值给变量 p 的功能。事实上，程序运行时所需存储区域的具体分配不是直接指定的，而是由系统负责管理和分配的。所以，必须先定义对象(系统同时分配地址)，之后才能把对象的地址存储到指针变量中。

同时需要注意，初始化指针变量与赋值指针变量的区别，例如：int a, * p=&a 与 int a, * p;p=&a 的作用相同，都表示定义 a 为 int 型变量，定义 p 为指向 int 型数据的指针变量，且使 p 指向 a。但是，int a, * p; * p=&a 中的赋值语句是错误的，混淆了定义语句 int * p=&a 与赋值语句 * p=&a。定义语句 int * p=&a 标量名前的 * 用于指明定义变量 p 是指针变量，&a 的值被存放在 p 中。赋值语句 * p=&a 中变量名前的 * 是间接访问运算符，表示利用指针变量间接访问它所指向的对象。&a 的值被存储于 p 指向的对象 * p 中。若只定义了指针变量，没有进行初始化，那么指针变量的地址是不确定的，称为悬挂指针，悬挂指针可能导致程序出错。

3)指针变量的运算

指针也是一种数据类型，可以进行赋值、加减、关系运算，具体说明见表 2-7。

表 2-7　指针变量的运算

类型	举例	说明
指针之间赋值运算	int a, * p1, * p2=&a; p1=p2;	同一数据类型指针之间可以进行赋值运算
指针与整数的加减运算	char c[]={'a','b','c','d'}, * pc; pc=c;　/等效 &c[0]/ pc=pc+3;　/pc 指向 c[3]/	一般指针指向数组时，与整数加减运算后才有意义，指针与整数进行加减运算后，结果仍是指针
指针相减	—	两个指针指向同一数组中的元素时，相减后得到的绝对值为两个指针之间相距元素的个数
关系运算	—	通过关系运算，可判断指针是否指向同一数组或同一元素

另外，指针还可以作为函数的参数，当指针作为函数的参数时，函数调用时的实参必须为指针，将存储单元的地址传递给形参变量，称为“传址”。通过传址方式在被调函数中可以间接访问主调函数中的对象，实现在被调函数中修改主调函数对象值的功能。

2. 指针与一维数组

变量都有地址，数组包含若干元素，每个元素都是变量，都有相应的地址。数组名是地址

常量,代表数组的首地址,在引用数组时可以采用下标法表示,也可以使用指针表示。例如:

引用定义语句 short int a[5];

引用数组 a 的第 i+1 个元素(i 从 0 开始编号),可以使用如下两种方式:

下标表示法:a[i]

指针表示法:*(a+i)

以上两种方式是等价的,只是表示形式不同,实质都是利用地址间接引用数组元素。在编译系统处理时,首先根据数组的首地址计算 a+i 的值得到 a[i]元素的地址,然后根据地址标识的存储单元引用数组元素。假设系统分配给数组 a 的地址为 2000,那么数组 a 的地址与元素之间的关系如图 2-4 所示。

	地址	元素	数组a
a→	2000	7	a[0]
	2002	8	a[1]
	2004	9	a[2]
a+3→	2006	22	a[3]
	2008	11	a[4]

图 2-4　指针、数组、地址与元素之间的关系

对于赋值语句 a[3]=22 或 *(a+3)=22,编译系统在处理时首先按 a+3*2(short int 型元素占 2 个字节空间)计算出 a+3 的值为 2006,然后根据地址 2006 标识的存储单元,为数组元素赋值 22。如果将数组元素的地址存放在指针变量中,就可以通过指针变量引用数组中的元素。此外,++和--运算符对于指针变量十分有效,可以使指针变量自动向前或向后移动,从而指向上一个或下一个元素。

指针变量运算时,需要注意以下 4 点:

(1)*p++,运算符*和++的优先级相同,运算方向为右结合,*p++等价于*(p++),作用是首先得到 p 所指变量的值,然后使 p 加 1;

(2)*(p++)与*(++p)的作用不同,前者是先获取*p,再使 p 加 1;后者是先使 p 加 1,再获取*p;

(3)(*p)++表示对 p 所指元素的值加 1,而不是对 p 加 1;

(4)如果 p 指向数组 a 中第 i 个元素,则*(p--)相当于 a[i--],即先对 p 进行*运算,再使 p 自减;*(++p)相当于 a[++i],即先使 p 自加,再进行*运算;*(--p)相当于 a[--i],即先使 p 自减,再进行*运算。

3. 指针与二维数组

指针可以指向一维数组中的元素,也可以指向二维数组中的元素。在概念和用法方面,二维数组中的指针比一维数组更复杂。例如,定义一个二维数组:

short int a[3][4]={{1,2,3,4},{6,7,8,9},{11,12,13,14}};

a 是数组名,数组 a 包含 3 个元素 a[0]、a[1]、a[2],每个元素也是一个包含 4 个元素的一维数组。在内存中,二维数组元素的排列方式也是按照顺序存放的,如图 2-5 所示。

指针	地址	元素	行数
a、a[0]→	2000	a[0][0]	第1行
a[0]+1→	2002	a[0][1]	
	2004	a[0][2]	
	2006	a[0][3]	
a+1、a[1]→	2008	a[1][0]	第2行
a[1]+1→	2010	a[1][1]	
	2012	a[1][2]	
	2014	a[1][3]	
a+2、a[2]→	2016	a[2][0]	第3行
a[2]+1→	2018	a[2][1]	
	2020	a[2][2]	
	2022	a[2][3]	

图 2-5　二维数组 a 的内存排列示意图

从二维数组角度看，a 代表二维数组首元素的地址，首元素是由 4 个整型元素组成的一维数组，因此 a 代表首行的首地址，a+1 代表第 2 行的首地址。假设首行（第 1 行）地址为 2000，由于第 1 行有 4 个整型数据，a+1 代表的第 2 行首地址为 a+4*2=2008。

a[0]、a[1]、a[2]为一维数组，分别代表数组中首元素地址，因此 a[0]代表一维数组 a[0]中第一个元素的地址，a[0]的值为 &a[0][0]。同样，a[1]的值为 &a[1][0]，a[2]的值为 &a[2][0]。由于 a[i]与 *(a+i)等价，则 a[i]+j 和 *(a+i)+j 的值均为 &a[i][j]。

为了方便区分，一般把二维数组中的指针分为行指针和元素指针。二维数组中每一行的首地址称为行指针，即数组名为行指针，例如二维数组 a 的第 i+1 行指针为 a+i，行指针加 1 后，便指向数组下一行。二维数组中每个元素的地址称为元素指针，如元素 a[i][j]的指针有 3 种表示方法：&a[i][j]、a[i]+j、*(a+i)+j；二维数组中每个元素也有 3 种表示方法：a[i][j]、*(a[i]+j)、*(*(a+i)+j)。

4. 指针与字符串

字符串在内存中的首地址（第一个字符的地址）即为字符串指针。对于字符串常量来说，其值就是一个字符串指针，表示字符串在内存中的首地址。如果字符串存放在一个字符串数组中，那么数组名就是字符串指针，指向字符串的第一个字符。如果用指针变量表示字符串，定义指针变量 p，使其指向字符串“China Beijing”在内存中的首地址。例如：

```
char a[]="China Beijing";/*数组名 a 代表字符串首地址，即字符 C 的地址*/
char *p="China Beijing";/*字符指针变量指向字符串，定义同时初始化*/
```

或

```
char *p;p="China Beijing";/*字符指针变量指向字符串，先定义，再赋值*/
```

字符串一般存放在字符串数组中，也可以使用指针变量指向字符串，通过字符串数组名或指向字符串的指针变量来引用字符串。例如：

```
char a[]="China Beijing";char *p=a;
```

需要注意的是，p 和 a 指向同一个字符串，但 a 是常量，p 是变量。a 和 p 都是指针，a+1 和 p+1 都指向下一个字符，都是指向字符串的指针。当使用指针变量输入字符串时，需要先给指针变量赋值，否则在引用时会出现错误。

5. 指针与函数

函数在编译时会被分配一个入口地址，这个入口地址即为函数的首地址。实际上，编译系统会将组成函数的一组指令存储在内存的一块区域中，这组指令的首地址就是函数的入口地址。调用函数就是找到这组指令的首地址，并依次执行指令。和数组名代表的首地址一样，函数名也代表函数的入口地址。可以使用函数名调用函数，也可以使用指向函数的指针来调用函数。

定义指向函数的指针变量，一般形式表示为：

类型标识符(＊指针变量名)(函数形参类型)；

```
char(＊f1)(int)；
int(＊f2)(float,int)；
```

其中，类型标识符表示指针变量所指向函数的返回值类型；函数形参类型表示指针变量指向的函数所具有的参数类型。上述语句中定义了指针变量 f1 和 f2 为不同类型的指针变量，f1 所指向函数的返回值必须是 char 型，形参为 int 型；f2 所指向的函数返回值必须是 int 型，形参依次为 flaot 型和 int 型。通过将函数的入口地址赋值给同类型函数指针变量，就可以用指针变量调用函数了。例如：

```
double(＊f2)(double)；
f2=sqrt；/＊指针 f2 指向函数 sqrt＊/
```

可以使用指针变量 f2 调用函数 sqrt，f2(5)、(＊f2)(5)与 sqrt(5)作用是一样的。

函数不仅可以返回整型、实型、字符型等类型的数据，还可以返回指针类型的数据。一般表示形式为：

类型标识符 ＊函数名(类型标识符形参中类型标识符形参，……)

```
int ＊f1(float x, float y)
```

其中，＊表示返回值是指针；f1 为函数名，调用后可得到一个指向 int 型数据的指针(地址)。

2.2.4 结构体

在实际的数据应用与处理中，有时需要将不同类型且相互关联的数据组织在一起，以进行统一管理。例如，员工的基本信息包括工号、姓名、性别、年龄、工作岗位、联系方式，这些信息的类型不同，不能用同一数组表示。如果分别定义成相互独立的变量，会导致程序混乱，数据之间逻辑关系不清。因此，C 语言提供了另外一种数据结构——结构体(structure)，结构体能够将不同类型数据组织在一起。

1. 结构体类型的定义

结构体由若干成员组成，这些成员的类型可以不同。程序中在使用结构体类型之前，必须先对结构体组成元素进行定义。结构体的一般定义形式为：

struct 结构体名

{类型名 1 成员名 1;类型名 2 成员名 2;……};

定义结构体类型,仅仅相当于指定了一种类型(系统中定义的基本类型,与 int、float、char 等类型类似),无具体数据,系统不会具体分配实际内存单元。结构体成员可以是任何基本数据类型,也可以是数组、指针等,或者是已经定义的结构体类型。定义结构体时,末尾的分号不能省略。

例如,首先定义一个日期表示出生年月信息:

```
struct date {int year; int month;};
```

则员工信息可以定义为结构体类型:

```
struct staff
{
  int num;
  char name[50];
  char sex;
  struct date birth;/* 结构体成员 birth 为结构体类型 struct date */
  char duty;
  int tel;
};
```

其中,struct 是结构体类型的关键字;staff 是结构体名,大括号中是对各个成员的定义。上例中的结构体 struct staff 有 6 个指标,分别为工号、姓名、性别、年龄、工作职责和联系方式,各个指标的类型是不同的。

2. 结构体变量的定义

结构体类型定义后,系统并没有为其分配实际的内存空间,需要利用定义的结构体类型在定义相应的变量后,才能够使用。结构体变量有以下 3 种定义方式:

1)先定义结构体类型,再定义变量

一般形式为:

struct 结构体名

{类型名 1 成员名 1;类型名 2 成员名 2;……};

struct 结构体名 变量名表;

例如:

```
struct date {int year; int month;};
struct date s1,s2;
```

s1 和 s2 为结构体 struct date 的变量,也就是二者是具有 struct date 类型的结构体变量,系统会为二者分配内存空间,变量所占的内存空间为结构体所有成员长度之和。

2)在定义结构体类型的同时定义变量

一般形式为:

struct 结构体名

{类型名 1 成员名 1;类型名 2 成员名 2;……}变量名表;

例如:

```
struct date {int year; int month;} s1,s2;
```

该语句在定义结构体 struct date 的同时,定义了两个这种类型的变量 s1 和 s2。

3)直接定义结构体变量

struct

{类型名 1 成员名 1;类型名 2 成员名 2;……}变量名表;

例如:

```
struct {int year; int month;} s1,s2;
```

这种定义方式没有结构体名,虽然定义时简单,但在后面需要使用时要再次定义这种类型的变量,需要将结构体类型重新定义。

3. 结构体变量的引用

引用结构体变量时,一般只对其成员进行操作,而不能对结构体变量进行整体操作,引用结构体变量的一般形式为:

结构体变量名.成员名

其中.为成员运算符。

例如:

```
struct date {int year; int month;};
struct staff
{
   int num;
   char name[50];
   char sex;
   struct date birth;
   char duty;
   int tel;
}s1,s2;
```

成员引用形式如下:

```
s1.num=20200101;
s2.num= s1.num+1;
```

如果成员本身也是一种结构体类型,那么就需要使用若干成员运算符,进行逐级访问,直到找到最低一级成员。例如:

```
s1.birth.year=1998;
```

结构体变量和其他变量一样,可以在定义变量的同时进行初始化,一般初始化的形式如下:

结构体类型 结构体变量名={初值表};

例如:

```
struct staff
{
  int num;
  char name[50];
} s1={20200101,"LI_LEI"};
```

此时,结构体变量 s1 的各个成员依次被赋初值,整型元素 num 为 20200101,字符串数组 name[50]为 LI_LEI。

结构体变量一旦定义后,编译系统会为其分配一块连续的存储区域,这块区域的起始地址就是结构体变量的地址。可以通过定义指针变量来存放结构体变量的地址,也可以定义指针变量指向结构体变量。

2.2.5　共用体与枚举

1. 共用体

共用体也是一种构造数据类型,用于将不同类型的变量存放在同一块存储区域内,共用体又称为联合体(union)。共用体类型的定义、变量定义及引用方式与结构体相似。不同之处在于,结构体变量的成员各自占有自己的存储空间,而共用体变量的所有成员使用相同的存储空间。

共用体变量的定义与结构体变量的定义相似,先定义共用体类型,再定义共用体变量。共用体类型的一般定义形式如下:

union 共用体名

{类型名 1 成员名 1;类型名 2 成员名 2;……};

与定义结构体变量一样,定义共用体变量也有 3 种方式。

1)先定义共用体类型,再定义变量

一般形式为:

union 共用体名{类型名 1 成员名 1;类型名 2 成员名 2;……};

union 共用体名 变量名表;

例如:

```
union date {int a; char b; float c};
union date x1, x2;
```

其中,x1 和 x2 为共用体 union date 的变量,也就是二者是具有 union date 类型的共用体变量。

2)在定义共用体类型的同时定义变量

一般形式为:

union 共用体名{类型名 1 成员名 1;类型名 2 成员名 2;……}变量名表;

例如:

union date {int a; char b; float c}x1, x2;

上述语句在定义共用体 union date 的同时,定义了两个该类型的变量 x1 和 x2。

3)直接定义结构体变量

union{类型名 1 成员名 1;类型名 2 成员名 2;……}变量名表;

例如:

union {int a; char b; float c} x1, x2;

定义在共用体变量之后,系统就会为其分配内存空间。由于共用体变量的所有成员占用同一存储空间,因此系统分配给共用体变量的内存空间,等于共用体变量的所有成员所能占用的最大内存空间。共用体变量的所有成员都从同一地址开始存放。

引用共同体变量的方式与结构体变量相同,可以使用以下 3 种形式之一:

(1)共用体变量名.成员名;

(2)指针变量名－＞成员名;

(3)(＊指针变量名).成员名。

共用体变量的成员同样可以进行其所属类型允许的任何操作,在访问共用体变量成员时需要注意,共用体变量中有效的是最末一次存入的成员值,原有成员值会被覆盖。例如:

x1.a=1; x1.b='&'; x1.c=6;

以上赋值操作完成后,只有 x1.c 是有效的,其他两个成员值已经被覆盖。

2.枚举

一个变量如果有几种可能的取值,就可以定义为枚举类型。所谓"枚举",就是将变量的值一一列举出来,并且变量仅限于从列举出来的范围内取值。例如:一年的 12 个月,一周的 7 天,一年四季等。这些定义时就明确规定变量只有哪些取值,而不能取其他值的变量类型为枚举类型。

枚举类型的一般定义形式如下:

enum 枚举名 {元素名 1,元素名 2,……,元素名 n};

其中,enum 为关键字,枚举名为枚举类型的名称,用标识符表示;元素名为枚举元素或枚举常量,用标识符表示。例如:

enum week {sun,mon,tue,wed,thu,fri,sat};

枚举元素按常量处理,若没有特殊说明,第一个常量为 0,其余依次增加 1,在上例中,sun 的值为 0,mon 的值为 1,……,sat 的值为 6。也可以在定义枚举类型的同时指定枚举元素的值,例如:

enum week {sun=7,mon=6,tue,wed,thu,fri,sat};

此时,sun 的值为 7,mon 的值为 6,tue 的值为 2,……,sat 的值为 6。

枚举变量的一般定义形式如下:

enum 枚举名 枚举变量表;

例如:

```
enum week {sun,mon,tue,wed,thu,fri,sat};
enum week workday,week_end;   /* workday 和 week_end 为枚举变量 */
```

也可以在定义枚举类型的同时定义枚举变量,例如:

```
enum week {sun,mon,tue,wed,thu,fri,sat} workday,week_end;
```

在使用枚举类型数据时,需要注意:

(1)枚举变量的值只能取枚举常量之一,对枚举常量进行引用时,只能使用符号名,不能直接使用枚举常量代表的整数,例如:

```
workday=mon;/* 正确 */
week_end=0;/* 错误 */
```

(2)因为枚举变量和枚举常量都有一定的值,因此他们可以用于判断比较,例如:

```
if(workday==mon)……
if(workday>sun) ……
```

(3)枚举元素不能赋值,因为枚举元素为常量。例如:

```
sun=0;mon=1; /* 均为错误 */
```

习题

1. 编写程序,将 45、32、26、47、89、23 这 6 个数字存放在一个数组中,并求这 6 个数的和及平均值。

2. 设球形的半径 $r=2.5$,编程求解球形的周长、表面积、体积,通过键盘输入球形半径数据值,输入输出要求有文字提示,结果取小数点后 2 位数字。

3. 编写程序,用指针处理数组,实现输入月份的数字,输出该月份的英文名,如:输入“3”,则输出“March”。

4. 编写程序,使用结构体类型实现复数的加、减、乘、除运算。

2.3 C 语言的程序控制结构

在实际应用中,程序设计的基本过程一般包含 3 个步骤:分析问题、设计算法、程序实现。分析问题是要明确需要解决的问题是什么,确定数据的类型、哪些数据需要输入、需要进行哪些数据处理、处理的结果是什么,数据的输出类型等。设计算法是要对输入的数据进行分析后,设计数据的组织方式和操作步骤,并进行修正和完善,得到一个完整的算法。程序实现是选择一种程序设计语言,通过描述数据的组织方式和算法的具体步骤,实现整个算法。

程序设计的控制结构包括顺序结构、选择结构和循环结构,一个程序中可以包含一种或多种控制结构。

2.3.1 顺序结构

顺序结构是最简单的一种程序结构,C 语言程序设计中的赋值语句即由输入、输出函数构成的语句，一般采用顺序结构。

例 2.8 输入摄氏温度 t，将摄氏温度转化为开尔文温度 K。

分析问题：根据物理学知识，摄氏温度与开尔文温度的转换关系为 K＝t＋273。

设计算法：采用流程图的方式进行算法设计，如图 2－6 所示。

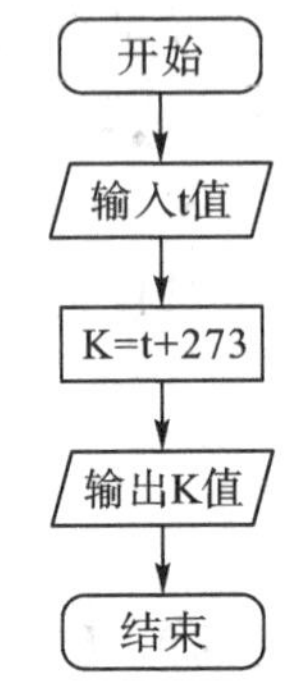

图 2－6 例 2.8 算法设计图

程序实现：

```
#include<stdio.h>
int main()
{
  float t,K;
  printf("enter centigrade t=? \n");
  scanf("%f",&t);
  K=t+273;
  printf("K=%.2f\n",K);
}
```

运行显示：enter centigrade t＝?

键盘输入：25.5↙

运行结果：K＝298.50

2.3.2 选择结构

选择结构又称为分支结构，在程序设计过程中，当需要根据条件做出判断，从而选择不同的处理方法时，就需要采用选择结构。C 语言中提供了 if(if－else)和 switch(switch－case)语句来实现选择结构。

1. if 语句

if(if－else)语句可以构成单分支、双分支和嵌套 3 种形式的选择结构。

1)单分支形式

if 语句构成单分支结构的一般形式如下：

if(表达式) 语句块 1

其中,“表达式”可以是关系表达式、逻辑表达式或数值表达式。程序运行中先判断表达式的结果,当判断结果为真时,执行语句块 1,否则跳过语句块 1 执行后续语句。

例 2.9　输入一个实数 x,输出其绝对值。

分析问题:当 x≥0,输出 x;当 x＜0,赋值 x=－x 后,输出 x。

设计算法:采用 if 语句构成单分支选择结构,算法设计如图 2－7 所示。

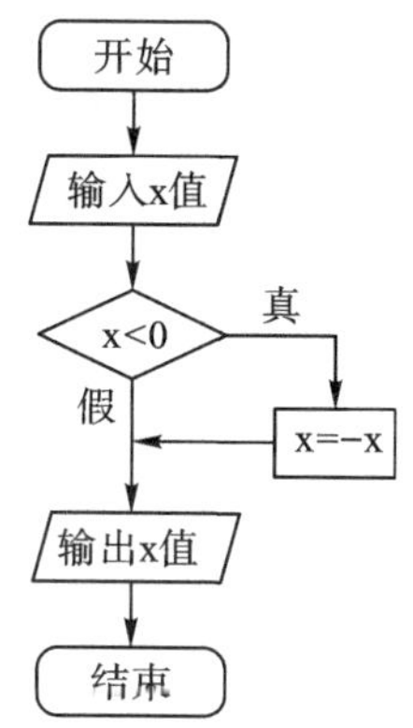

图 2－7　例 2.9 算法设计图

程序实现:

```
#include<stdio.h>
int main()
{
  float x;
  printf("enter x\n");
  scanf("%f",&x);
  if(x<0)
  x=-x;
  printf("%f\n",x);
  return 0;
}
```

运行显示:enter x

键盘输入:－1.58↙

运行结果:1.580000

例 2－10　输入两个实数变量 a 和 b,按由小到大的顺序输出。

分析问题:当 a≤b 时,直接按照顺序输出 a,b;当 a＞b 时,需要将 a 和 b 的值互换,这时候需要引入第三个变量 c,执行互换 c=a,a=b,b=c。

设计算法:采用 if 语句构成单分支选择结构,程序块中包含多个语句,算法设计如图 2－8 所示。

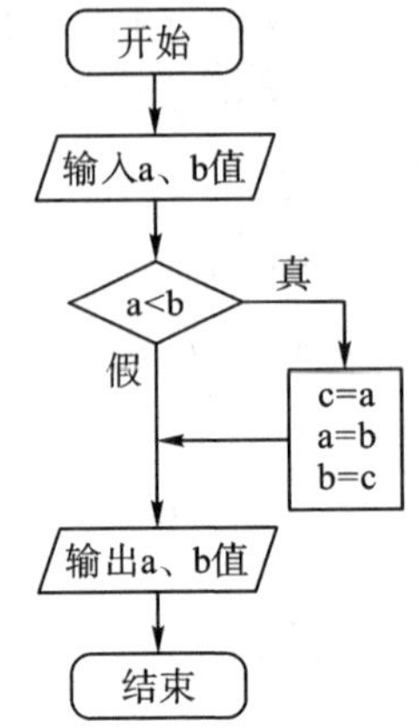

图 2-8　例 2.10 算法设计图

程序实现：

```
#include<stdio.h>
int main()
{
  float a,b,c;
  printf("enter a and b\n");
  scanf("%f%f",&a,&b);
  if(a>b)
        {c=a;
         a=b;
         b=c;
        }
   printf("%.2f,%.2f\n",a,b);
   return 0;
 }
```

运行显示：enter a and b

键盘输入：－3.14 －6↙

运行结果：－6.00，－3.14

程序实现过程中需要注意，if 语句判定为“是”后执行的是由大括号括起来的语句序列，这些语句在执行时按照大括号中语句的先后次序执行。可以认为大括号括起来的复合语句，是一条语句，可用于选择结构和循环结构。

2）双分支形式

if 语句构成双分支结构的一般形式为：

if(表达式) 语句块 1；

else 语句块 2；

程序运行中先判断表达式的结果，当判断结果为真时，执行语句块 1，否则执行语句块 2。

例 2.11　从键盘输入一个字符，如果是数字字符，输出“It is a number”；否则输出“It is not a number”。

问题分析：判断字符变量 ch 是否为数字字符时，可以通过对比其 ASCⅡ值进行判断，判断条件为不小于字符‘0’，不大于字符‘9’。

算法设计：采用 if 语句构成双分支选择结构，判断表达式为：(ch≥‘0’&&ch≤‘9’)，算法设计如图 2-9 所示。

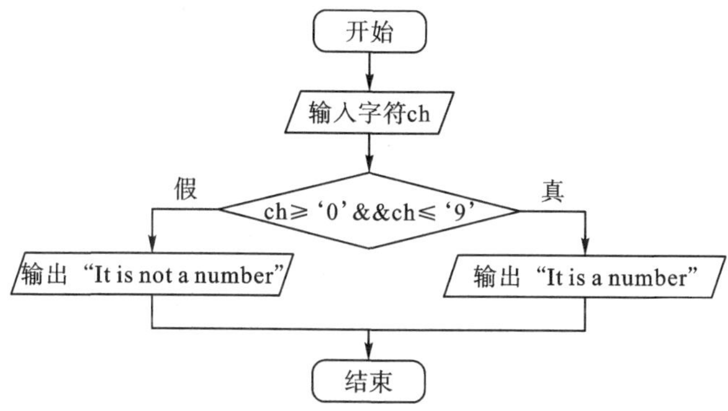

图 2-9　例 2.11 算法设计图

程序实现：

```
#include<stdio.h>
int main()
{
  char ch;
  printf("enter a char\n");
  scanf(" %c",&ch);
  if(ch>='0'&&ch<='9')
        printf("It is a number\n");
  else
        printf("It is not a number\n");
   return 0;
}
```

运行显示：enter a char

键盘输入：a↙

运行结果：It is not a number

3)嵌套形式

当 if 构成的单分支或多分支语句中又包含 if 语句时，就构成了 if 语句的嵌套形式。利用 if 嵌套形式可以解决多分支问题，嵌套形式的一般表达形式为：

if(表达式 1) 语句块 1

else if(表达式 2) 语句块 2

　　else if(表达式 3) 语句块 3

……

　　else if(表达式 n) 语句块 n

例 2.12 输入 x、y 值,计算函数 f(x,y)值并输出结果。

$$f(x,y)=\begin{cases} x^2+y^2 & x>0,y>0 \\ x^2-y^2 & x>0,y\leqslant 0 \\ x+y & x\leqslant 0,y>0 \\ x-y & x\leqslant ,y>0 \end{cases}$$

分析问题:根据输入的 x 值和 y 值与 0 的比较关系,选择相应的函数计算公式,其中 x 和 y 需要进行嵌套对比。

算法设计:采用 if 语句构成的嵌套形式,算法设计如图 2-10 所示。

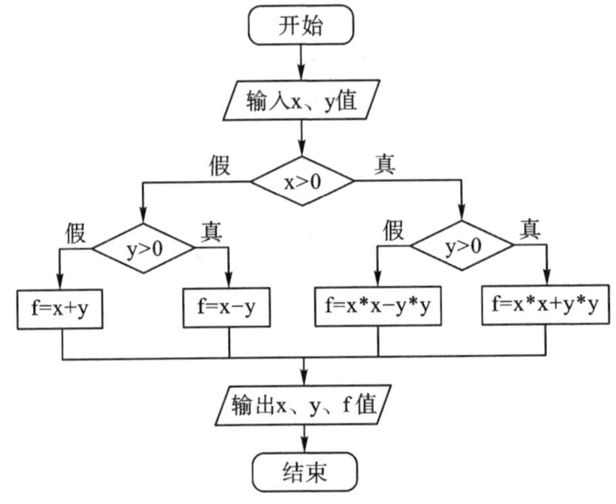

图 2-10　例 2.12 算法设计图

程序实现:

```
#include<stdio.h>
int main()
{
  float x,y,f;
  printf("enter x and y\n");
  scanf("%f%f",&x,&y);
  if(x>0)
        if(y>0)
              f=x*x+y*y;
        else
              f=x*x-y*y;
```

```
    else
        if(y>0)
            f=x+y;
        else
            f=x-y;
    printf("x=%.2f,y=%.2f,f(x,y)=%.4f\n",x,y,f);
    return 0;
}
```

运行显示：enter x and y

键盘输入：-3 5↙

运行结果：x=-3.00,y=5.00,f(x,y)=2.0000

在使用由 if 语句构成的嵌套形式时，需要注意与 else 的对应关系。一般为了分清结构层次和增加程序的可读性，在编辑源程序时都采用缩进格式，内层的分支语句向右缩进若干字符且同一层内的语句左对齐。当出现多个 if 与 else 匹配时，每个 else 总是与它前面相距最近的未配对 if 配对。else 与 if 的配对尤为重要，否则可能会导致程序出现逻辑错误与运行结果错误。

2. switch 语句

if 语句常用于两个分支的选择结构，在多分支的情况下需要采用多重嵌套 if 语句，导致程序的可读性降低。因此，C 语言中还可以用 switch 语句，进行多分支选择结构的程序设计来增加程序的可读性。

switch 语句的一般形式为：

```
switch(表达式)
    {case 常量表达式 1:语句组 1
     case 常量表达式 2:语句组 2
     ……
     case 常量表达式 n:语句组 n
     default:语句组 n+1
    }
```

计算 switch 后括号中表达式的值，当表达式的值与某一个 case 后的常量表达式的值相等时，则执行这个 case 后的语句组，直到 switch 语句中的所有语句组都执行完或遇到 break 语句为止。若表达式的值与 case 后的常量表达式都不相等，则从 default 部分进入，执行后面的“语句组 n+1”。在使用 switch 语句时需要注意以下几点：

(1)表达式的计算结果必须为整型或字符型，case 后的常量表达式也必须为整型或字符型常量表达式。

(2)常量表达式中不含变量，如‘A’,8、2+7 等都是常量表达式。

(3)default 部分可以省略，当 switch 后的表达式计算值与 case 后的常量表达式值均不相等时,switch 语句不起作用。

(4)在 switch 语句中,如果执行遇到了 break 语句,则跳出 switch 语句。如果语句组中不包含 break 语句时,则执行流程如图 2-11(a)所示;如果语句组中包含有 break 语句时,则执行流程如图 2-11(b)所示。

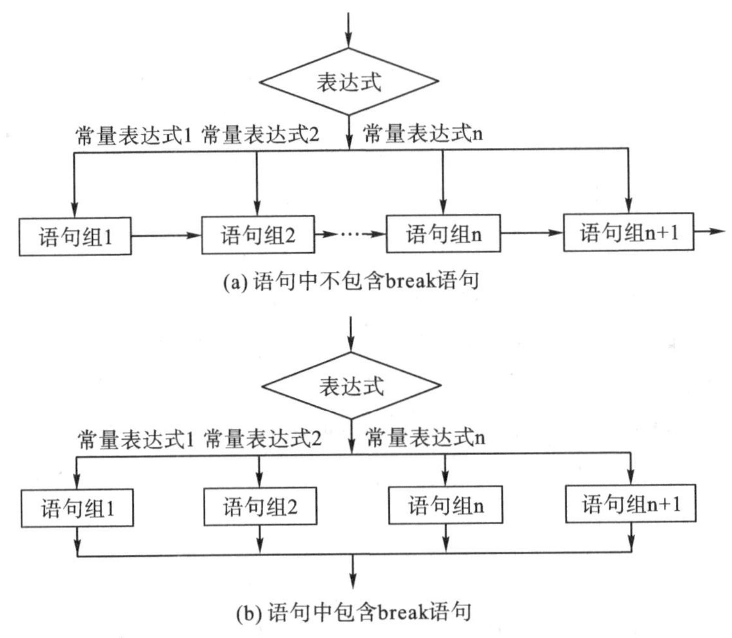

图 2-11　switch 语句的执行流程图

例 2.13　将输入的百分制成绩 score 转换成等级制 grade,对应关系如下:

$$grade=\begin{cases}A & 90\leqslant score\leqslant 100\\ B & 80\leqslant score<90\\ C & 70\leqslant score<80\\ D & 60\leqslant score<70\\ E & 0\leqslant score<60\end{cases}$$

问题分析:首先判断输入量是否是在 0～100 分的范围,小于 0 或大于 100,则提示错误且退出程序;将百分制的输入量/10 后取整与等级制对应。

算法设计:判断输入量是否在有效范围,可采用 if 构成的双分支语句;再对有效输入量除以 10 并取整与等级制对应,采用 switch 语句构成多分支选择结构,算法设计如图 2-12 所示。

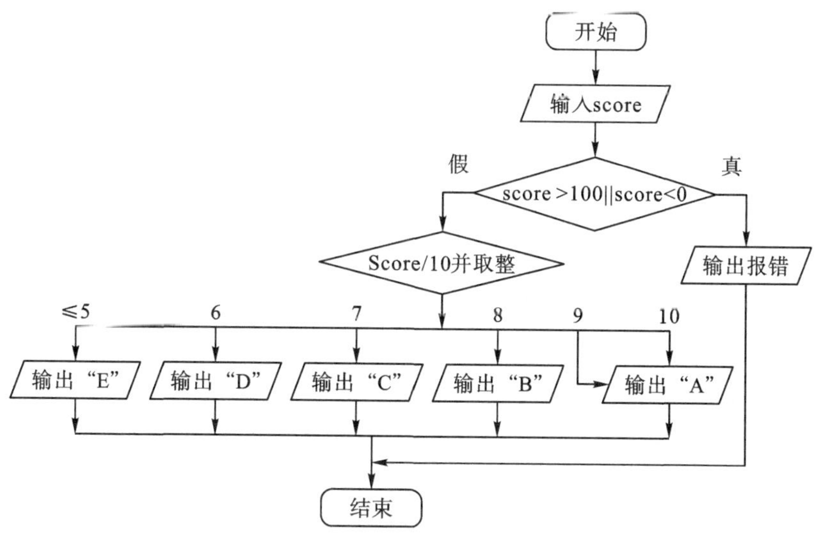

图 2-12　例 2.13 算法设计图

程序实现：

```
#include<stdio.h>
#include<stdlib.h>    //exit 函数所在的头文件
int main()
{
  float score;
  printf("Please input score\n");
  scanf("%f",&score);
  if(score>100||score<0)
        {
        printf("The score is error\n");
         exit(0); //退出程序
        }
   switch((int)score/10)
        {
             case 0:  //表达式结果<5 时,语句组为空
             case 1:
             case 2:
             case 3:
             case 4://语句组为空,程序顺序执行
             case 5:printf("The grade is E\n");break;
             case 6:printf("The grade is D\n");break;
             case 7:printf("The grade is C\n");break;
```

```
                case 8:printf("The grade is B\n");break;
                case 9:
                case 10:printf("The grade is A\n");
            }
    return 0;
}
```

程序运行两次,不同输入值对应程序设计的不同运行结果:

运行显示:Please input score

键盘输入:125↙

运行结果:The score is error

运行显示:Please input score

键盘输入:88↙

运行结果:The grade is B

2.3.3 循环结构

循环结构,也称重复结构,是结构化程序设计的基本结构之一。循环结构利用计算机运算速度快的特点,来处理有规律的重复计算和操作。C 语言中提供了 3 种语句来实现循环结构:while 语句、do - while 语句和 for 语句。

1. while 语句

while 语句的一般表达形式为:

while(表达式)语句组

其中,表达式可以是任意表达式,为循环执行的判断条件,用于控制循环是否执行;语句组,也称循环体,可以是 C 语言的单条语句、空语句和多条语句,用单分号为空语句,表示不执行任何操作;当语句组中包含多条语句时,必须用大括号括起来。while 语句在执行过程中,首先计算表达式,若表达式为真,则执行语句;然后再次计算表达式,直到表达式为假时才结束循环,并执行 while 后续语句,如图 2 - 13 所示。

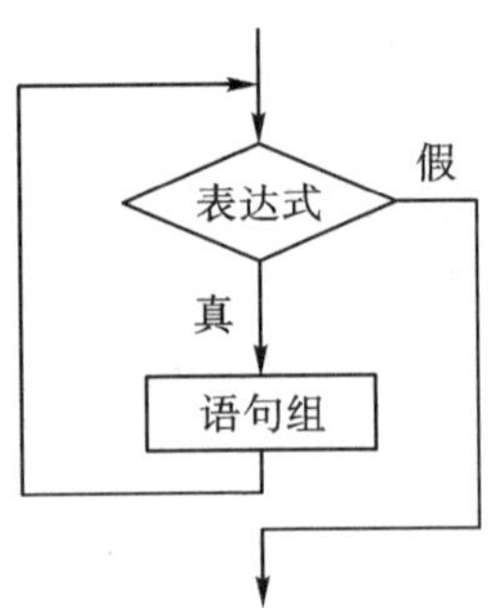

图 2 - 13　While 语句执行流程图

例 2.14　计算:1+2+3+4+……+100 的和。

问题分析：先后将 100 个数进行累加，需要重复 100 次加法运算，每次累加的后一个数是前一个数加 1。

算法设计：利用 while 语句进行循环计算，变量初值为 1，循环 100 次累加，每次累加时变量加 1，变量值>100 后，循环结束，算法设计如图 2-14 所示。

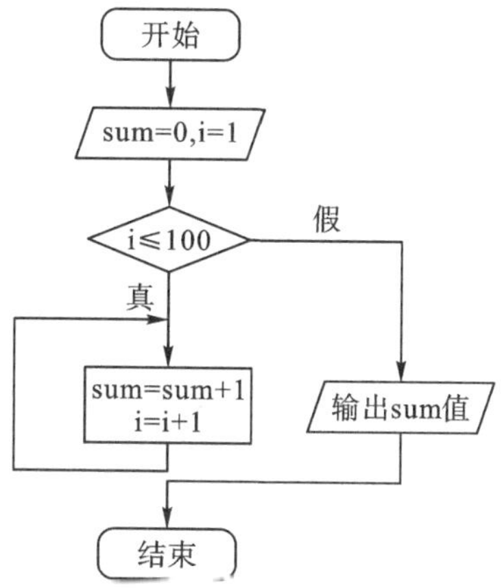

图 2-14　例 2.14 算法设计图

程序实现：

```
#include<stdio.h>
int main()
{
  int i=1,sum=0;
  while(i<=100)
  {
       sum=sum+i;
       i++;
  }
   printf("sum=%d\n",sum);
   return 0;
}
```

运行结果：sum=5050

在使用 while 语句时，需要注意在进入循环体之前，各个变量应具有初值，在例 2.14 中，sum 和 i 的初值分别为 0 和 1。while 语句先判断，后执行，如果表达式初始结果就为假，那么循环体不执行，直接执行循环体的后续语句。为了使循环执行次数有限，应保证每次执行循环体后表达式向着假的方向变化，例如：i=1；while(i>0){x++;}，否则每次执行循环体时表达式的 i 值不变，循环体会不断被执行无法终止，形成“死循环”。

2. do-while 语句

do-while 语句的一般表达形式为：

do

　　语句组

while(表达式);

do - while 语句先执行循环体,再计算表达式的值;当表达式的值为真时,继续执行循环体,并再次计算表达式;当表达式的值为假时,循环结束,执行循环体后的语句,执行流程如图 2 - 15 所示。

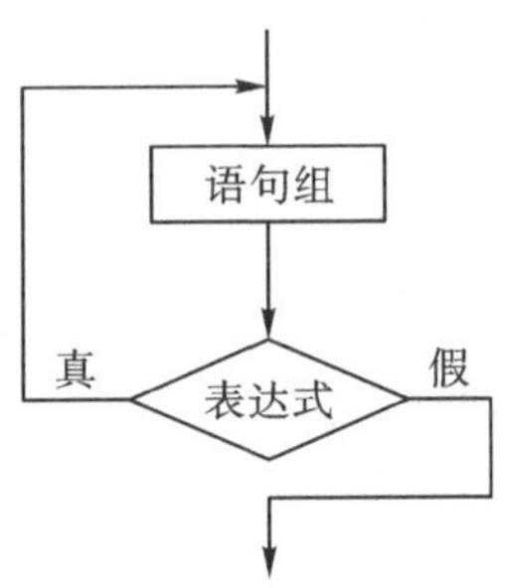

图 2 - 15　do - while 语句执行流程图

例 2.15　输入一个整数,判断整数的位数,例如:输入 321546,输出 6。

问题分析:通过输入变量除 10 的次数来计算位数,每次除 10 后累加,当输入变量除 10 的商为 0 后,位数累加结束。

算法设计:循环开始前需要定义输入变量 x 和位数变量 n,位数变量赋值为 n=0,为了保证输入 1 位数时的输出结果正确,采用 do - while 语句构成循环结构,无论输入值为多少,位数变量都先加 1,算法设计如图 2 - 16 所示。

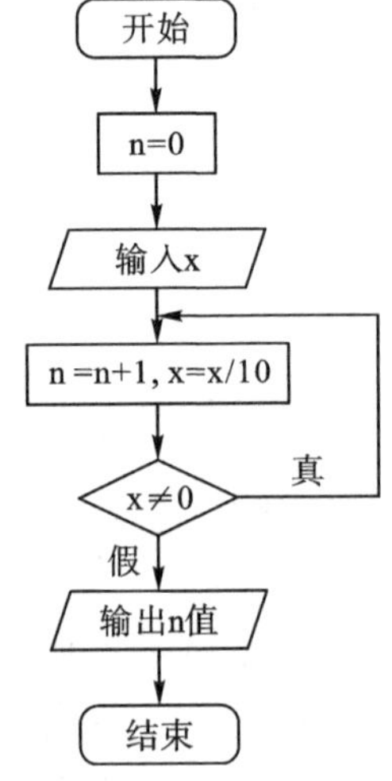

图 2 - 16　例 2.15 算法设计图

程序实现:

```
#include<stdio.h>
int main()
{
```

```
    long x;
    int n=0;
    printf("enter x:\n");
    scanf("%ld",&x);
    do
      {
        n++;
        x/=10;
      }while(x!=0);
     printf("n=%d\n",n);
     return 0;
  }
```

输入两个数据，程序运行两次的结果分别为：

运行显示：enter x:

键盘输入：0↙

运行结果：n=1

运行显示：enter x:

键盘输入：345670↙

运行结果：n=6

do-while 语句与 while 语句的功能类似，不同之处在于 do-while 语句是先执行、后判断，也就是无论表达式是否为真(循环条件是否成立)，循环体至少会被执行一次。

3. for 语句

for 语句的一般表达形式为：

for(表达式 1;表达式 2;表达式 3)

　语句组

其中，表达式 1 一般用于为有关变量赋值，可以是赋值表达式或逗号表达式等，在执行 for 语句时，先计算且只计算一次表达式 1。表达式 2 可以是任意表达式，是循环执行条件，在每次执行循环体之前都判断循环条件是否成立，表达式 2 为真时执行循环并计算表达式 3。表达式 3 一般用于改变有关变量的值，特别是改变与循环条件有关的变量的值。3 个表达式中的任意一个或多个可省略，需要注意的是，省略表达式 2 相当于使表达式 2 值为真，可能导致“死循环”。for 语句的执行流程如图 2-17 所示。

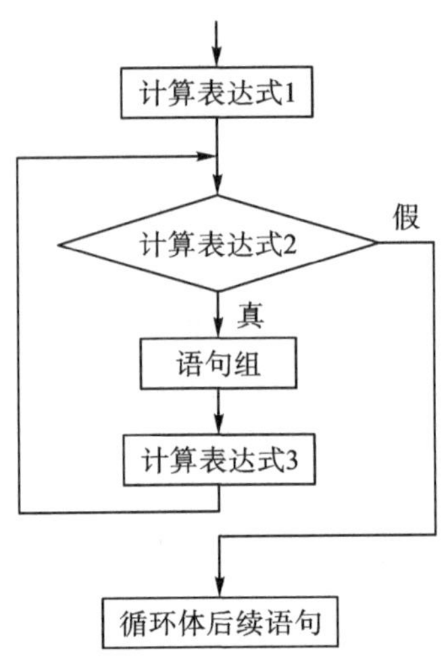

图 2-17　for 语句执行流程图

例 2.16　分 4 列输出斐波那契数列的前 20 项。

问题分析：斐波那契数列的第一项和第二项都是 1，后续每项是前两项之和，如下：1，1，2，3，5，8，13，21，……。

算法设计：首先需要 2 个定义斐波那契数列的计算变量 f1 和 f2，还需要定义一个输出项数控制变量 i；给数列计算变量赋初值为数列的第一项和第二项值：f1＝1，f2＝1；给数列输出项变量赋初值 i＝1；采用 for 语句构成循环结构，每次循环输出两项，循环判断条件 i⩽10；用 if 语句构成选择结构控制输出列数，由于每次循环输出两项，因此换行的判断条件为 i%2＝＝0，算法流程如图 2-18 所示。

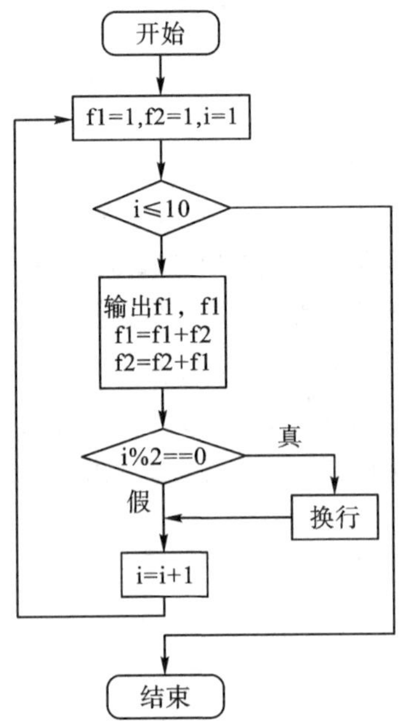

图 2-18　例 2.16 算法流程图

程序实现：

```c
#include<stdio.h>
int main()
{
  long f1=1,f2=1;
  int i;
  for(i=1;i<=10;i++)
   {
      printf("%10ld%10ld",f1,f2); //附件说明符 10l,表示输出宽度为 10
      f1=f1+f2;
      f2=f2+f1;
      if(i%2==0) printf("\n"); //输出 4 列
   }
   return 0;
}
```

输出结果：

```
         1         1         2         3
         5         8        13        21
        34        55        89       144
       233       377       610       987
      1597      2584      4181      6765
```

如果一个循环体的内部包含一个或多个循环，称为嵌套循环或多重循环。3 种循环（while 循环、do - while 循环和 for 循环）可以相互嵌套。

例 2.17　输出以下 4×5 的矩阵。

```
1    2    3    4    5
2    4    6    8    10
3    6    9    12   15
4    8    12   16   20
```

问题分析：可以看出，矩阵的数值为行号和列号的乘积，输出 5 个数据后换行。

算法设计：用 for 语句循环嵌套来处理此问题，用外循环来输出行数据，用内循环输出列数据，采用选择结构控制输出 5 个数据后换行，算法流程如图 2 - 19 所示。

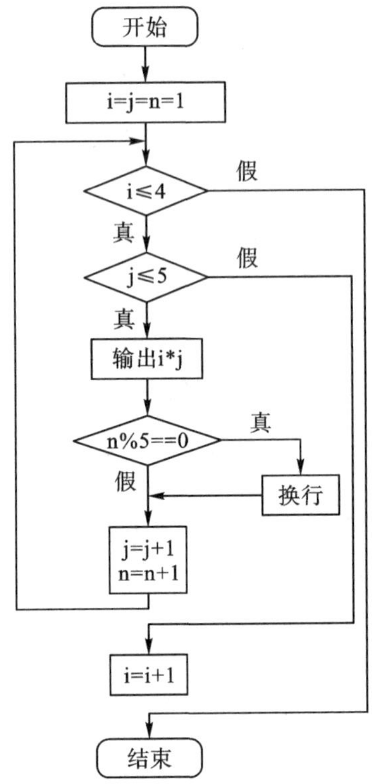

图 2-19　例 2.17 算法流程图

程序实现：

```
#include<stdio.h>
int main()
{
  int i,j,n=1;
  for(i=1;i<=4;i++)
   {
      for(j=1;j<=5;j++,n++)
       {
           printf(" %d\t",i*j);
           if(n%5==0) printf("\n");
       }

    }
   return 0;
}
```

输出结果：

1　　　2　　　3　　　4　　　5

2	4	6	8	10
3	6	9	12	15
4	8	12	16	20

4. 循环状态改变语句

可以用 break 语句和 continue 语句改变循环的状态，两个语句的一般形式都是关键词+分号。break 语句的作用是提前终止循环，在循环体中如果出现 break 语句，则结束循环语句并跳转到循环体的后续语句。continue 语句的作用是提前结束本次循环，使包含这条 continue 语句的循环开始下一次循环。

当 while 语句中包含 break 和 continue 语句时，通常与 if 语句搭配使用，二者在使用时程序流向有所区别，如程序(1)和程序(2)的流程分别如图 2-20 所示。

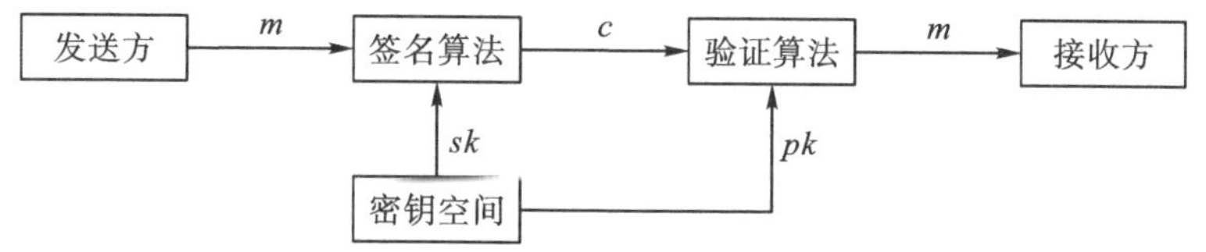

图 2-20　break 语句和 continue 语句改变循环状态的区别

```
(1)while(表达式 1)
   {
   语句 1
   if(表达式 2) break;
   语句 2
   }
(2)while(表达式 1)
   {
   语句 1
   if(表达式 2) continue;
   语句 2
   }
```

在循环嵌套中使用 break 语句时，break 语句只能跳出其本身所在的最内层循环体。continue语句只能结束所在循环体的一次循环，但不终止循环语句的再次执行。

例 2.18　改变循环状态，跳过例 2.17 中矩阵的第 3 行，直接输出第 4 行，即：

1	2	3	4	5
2	4	6	8	10
4	8	12	16	20

问题分析：减少一次内循环的执行，跳出指定行数内的循环，流程进入下一次外循环。

算法设计：内循环中增加一个 if 语句，当 i=3，j=1 时采用 break 语句提前终止此次内循环，进入 i＝4 的外循环。

程序实现：

```
#include<stdio.h>
int main()
{
    int i,j,n=1;
    for(i=1;i<=4;i++)
    {
        for(j=1;j<=5;j++,n++)
        {
            if(i==3&&j==1) break;
            printf("%d\t",i*j);
            if(n%5==0) printf("\n");
        }
    }
    return 0;
}
```

如果把程序中的 break 语句改为 continue 语句，则输出结果为

```
1    2    3    4    5
2    4    6    8    10
6    9    12   15
4    8    12   16   20
```

由于 continue 只是跳过所在循环体的一次循环，即跳过了 i＝3，j＝1 内循环中的 printf（"%d\t"，i＊j）语句，而接着执行 i＝3，j＝2 的内循环。所以，第三行的第一个数据 3 没有输出，从第三行的第二个数据 6 开始输出，后面 4 个数据向左移动一个位置。

习题

1. 编写程序，输入两个正整数 x 和 y，求其最大公约数和最小公倍数。
2. 分别采用 for 循环语句和 while 循环语句，输出 26 个大写字母和 26 个小写字母。
3. 编写程序，输入 x 值后，按照下式计算 y 值并输出。

$$y=\begin{cases}x+2x^2+10, & 0\leqslant x\leqslant 8\\ x-3x^3-9, & x<0 \text{ 或 } x>8\end{cases}$$

2.4 C 语言的函数

函数是 C 语言中的独立模块，每个函数都是用来完成某一特定功能的，例如 scanf 函数用来实现格式化输入，printf 函数用来实现格式化输出。一个 C 语言程序由一个 main 函数和若

干其他函数组成。

C 语言中的函数有两种：库函数和自定义函数。C 语言编译系统已经将一些常用的操作或计算功能编写成函数，称为库函数，放在指定的文件中供用户使用。而用户为了完成指定任务，自己编写的函数称为自定义函数。

2.4.1 库函数

在程序中使用已经定义的函数，称为函数的调用。如果函数 A 调用了函数 B，就称函数 A 为主调函数(calling function)，函数 B 为被调函数(called function)。程序中除了 main 函数(也称为主函数)外，其他函数都必须通过函数调用来执行。库函数也称标准函数，用户可以直接调用库函数进行数据处理，库函数的函数原型包含：

类型标识符 函数名(类型 形参 1,类型 形参 2,…)

例如：数学函数中的求平方根函数：double sqrt(double x)

函数名为 sqrt 前面的类型标识符表示函数的计算结果(返回值)为 double 型。在调用 sqrt 函数时需要使用一个 double 类型的表达式作为实际参数(实参)，将实参的值传递给函数的形参，当实参类型与形参不匹配时，自动将实参转换成为与形参相同的类型。

例 2.19　输入一个数，求其平方根。

```
#include<stdio.h>
#include<math.h>   //使用 sqrt 函数需要包含的头文件
int main()
{
   float x,y;
   scanf("%f",&x);
   if(x<0) x=-x;
   y=sqrt(x);
printf("%.4f\n",y);
return 0;
}
```

运行结果：

键盘输入：3↙

结果输出：1.7321

在使用库函数时，需要注意确定调用库函数所在的头文件(头文件中包含有执行对应函数需要的信息)，用#include 预处理命令将对应的头文件包含到程序中，如上例中使用 sqrt 函数时，程序中需要包含 math.h 的头文件。一般根据所用函数的原型，确定调用函数时参数的类型及返回值类型，以保证函数的正确使用。

函数中最后的 return 语句，表示把程序流程从被调函数返回主调函数，并把表达式的值带回主调函数，实现函数值的返回。return 语句的一般使用形式为：

return;或 return 表达式;或 return(表达式);

函数返回时可附带一个返回值，由 return 后面的表达式指定。函数中的 return 语句通常是必要的，因为函数在调用时由计算结果通常是通过返回值带出的。如果函数执行不需要返回计算结果，也经常需要返回一个状态码来表示函数执行的顺利与否（－1 和 0 就是最常用的状态码），使主调函数可以通过返回值判断被调函数的执行情况。如果函数为 void 类型，则不需要任何返回值，函数体中可以有 return 语句，也可以省略。

2.4.2 函数的定义和调用

1. 函数的定义

函数定义是对函数所要完成的操作进行描述，然后通过编写程序来完成函数执行的操作。函数必须先定义、后使用，没有定义过的函数不能使用。函数定义的一般形式为：

```
类型标识符 函数名(类型 形参1,类型 形参2,…)
{
    定义部分
    语句序列
}
```

类型标识符，用来定义函数的类型，也是就函数返回值的类型，根据函数的具体功能确定。如果类型标识符在定义函数时省略，则系统默认函数返回值为 int 型。函数名，是用户为函数整体选择的名称，除 main 函数外，程序中其他函数可以用合法的标识符（同变量规定）任意取名。形参也称形参变量，形参的类型及个数（0 个或多个）由具体的函数功能决定，形参名可由用户可用合法标识符任意选择。形参设置是定义函数时必须考虑的，初学者可以简单理解为，将需要从函数外部传入函数内部的数据设置为形参。大括号里面的内容称为函数体，是函数实现功能的程序语句。下面通过一个素数判断的例子来介绍函数的定义和使用。

例 2.20 编写一个函数，判断所输入的大于 1 的正整数是否为素数，并通过调用该函数，输出 1～100 之间的素数。

问题分析：素数是指只能被 1 或自身整除的大于 1 的正整数。例如，13 就是素数，除了 1 和 13 外，这个数不能被 1～12 的任何整数整除。根据素数的定义，可以得到如下的判断方法：假设 n 为大于 1 的正整数，如果 n 不能被 2～n－1 的任何整数整除，则 n 为素数。

算法设计：如果 n 能被某数 p 整除，商为 q，那么 q 也能整除 n，也就是 $n=p*q$，假定 p 为 p 和 q 中比较小的数，则 $p*p\leqslant n$，即 $p\leqslant\sqrt{n}$。因此，对于任意一个大于 1 的正整数 n，只需要用 2 到 $\sqrt{n}$ 中的整数去除 n，即可得到正确的判断结果。然后再用循环产生 2～100 的自然数，然后调用素数判断函数进行判断，判断为素数则输出，即可实现输出 1～100 之间素数的功能。

程序实现：

```
#include<stdio.h>
#include<math.h>
int prime(int n)  //素数判断函数/
{
```

```
    int i,k;
    k=(int)sqrt(n);
    for(i=2;i<=k;i++)
    if(n%i==0) break;
    if(i>k) printf("%5d",n);
    return 0;
}
int main()
{
     int n,count=0;
     for(n=2;n<=100;n++)
     prime(n);  //调用素数判断函数 prime
     return 0;
}
```

运行结果:2　3　5　7　11　13　17　19　23　29　31　37　41　43　47　53　59　61　67　71　73　79　83　89　97

程序中,首先定义素数的判断函数 int prime(int n),其中函数名 prime 前的 int 表示函数的返回值为整型,括号中的 int n 表示函数中的形参为整型。需要注意的是,定义后的形参 n 可以在函数体中直接使用,无需再次定义和声明。函数 prime 的功能是判断一个数是否为素数,如果为素数就输出。在主程序中可以直接调用 prime 函数,实现一定范围的素数输出。

2. 函数的调用

调用有参数函数的一般形式为:

函数名(实参 1,实参 2,…)

调用无参数函数的一般形式为

函数名()

其中,实参可以是常量、变量或表达式。有参数函数在调用时,实参与形参的个数必须相等,类型一致(若类型不一致,系统默认将实参转换为形参类型)。C 语言程序通过调用函数来转移程序控制,实现主调函数和被调函数之间的数据传递。当函数被调用时,系统会将实参传递给对应的形参,程序执行从主调函数转移到被调函数;当调用结束时,程序控制又转回到主调函数调用处,继续执行主调函数中的未执行部分。根据函数在程序中出现的位置不同,函数的调用方式主要有以下 3 种。

1)表达式方式

函数调用出现在表达式中时,要求函数必须有返回值,以便参与表达式运算。如例 2.20 中 k=(int)sqrt(n),函数 sqrt 出现在赋值表达式中。

2)语句方式

函数调用作为一条独立的语句,这类调用一般仅要求函数完成一定操作,并丢弃函数返回值或函数本身没有返回值。如常用的 printf、scanf 以及例 2.21 中的 prime 函数的调用，都是以语句方式调用函数。

3)参数方式

函数调用作为另一函数调用的实参时，必须有返回值，才能将返回值作为另一个函数的实参。

例 2.21 编写程序，求 3 个输入数据中的最大值。

算法设计：可以在 main 函数中输入 3 个数据，然后用函数调用求出最大值并输出结果。

程序实现：

```
#include<stdio.h>
float max(float x,float y)       //定义函数
{
    float maxvale;
    maxvale=x>y? x:y;
    return(maxvale);
}
int main()
{
    float a,b,c,m;
    scanf("%f%f%f",&a,&b,&c);
    m=max(a,max(b,c));     //函数返回值作为实参
    printf("m=%f\n",m);
    return 0;
}
```

程序中通函数调用 max(a,max(b,c))求 a,b,c 的最大值，其中函数 max(b,c)的返回值作为外层 max 函数的实参。max 函数中的语句：maxvale=x>y? x:y，使用三目运算符“?:”来替代 if-else 语句。三目运算符一般的表达形式为：<表达式 1>? <表达式 2>:<表达式 3>，它先对表达式 1 作真/假判断，然后根据结果返回另外两个表达式中的一个。在运算中，首先对表达式 1 进行判断，如果为真，则返回表达式 2 的值；如果为假，则返回表达式 3 的值。

3. 函数的声明

在 C 语言程序设计中，为了调用某个已经定义的函数，一般要在主函数中对被调函数进行函数声明。函数声明(function declaration)的作用是告知编译系统有关被调函数的属性，以便在进行函数调用时检查调用是否正确。函数声明的一般形式为：

类型标识符 函数名(类型 形参名 1,类型 形参名 2,…)

其中，形参名可以省略。函数声明语句又称函数原型(function prototype)，使用函数原型进行函数声明，可向编译系统提供被调函数的信息，包括函数返回值的类型、函数名、参数个数及参数类型等。编译系统以此与函数调用语句进行核对，检查调用是否正确。在进行函数调用时，

如果实参与形参类型不一致，系统会自动将实参类型转换为形参类型后，再进行参数传递，见例 2.22。如果被调函数定义在主调函数之前，那么当调用被调函数时，系统已经检测过被调函数的全部信息，此时函数声明可以省略，见例 2.21。

例 2.22　对例 2.20 中的被调函数进行声明。

```
#include<stdio.h>
int main()
 {
    float max(float,float);      //函数声明
    float a,b,c,m;
    scanf("%f%f%f",&a,&b,&c);
    m=max(a,max(b,c));            //函数返回值作为实参
    printf("m=%f\n",m);
    return 0;
}
float max(float x,float y)      //定义函数
{
      float maxvale;
      maxvale=x>y? x:y;
      return(maxvale);
}
```

4. 函数间的参数传递

在程序运行过程中，当调用有参函数时，存在实参与形参间的参数传递。当函数未被调用时，函数的形参不分配存储单元，也没有实际值。只有当函数被调用时，系统才会为形参分配存储单元，并完成实参与形参之间的数据传递。在函数调用时，参数传递方式有两种：值传递和地址传递。

值传递指将实参的值复制并赋值给形参。这里需要注意的是，实参和形参的存储单元并不相同，实参的存储单元由实参的定义方式决定，而形参的存储单元则是栈，对应的存储单元在函数调用时创建，函数退出时释放。也就是说形参的改变，并不会对实参有任何影响，见例 2.23。

例 2.23　利用值传递方式实现参数互换。

```
#include <stdio.h>
void value(int a, int b);     //函数声明
int main(int argc, const char *argv[])
{
   int c = 1;
   int d = 2;
```

```
    value(c, d);
    printf("c= %d  d= %d\n",c,d);
  return 0;
}

void value(int a, int b)    //函数功能,将输入的值互换
{
  int t = 0;
  printf("a= %d  b= %d \n",a,b);
  t=a;
  a=b;
  b=t;
  printf("a= %d  b= %d \n",a,b);
}
```

运行结果:

```
a=1  b=2  //形参得到实参值
a=2  b=1  //形参互换
c=1  d=2  //实参值不变
```

地址传递指将地址变量作为实参传递给函数,常用形式就是实参和形参都为指针变量(指针就是地址)。地址传递方式,本质上也是值传递,只是传递的参数是一个地址。由于地址传递方式会传递进来一个地址,我们可以通过新地址的改变,更改原地址上存储的数据,也就是形参的改变导致实参的改变,见例 2.24。

例 2.24 利用地址传递方式实现参数互换。

```
#include <stdio.h>
void value(int *a, int *b);
int main(int argc, const char *argv[])
{
  int c = 1;
  int d = 2;
  int *p = &c;
  int *q = &d;
  value(p, q);
    printf("p = %d  q = %d \n", *p, *q);
    return 0;
}

void value(int *a, int *b)
```

```
{
    int t = 0;
    printf("a = %d  b = %d\n", *a, *b);
    t = *a;
    *a = *b;
    *b = t;
    printf("a = %d  b = %d\n", *a, *b);
}
```

运行结果：

```
a=1  b=2
a=2  b=1
p=2  q=1
```

相对于值传递方式，地址传递方式增加了一座形参改变实参的桥梁，利用指针上的取值操作，直接对已知地址上保存的数据进行修改。

2.4.3　函数的嵌套调用和递归调用

1. 函数的嵌套调用

在 C 语言程序中，被调用的函数还可以继续调用其他函数，称为函数的嵌套调用(nested call)，如图 2－21 所示。

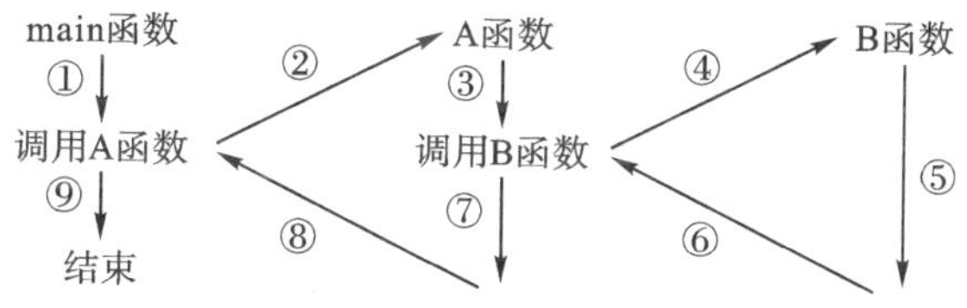

图 2－21　函数的嵌套调用示意图

图 2－21 表示的是两层嵌套(包括 main 函数在内共 3 层函数)，执行过程如下：

(1)执行 main 函数的开头部分；

(2)遇到调用 A 函数的操作语句，跳转到 A 函数；

(3)按顺序执行 A 函数；

(4)遇到 A 函数中调用 B 函数的操作语句，跳转到 B 函数；

(5)执行 B 函数，如果 B 函数中没有其他嵌套，则完成 B 函数全部操作；

(6)返回到 A 函数中的 B 函数调用处；

(7)执行 A 函数中尚未执行的部分，直到 A 函数完成全部操作；

(8)返回到 main 函数中的 A 函数调用处；

(9)继续执行 main 函数中尚未执行的部分，直到 main 函数结束。

需要注意，函数可以嵌套调用，但不能嵌套定义。C 语言中各个函数应分别独立定义、互不从属，也就是在定义函数时，函数体内不能再定义其他函数，但可以调用已经定义的函数。

例 2.25 函数嵌套调用的执行顺序显示。

程序实现：

```
#include<stdio.h>
//函数声明
void qtfunc1();
void qtfunc2();
void qtfunc3();
int main()                                  //主函数
{
    qtfunc1();
}
//函数的定义
void qtfunc1()
{
        printf("qtfunc1()开始执行——————\n");
        qtfunc2();                          //函数的嵌套调用
        printf("qtfunc1()结束执行——————\n");
}
void qtfunc2()
{
        printf("qtfunc2()开始执行——————\n");
        qtfunc3();                          // 函数的嵌套调用
        printf("qtfunc2()结束执行——————\n");
}
void qtfunc3()
{
        printf("qtfunc3()开始执行——————\n");
        printf("qtfunc3()结束执行——————\n");
}
```

运行结果为：

```
qtfunc1()开始执行——————
qtfunc2()开始执行——————
qtfunc3()开始执行——————
qtfunc3()结束执行——————
qtfunc2()结束执行——————
qtfunc1()结束执行——————
```

2. 函数的递归调用

当函数直接或间接调用自身时，称为函数的递归调用(recursive call)，前者称为直接递归，后者称为间接递归，如图 2-22 所示。递归执行过程中需要设置限制条件，当满足这个限制条件的时候，递归便不再继续；而且每次递归调用之后都越来越接近这个限制条件。

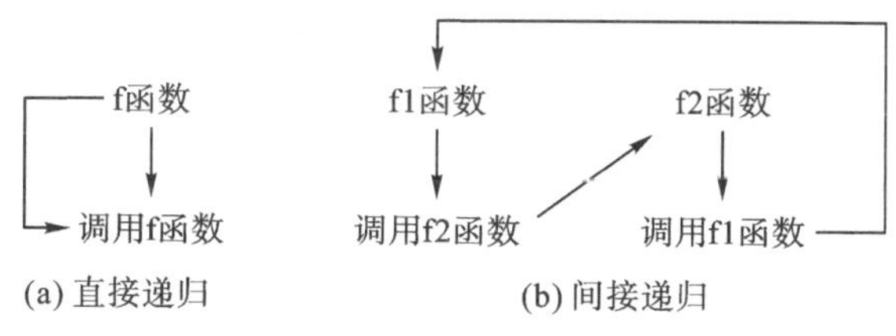

(a) 直接递归　　(b) 间接递归

图 2-22　函数的递归调用示意图

例 2.26　使用递归调用计算 x 的 n 次幂。

程序实现：

```
#include<stdio.h>

int main()
{
    int power(int,int);                  //函数声明
    int x,n;
    scanf("%d%d",&x,&n);
    printf("%d",power(x,n));
}
int power(int x,int n)                   //函数定义
{
     if (n==0) return 1;
     else return (x*power(x,(n-1)));     //递归调用 power 函数
}
```

键盘输入:3 2↙

运算结果:9

在对函数进行递归调用时，虽然函数代码一样，变量名也一样，但对于每一次调用，系统都会为函数的形参及函数体内的变量分配相应的存储空间。因此，每次调用函数时，使用的都是系统为该次调用新分配的存储单元。当递归调用结束时，系统就会释放为该次调用分配的形参变量及函数体内的其他变量，并带着此次计算的返回值回到上次调用处。

函数的递归调用过程分为递归过程和回溯过程两个阶段，递归过程是将原始问题不断转换为更小且处理方式相同的新问题；回溯过程是从已知条件出发，沿递归的逆过程逐一求值并返回，直至递归初始处完成递归调用。

2.4.4 局部变量和全局变量

1. 局部变量

在函数内部定义的变量是局部变量(local variable),又称为内部变量,其作用域是所在函数本身。也就是说,只有在函数内部才能使用,在函数外部不能使用这些变量。例如:

```
int main()
{
    int m,n;        /* 变量 m,n 只在 main 函数里有效 */
    ……
}
float f1(float x)   /* 变量 x 只在 f1 函数里有效 */
{
  int a,b;          /* 变量 a,b 只在 f1 函数里有效 */
  {
     int c;         /* 变量 c 仅在这条复合语句里有效 */
     c=a+b;
     ……
  }
……
}
```

在上面的程序中,main 函数中定义的变量 m 和 n 不能在 f1 函数中使用,同样,在 f1 函数中定义的变量 x,a,b 也不能在 main 函数中使用。形参也是局部变量,f1 中的形参 x 也仅在 f1 中有效。在不同函数中的变量可以使用相同的名称,因为它们作用域不同,代表不同对象,互不干扰。另外,在 C 语言中允许在复合语句中定义变量,但这些变量只在定义他们的复合语句中有效,如上例中的变量 c。

2. 全局变量

C 语言中程序的编译单位是源文件,一个源文件可以包含一个或多个函数。在函数内部定义的变量是局部变量,在函数外部定义的变量是全局变量,也称外部变量(external variable)。全局变量的有效域,从定义变量开始到所在源文件结束。在一个函数中,既可以使用这个函数中的局部变量,也可以使用有效的全局变量。例如:

```
int a1=1,a2=2; /* 变量 a1、a2 是全局变量,可在 f1、f2、main 函数中引用 */
int f1
{
  int b1,b2;
}
char c1,c2;       /* 变量 c1、c2 是全局变量,可在 f2、main 函数中引用 */
```

```
float f2(float x)
{
  int i,j;
  ……
}
int main()
{
    int m,n;
    ……
}
```

a1、a2、c1、c2 都是全局变量，但他们的作用域(有效范围)不同；f2 和 main 函数中可以使用全局变量 a1、a2、c1、c2，但由于 c1 和 c2 是在函数 f1 后定义的，所以在 f1 中不能引用 c1 和 c2。

例 2.27　编写程序，求两个数的和与积。

程序实现：

```
#include<stdio.h>
float add,mult;            //定义全局变量
void  func(float x,float y)
{
     add=x+y;              //引用全局变量
     mult=x * y;            //引用全局变量
}
int main()
{
    float a,b;
    scanf("%f%f",&a,&b);
    func(a,b);
    printf("add=%.2f,mult=%.2f\n",add,mult);     //引用全局变量
    return 0;
}
```

键盘输入：3 4↙

运行结果：add=7.00，mult=12.00

函数通过 return 语句只能返回一个值，使用全局变量可以返回多个值。设置全局变量是为了增加函数间传递数据的通道，由于全局变量可以被同一源文件中的不同函数使用，因此，如果在某个函数中改变了全局变量的值，就可以通过全局变量在其他函数中得到这个值。虽然全局变量可以加强数据间的联系，但会导致不同函数依赖于相同变量，降低函数的独立性。在实践中，要慎用全局变量。

局部变量若在定义时未初始化，其值是不确定的；全局变量若在定义时未初始化，系统将

其赋值为 0。在同一个源文件中，如果全局变量与局部变量同名，那么在局部变量的作用域内，同名的全局变量将暂时被屏蔽，不起作用，如例 2.28。由于全局变量 add 和 mult 与 func 函数中的局部变量重名，func 函数中引用的是局部变量，全局变量保持不变。返回 main 时引用的全局变量，这两个变量初始化默认赋值为 0，所以输出结果为 0。

当全局变量定义在后、引用函数在前时，在引用函数中使用 extern 对全局变量进行声明，以便通知编译器这是一个已经定义的全局变量，并且系统已经为其分配了存储单元。此时，全局变量的作用域将从 extern 声明处起，直至引用函数的末尾。

例 2.28 全局变量定义在后，函数中采用 extern 声明全局变量，局部变量与全局变量重名，程序运行过程中全局变量被屏蔽。

```
#include<stdio.h>
int main()
{
    extern float add,mult;                   //外部变量声明
    void func(float,float);                  //函数声明
    float a,b;
    scanf("%f%f",&a,&b);
    func(a,b);
    printf("add=%.2f,mult=%.2f\n",add,mult);      //输出全局变量的值
    return 0;
}
float add,mult;                          //定义全局变量，未赋值，系统默认赋 0
void  func(float x,float y)
{
   float add,mult;                      //定义局部变量，与全局变量重名
   add=x+y;                             //给局部变量 add 赋值，全局变量不起作用
   mult=x*y;                            //给局部变量 mult 赋值，全局变量不起作用
}
```

键盘输入：3 4↙

运行结果：add=0.00，mult=0.00

2.4.5 变量的存储

在计算机内存中，供用户使用的空间可分为程序区、静态存储区和动态存储区 3 部分。程序代码被存放在程序区，数据分别被存放在静态存储区和动态存储区。静态存储区存放的是全局变量和静态变量，系统在程序开始执行时就会给全局变量和静态变量分配存储空间，在程序执行过程中，他们占据固定的存储单元，程序执行完毕后，这些存储单元被释放。

在 C 语言中，每个变量和函数都有两个属性，数据类型和数据的存储类别。数据类型如整型、字符型等。存储类别指数据在内存中的存储，分为静态存储和动态存储方式，具体包括 4 种

存储类别：自动(auto)、静态(static)、寄存器(register)和外部(extern)存储。定义的一般形式为：

存储类别标识符 类型标识符 变量名列表；

其中，存储类别标识符用来定义变量的存储类别，可以是：auto、static、register 和 extern。

自动变量在定义时，前面的 auto 可以不加，一般在函数或复合语句内部使用。系统在每次进入函数或复合语句时，都会为定义的自动变量在动态存储区分配存储空间，当函数或复合语句结束并返回时，存储空间将得以释放。

静态变量分为静态局部变量和静态全局变量。静态局部变量在定义时，前面加 static 存储类别标识符，一般在函数或复合语句内部使用，其特点为：在程序执行前，变量的存储空间将被分配在静态存储区，并赋初值一次，若未显示赋初值，则系统自动赋 0 值。当包含静态变量的函数调用结束后，静态变量的存储空间不释放，其值仍然存在。当再次调用该函数时，静态变量在上一次函数调用结束时的值将作为此次调用的初值。静态全局变量在定义时，也要在前面加 static 存储类别标识符，具体特点为：静态全局变量只能被它们所在源文件中的函数引用，而不能被其他源文件中的函数引用。如果已知其他源文件不会引用某个源文件中的外部变量，那么可以为这个源文件中的外部变量加上 static 存储类别标识符，使它们成为静态外部变量，以避免被其他源文件误用。

寄存器变量被存放在寄存器中，通常将频繁使用的变量放在寄存器中，以提高程序的执行速度，比如：循环体内涉及的局部变量可以定义为寄存器变量。在定义寄存器变量时需要注意，只有局部自动变量和形参可以作为寄存器变量，由于计算机中寄存器的数量是有限的，寄存器变量不能定义太多。通常不必定义寄存器变量，优秀的编译系统能够自动识别使用频繁的变量，并将它们放在寄存器中。

2.4.6　内部函数和外部函数

所有函数在本质上都是外部函数，因为终究都要被其他函数调用。但是，也可以指定函数不能被其他源文件中的函数调用。根据函数能否被其他源文件调用，可将函数分为内部函数和外部函数。

1. 内部函数

在 C 语言中不能被其他源文件调用的函数，称为内部函数，内部函数由 static 关键字定义，因此又被称为静态函数，形式为：

static 类型标识符 函数名(形参列表)

这里的 static 是对函数作用范围的限定，限定该函数只能在其所处的源文件中使用，因此在不同文件中出现相同的函数名称的内部函数是没有问题的。

2. 外部函数

在 C 语言程序中能被其他源文件调用的函数称为外部函数，外部函数由 extern 关键字定义，形式为：

extern 类型标识符 函数名(形参列表)

在没有指定函数的作用范围时，系统会默认该函数是外部函数，因此当需要定义外部函数时,extern 也可以省略。在需要调用外部函数的源文件中,可使用 extern 声明将要使用的函数定义成外部函数。

习题

1. 编写程序,输出 3 个数中的最大值,要求通过调用函数求两个数中的较大值。
2. 编写程序,计算 x^n 的值。
3. 编写程序,通过函数的递归调用,计算 n!。
4. 编写程序,计算输入的正整数的各位数字之和。

2.5 编译预处理与文件

2.5.1 编译预处理

编译预处理是指在编译程序对源程序进行编译之前,对预处理命令进行"预先处理的过程",通过编译程序实现。预处理命令不是 C 语言的组成部分,C 语言的编译程序无法识别它们,如很多程序开头的 #include<stdio.h>就是一条预处理命令,其功能是在将源程序编译成目标程序之前,使用头文件 stdio.h 中的内容替换该命令,然后由编译程序将源程序翻译成目标程序。

C 语言中的编译预处理命令主要有 3 种:宏定义、文件包含、条件编译。为了与一般 C 语句进行区别,编译预处理命令必须以 # 为首字符,尾部不加分号,并且一行只能写一条编译预处理命令(如果需要换行,需要在行尾加换行符\)。编译预处理命令可以出现在源程序中的任何位置,作用域是从出现的位置开始直至所在源程序文件末尾。

1. 宏定义

不带参数的宏定义,一般形式如下:

#define 宏名 字符串

其中,宏名为标识符,在进行编译预处理时,将程序中所有与宏名相同的文本用字符串替换。例如:

```
#define PI 3.1415926
```

上述宏定义的功能是在程序中使用宏名 PI 代替字符串 3.1415926,在进行编译预处理时,程序中出现的所有 PI 都会被 3.1415926 代替。有了宏定义就可以通过一个简单的宏名代替一个较长的字符串,增强程序的可读性。宏名一般习惯用大写字母表示,以便与变量名区别,但这并非强制规定,也可以用小写字母表示。宏名只能被定义一次,否则会出错,被认为是重复定义。在进行宏名定义时,可以引用已经定义的宏,还可以层层替换,但字符串常量及用户标识符中与宏名相同的部分不作替换。例如:定义 #define L 1234,变量 Length 中的 L 不做替换,printf("L=",…)的 L 也不做替换。在进行编译预处理时,将宏名替换成字符串的过程称为"宏展开"。

带参数的宏定义,一般形式如下:

＃**define** 宏名(形参表) 字符串

其中,形参表中的不同形参之间用逗号隔开,字符串中包含形参表中的参数。在进行编译预处理时,程序中所有与宏名相同的文本将被字符串替换,但字符串中的形参要用相应的实参替换。例如:＃define M(a,b) a＊b,Area＝M(3,7)经过宏展开后 Area＝M(3,7)被替换为 Area＝3＊7。

带参数的宏与函数形式相似,但本质不同。在进行函数调用时,首先求实参表达式的值,然后传递给形参。带参数的宏只是进行简单的字符串替换。函数调用是在程序运行时进行处理的,并分配临时的内存单元。宏展开则是在预处理阶段(编译之前)进行,在展开时并不分配内存单元。在使用带参数的宏时,需要注意括号的使用。例如:

(1)宏定义:＃define MU(x,y) x＊y

宏调用:6/MU(2＋3,4＋5)

宏展开:6/2＋3＊4＋5

(2)宏定义:＃define MU(x,y) (x＊y)

宏调用:6/MU(2＋3,4＋5)

宏展开:6/(2＋3＊4＋5)

(3)宏定义:＃define MU(x,y) (x)＊(y)

宏调用:6/MU(2＋3,4＋5)

宏展开:6/(2＋3)＊(4＋5)

(4)宏定义:＃define MU(x,y) ((x)＊(y))

宏调用:6/MU(2＋3,4＋5)

宏展开:6/((2＋3)＊(4＋5))

在进行程序设计时,可以把反复使用的运算表达式定义为带参数的宏,从而使程序更加简洁,运算的意义更加明显。当定义带参数的宏时,系统对形参的数量没有限制,但一般情况下不超过 3 个为宜。终止宏定义的作用域,一般形式为:

＃**undef** 宏名

宏的作用域为从"＃define"语句开始,到"＃undef"语句结束。

2. 文件包含

文件包含(file inclusion)的预处理命令有两种:

＃include"文件名"　或　＃include＜文件名＞

其作用为在进行编译预处理时,把文件包含命令中的指定文件内容复制到命令所在位置,使指定文件内容成为当前源文件的一部分。执行第一种格式(用双引号将文件名括起来)的文件包含命令时,系统将先在当前目录中查找该文件,如果没有找到,再到系统指定的标准目录中进行查找,通常是 include 目录。执行第二种格式(用尖括号将文件名括起来)的文件包含命令时,仅在系统指定的标准目录中进行查找。

一般为了调用库函数而使用＃include 命令包含相关的头文件,建议使用尖括号形式以节省查找时间。如果调用自己编写的文件(这种文件一般都在当前目录中),建议使用双引号形式，如果不在当前目录中，可以在双引号内给出文件路径。

使用文件包含的方法可以减少重复性劳动，有利于程序的维护和修改。在进行程序设计时可以把一些常用的符号常量、函数声明、宏定义以及一些有用的数据类型声明和类型定义等组织到独立的文件中去，一般为.h 文件，等程序需要这些信息时，便可以用#include 命令把它们包含到所需位置，以免每次使用它们都要重新定义或声明。需要注意的是，每个#include 命令只能包含一个文件，文件的包含可以嵌套，也就是一个包含的源文件可以包含另一个源文件。

3.条件编译

一般情况下，源程序中的所有行都将参与编译过程，但在特殊情况下，可能需要根据不同的条件编译源程序的不同部分。也就是说，源程序中的一部分内容仅在满足一定条件时才能编译：当条件成立时编译一组语句，条件不成立时编译另一组语句，称为“条件编译”。条件编译有 3 种形式：

(1)#ifdef 标识符。

程序段 1

#else

程序段 2

#endif

功能是当指定标识符在此前已经被#define 语句定义时，程序段 1 被编译，否则程序段 2 被编译，其中#else 和程序段 2 可以省略。

(2)#ifndef 标识符。

程序段 1

#else

程序段 2

#endif

当指定的标识符在此前没有被#define 语句定义时，程序段 1 被编译，否则程序段 2 被编译。类似于#ifdef，#else 部分也可以被省略。

(3)#if 表达式。

程序段 1

#else

程序段 2

#endif

当指定的表达式值为真(非 0 值)时，程序段 1 被编译，否则程序段 2 被编译。

条件编译一般用于调试信息输出，在调试程序的时候经常需要输出一些信息，但调试一旦结束，这些信息就不再需要了，可以采用条件编译语句进行处理。

2.5.2　C 语言的文件

1. 头文件.h

在 C 语言中,头文件(.h)被大量使用。一般而言,每个 C 程序通常由头文件和定义文件组成。头文件作为一种包含功能函数、数据接口声明的载体文件,主要用于保存程序的声明,而定义文件用于保存程序的实现。

头文件是扩展名为.h 的文件,包含了函数声明和宏定义,被多个源文件引用共享。一般有两种类型的头文件:程序员编写的头文件和编译器自带的头文件。在程序中要使用头文件,需要使用预处理指令引用。一般的引用形式为:

#include<文件名.h>　或　#include"文件名.h"

前面列举的程序中几乎全部引用了 stdio.h 头文件,它是编译器自带的头文件。库函数并不是 C 语言的一部分,而是由 C 编译系统根据用户的需求编制并提供给用户使用的一组程序。每种 C 编译系统都提供了一批库函数,不同编译系统提供的库函数数目、函数名、函数功能也不是完全相同的。ANSI C 标准提出了一批建议提供的标准库函数,其中包含了大多数 C 编译系统提供的库函数。考虑到通用性,本书列出部分常用库函数,见附录 A。

引用头文件相当于复制头文件的内容,但是我们不会直接在源文件中复制头文件的内容,因为这么做很容易出错,特别是在程序是由多个源文件组成的时候。一般会把所有的常量、宏、系统全局变量和函数原型写在头文件中,在需要的时候随时引用这些头文件。需要注意的是,有条件引用是要从多个不同的头文件中选择一个引用到程序中。如果头文件比较多,使用#if 条件比较麻烦,则可以使用宏替换的方式引用。

2. 文件的基本操作

C 语言的程序文件包括源程序文件、目标程序文件和可执行程序文件等,同时,C 语言的输入输出操作还会涉及存储在外部介质(磁盘)上的文件,这类文件称为"数据文件"。在程序中,通过调用输入函数从外部文件中输入数据并赋值给程序中的变量的操作称为"输入"或"读";通过调用输出函数把程序中变量的值输出到外部文件中的操作称为"输出"或"写"。

当对文件进行操作时,系统将在内存中分配一块存储区域来存放文件的相关信息,如文件的名称、状态、位置等,这些信息会被保存到结构体类型变量中。该结构体类型是由系统定义的,名为 FILE。可以用这种结构体类型来定义文件类型的指针变量,定义方式为:

FILE *fp

fp 是指向 FILE 类型结构体的指针变量,可以用 fp 指向某个文件的结构体变量,从而通过结构体变量中的文件信息访问和操作文件,文件的基本操作包括打开、读、写、关闭、删除等。

1)文件的打开与关闭

用 C 语言打开文件时,可以用 fopen()函数,该函数会返回一个文件指针:文件顺利打开后,指向该文件的指针就会被返回。若果文件打开失败则返回 NULL,并把错误代码存在error中。

函数原型为:FILE *fopen(char *filename,char *mode);

调用格式为:fp=fopen(文件名,文件打开方式);

打开的文件在使用完毕后，应立刻关闭，以防止被误用。关闭文件指使文件的指针变量不再指向文件，这样后续就不能再通过文件指针来关联文件进行读写操作了，关闭文件可以用 fclose()函数。

函数原型为：int fclose(FILE * fp)；

调用格式为：fclose(文件指针)；

文件的打开和关闭函数的使用方法如下：

```
void CreateFile()  //函数定义
{
    FILE * fileP;  //文件指针
char fileName[] = "hello.txt"; // * hello.txt 为保存在工程目录下的文件，若要打开它目录下的文件应指定路径，如：C/Users/wonhero/filename * /
    fileP = fopen(fileName, "r"); //使用"读入"方式打开文件
    if (fileP == NULL)  //如果文件不存在
    {
        fileP = fopen(fileName, "w");  //使用"写入"方式创建文件
    }
    fclose(fileP); //关闭文件
}
voidmain()
{
CreateFile();
}
```

2)文件的读写

文件打开后就可以对文件进行读写操作了，对文件进行读、写是最常用的文件操作，C 语言提供了多种文件读写函数，如下：

字符读写函数：fgetc 和 fputc；

字符串读写函数：fgets 和 fputs；

数据块读写函数：fread 和 fwrite；

格式化读写函数：fscanf 和 fprintf；

文件结束检测函数：feof；

位置指针复位函数：rewind；

需要注意，使用以上函数时程序中需要包含头文件 stdio.h。

习题

1. 编写程序，输入两个整数，求二者相除的余数，要求用参数的宏来实现。
2. 通过键盘输入一段字符，以字符#结束，并将它们保存到文件 char.txt 中。
3. 将文件 char.txt 中的信息读出来并显示在屏幕上。

第 3 章　Arduino 开发基础

Arduino 是一个开源的硬件项目开发平台，包括一块具备 I/O 功能的电路板以及一套程序开发环境软件。Arduino 容易掌握，方便灵活，使用者可以通过 Arduino 快速学习电子和传感器基础知识，如获取传感器数据，控制电机、舵机等设备，并应用于自己的创新项目中，而不必关心硬件如何工作、硬件电路如何构成等问题。本章将介绍 Arduino 开发的一些基础知识，包括：数字和模拟端口，串行通信，中断，显示及函数和类库等，通过本章的学习，读者可以掌握 Arduino 开发板上不同接口的使用方法，为实现一个电子系统项目打下基础。

3.1　初识 Arduino

Arduino 开发板经过多年的发展，有多种型号可适用于不同需求。Arduino UNO 是经典入门款开发板，适合初学者进行小规模系统开发使用，本章的实验开发均基于 Arduino UNO 板展开。

3.1.1　Arduino UNO 硬件介绍

如图 3－1 所示为 Arduino UNO 开发板，开发板上的硬件包括：

(1)USB 线缆接口：用于将程序上传至电路板，或电路板和计算机之间的串行通信，也可以当作供电电源端。

(2)REST：复位按键。

(3)数字输入/输出共 18 个引脚，依次是 0～13 数字引脚，共有 14 个，其中带有“～”标记的数字引脚可用于输出 PWM 波。其中，引脚0(RX)和 1(TX)可用于串口通信，用于接收和发送串口数据；引脚 2 和 3 可以输入外部中断信号；引脚 10 (SS)、11 (MOSI)、12 (MISO)、13 (SCK)可用于 SPI 通信。其余 4 个引脚，GND 用于接地，AREF 为 AD 转换的参考电压输入端，SCL 和 SDA 为 I2C 通信接口。

(4)在线串行编程器(in－circuit serial programmer，ICSP)接口：是一种用于在未移除微控制器芯片的情况下对其进行编程和烧录程序的接口。

(5)微处理器芯片 ATmega328P。

(6)模拟输入引脚：A0～A5，每个模拟输入引脚都有 10 位分辨率(即 0～1023)，默认情况下，模拟输入电压范围为 0～5 V。注意 Arduino UNO 开发板上的模拟引脚经过调用库函数转换，也可当作数字引脚使用。

(7)电源引脚。Vin：电源输入；GND：接地；5 V：5 V 电源输出；3.3 V：3.3 V 电源输出。

(8)外部电源输入(9～12V,DC),可通过电池供电,供电时(1)与(8)只需选择其一即可。

(9)稳压芯片:保持电压稳定。

(10)ATmega8U2:该芯片用于实现 USB 到串行数据的转换。

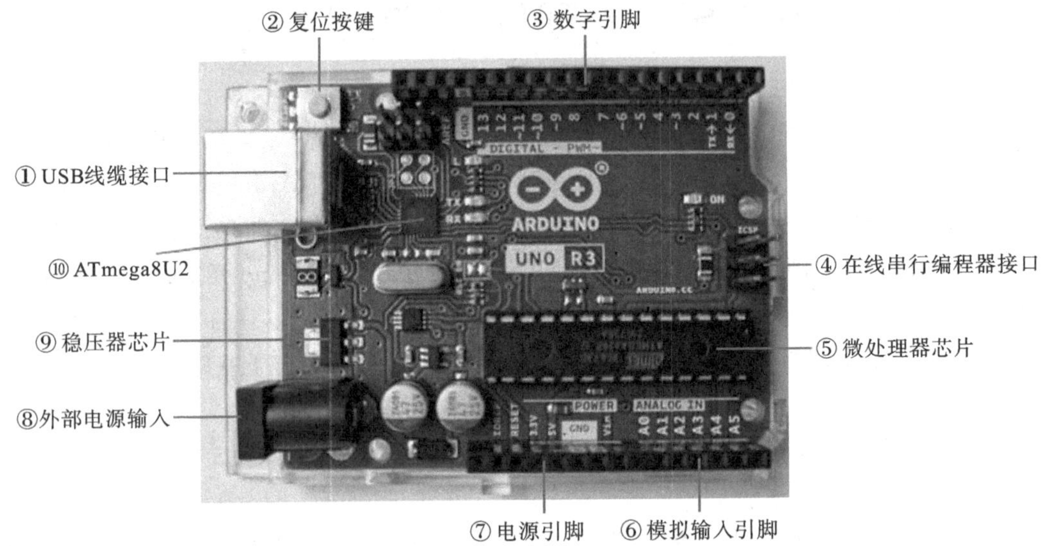

图 3-1　Arduino UNO 开发板

Arduino UNO 采用的微处理器芯片是 ATmega328P。表 3-1 为微处理器芯片 ATmega328P的参数。

表 3-1　微处理器芯片 ATmega328P 的参数

类别	参数
数字引脚	14 个,其中 6 个可提供 PWM 波输出
模拟输入引脚	6 个
I/O 口驱动能力	40 mA
Flash	32 KB
SPAM	2 KB
EEPROM	1 KB

3.1.2　开发环境的安装与配置

1. Arduino 开发环境安装

1)Arduino IDE 下载

Arduino IDE(Integrated Development Environment,IDE)是 Arduino 集成开发环境,可从 Arduino 官方网站下载最新版本的 Arduino IDE:https://www.arduino.cc/en/software。

2)Arduino IDE 安装

(1)双击桌面 Arduino 安装文件“arduino - 1.8.10 - windows”,弹出如图 3 - 2 所示的许可证协议窗口,选择“我同意”。

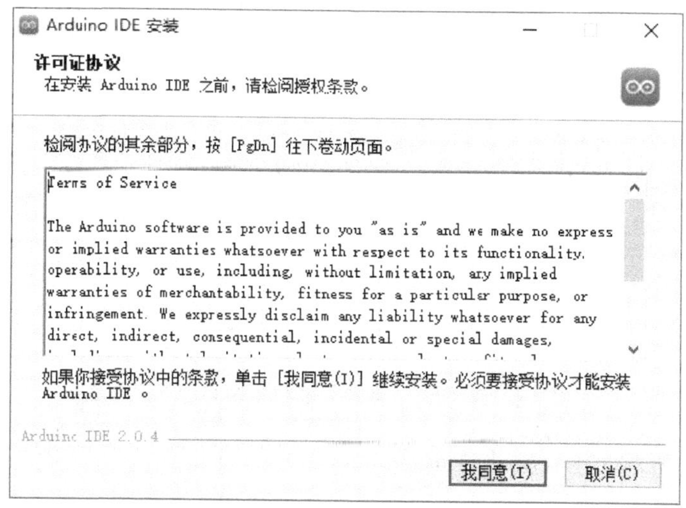

图 3 - 2　许可证协议窗口

(2)在如图 3 - 3 所示的安装选项窗口,选择“下一步”。

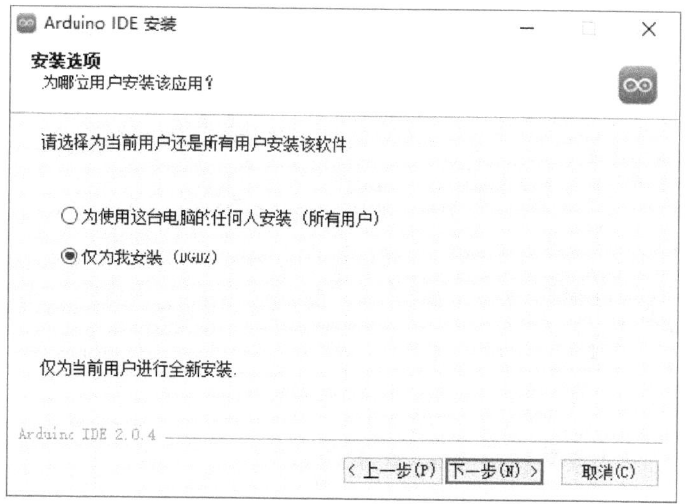

图 3 - 3　安装选项窗口

(3)在如图 3 - 4 所示的选择安装位置窗口,保持默认安装位置,单击“安装”。

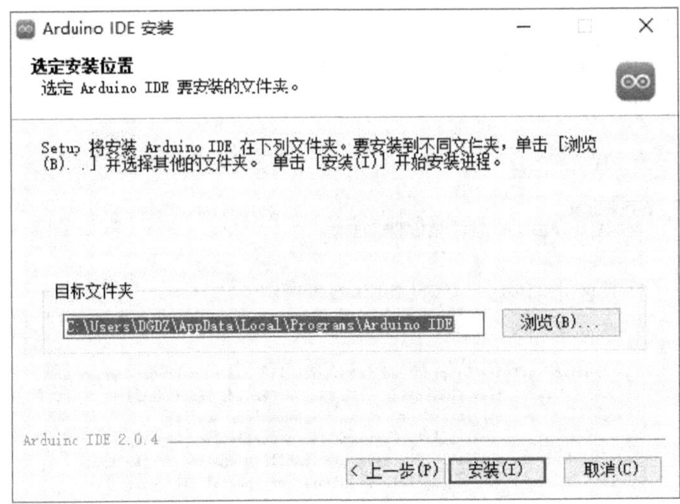

图 3-4　选择安装位置窗口

(4)如图 3-5 所示为正在安装界面。

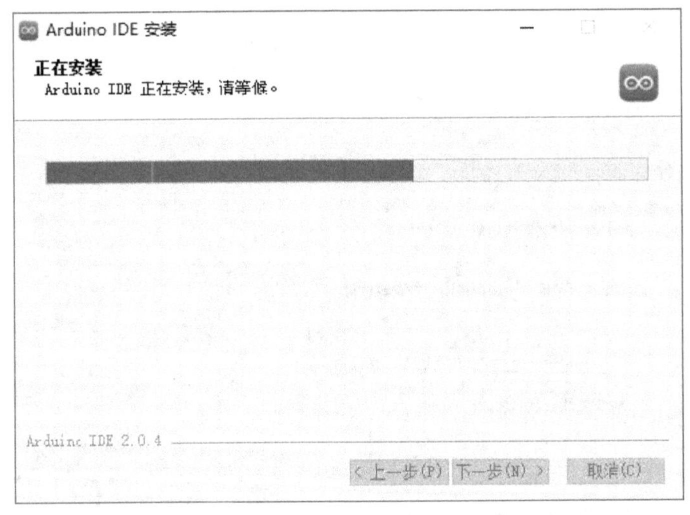

图 3-5　正在安装界面

(5)如图 3-6 所示为安装完成界面,单击“完成”。

图 3－6　安装完成界面

(6)安装完成后，程序自动打开如图 3－7 所示 Arduino IDE 界面。

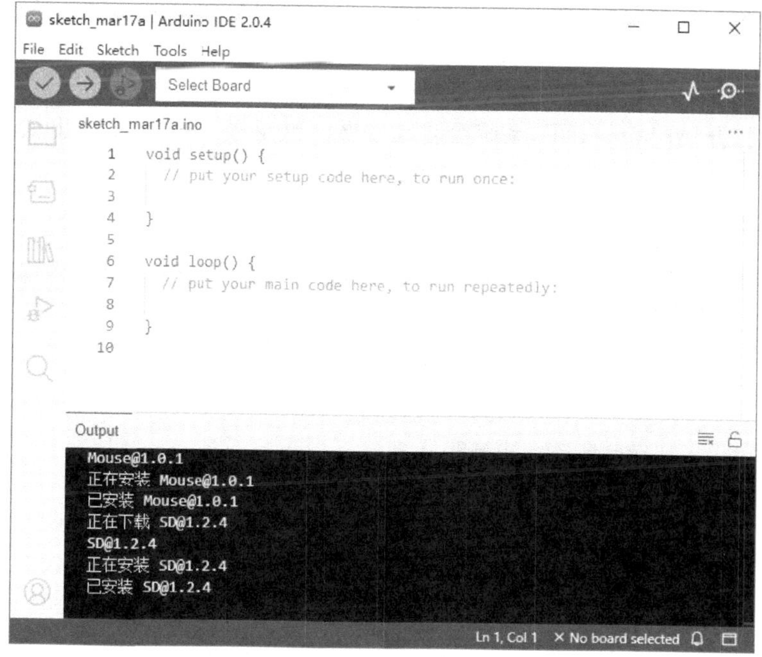

图 3－7　Arduino IDE 界面

(7)在图 3－7 所示软件界面选择“File”→“Preferences”，打开如图 3－8 所示 Preferences 界面，在 Language 栏选择“中文(简体)”，单击“OK”，界面菜单栏变为中文。

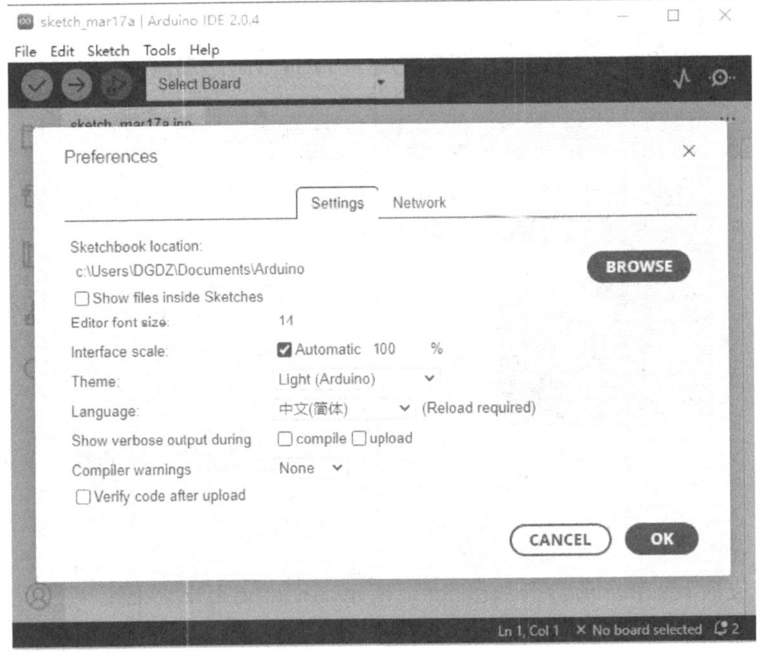

图 3-8 Preferences 界面

(8)第一次打开 Arduino IDE,系统会自动安装一些必要文件。会弹出如图 3-9 所示安装 Adafruit Industries LLC 端口界面,选择“安装”。

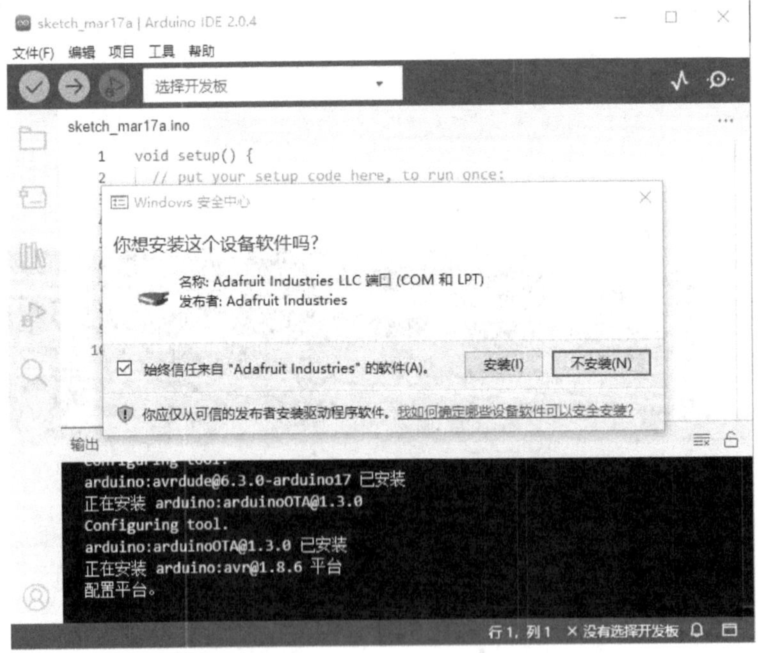

图 3-9 安装 Adafruit Industries LLC 端口界面

(9)在弹出的如图 3-10 和图 3-11 所示的安装 USB 驱动器界面,均选择“安装”。

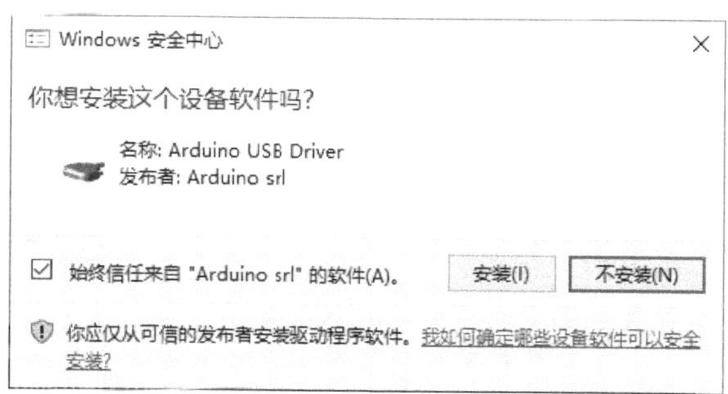

图 3-10　安装 Arduino USB Driver 窗口

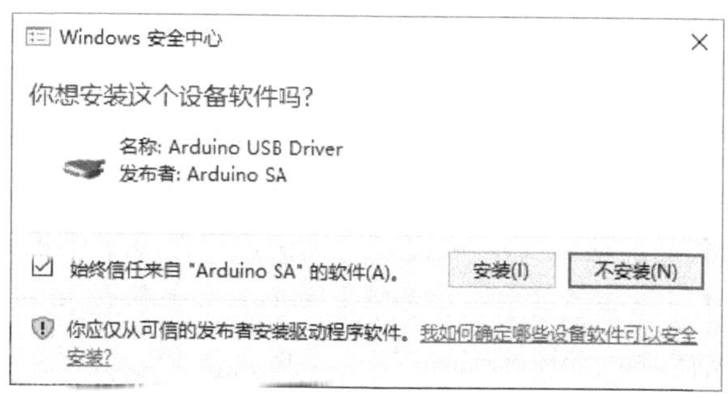

图 3-11　安装 Arduino USB Driver 窗口

(10)最后,在弹出的如图 3-12 所示安装 Genuino USB Driver 窗口,选择“安装”。至此,驱动安装完成。

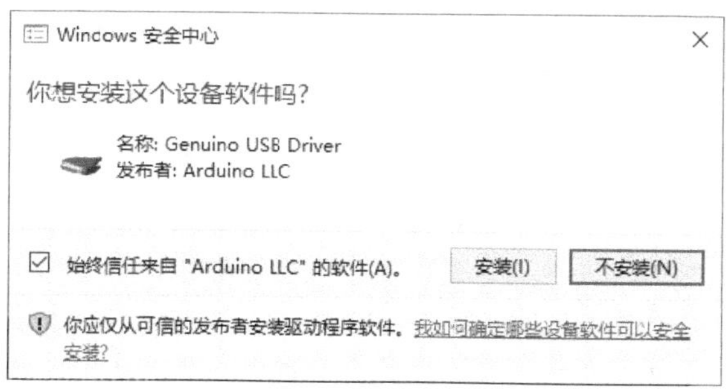

图 3-12　安装 Genuino USB Driver 窗口

3)CH340 串口驱动安装

Arduino 通过 USB 接口与计算机进行通信,故还需要安装串口驱动器。CH340 串口驱动器下载地址为 https://www.wch.cn/download/CH341SER_EXE.html,下载驱动程序 CH341SER.EXE,双击驱动程序打开图 3-13 所示安装界面,单击“安装”,安装成功后如图 3-14所示。

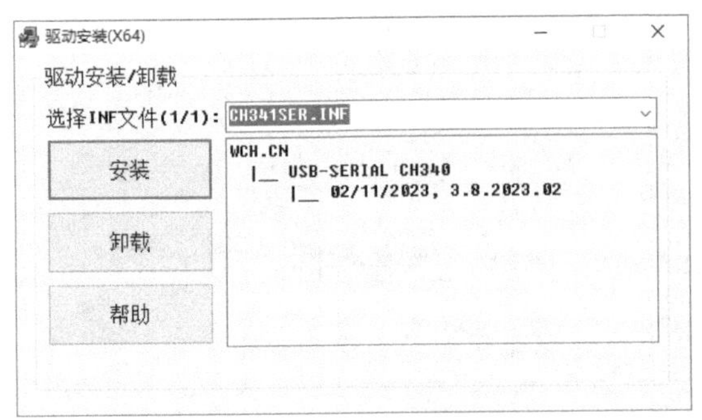

图 3-13　安装 CH340 驱动程序界面

图 3-14　CH340 驱动程序安装成功界面

2. Arduino 开发环境配置

在计算机上安装 Arduino IDE 后，双击图标，出现如图 3-15 所示 Arduino IDE 窗口，窗口包括菜单栏、工具栏、文件选项卡、串口监视器、代码编辑区、调试信息区、开发板型号及串口号。Arduino 程序基本框架包括 setup()函数和 loop()函数，其中 setup()函数用于初始化变量、配置引脚模式、启动库等，每次通电或复位后，setup()函数仅执行 1 次，多用于初始化配置，loop()函数会循环执行，整个设计作品的控制思想应在 loop()函数中实现。配置开发环境需要完成以下两个步骤：

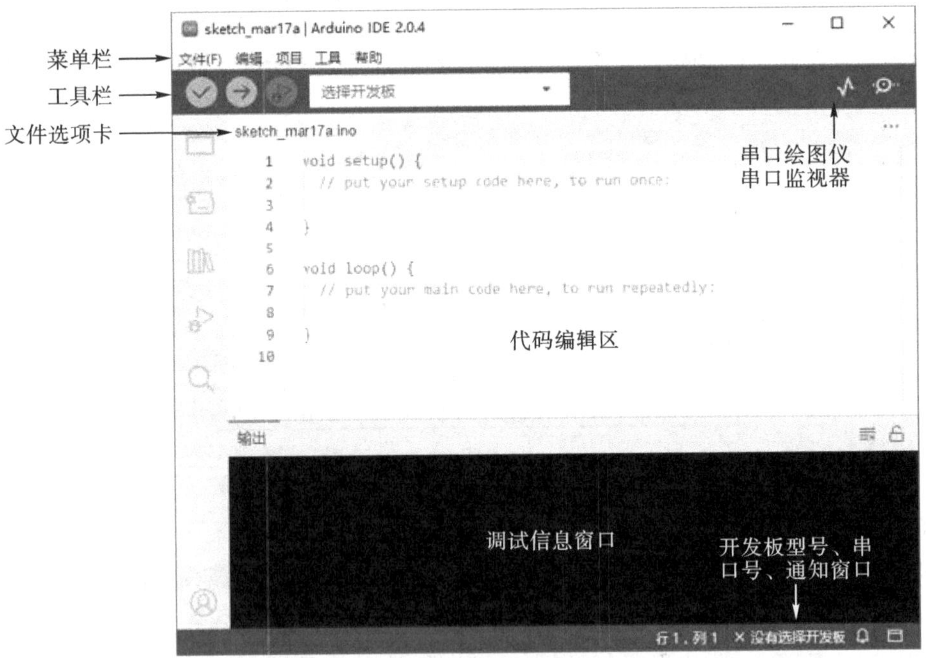

图 3-15　Arduino 集成开发环境界面

1)选择板卡类型

Arduino IDE 集成了多种板卡类型，在程序设计前，应选择对应的板卡型号，本书中使用的开发板为 Arduino UNO，在 Arduino IDE 中选择板卡的方法是，在如图 3-16 所示的窗口菜单栏选择“工具”→“开发板”→“Arduino AVR Boards”→“Arduino Uno”。

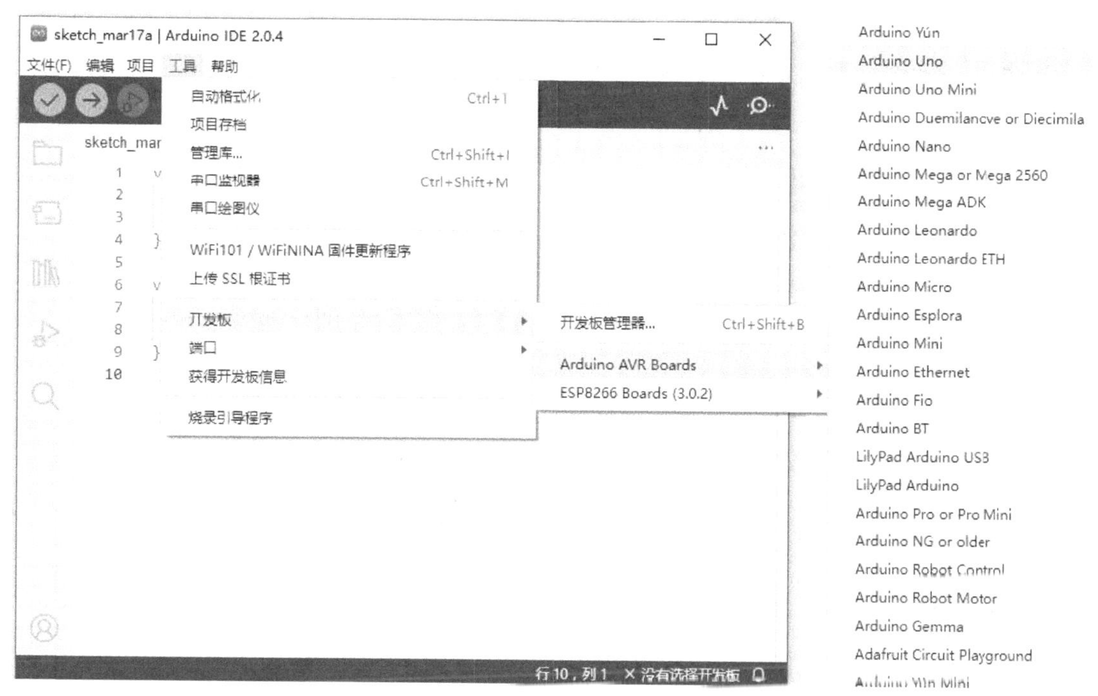

图 3-16　选择板卡类型

2)选择端口号

Arduino UNO 开发板通过 USB 接口将程序上传至电路板，或在电路板和计算机之间进行串行通信。确定 Arduino UNO 开发板连接至计算机的端口号的方法是，将 Arduino UNO 开发板通过 USB 接口的线缆连接至计算机，在计算机桌面右键单击“此电脑”，选择“管理”，打开如图 3-17 所示的计算机管理窗口，选择“设备管理器”→“端口”，即可看到 Arduino 连接的端口号是“COM7”。

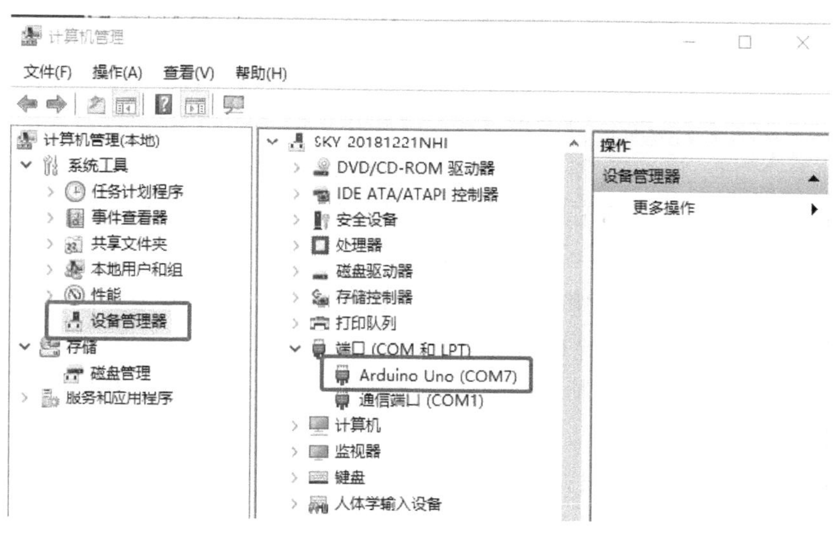

图 3-17　计算机管理窗口

在 Arduino IDE 中选择端口号的方法是，在菜单栏选择“工具”→“端口”→“COM7”，如图 3-18 所示。注意，不同计算机可能对应不同端口号。

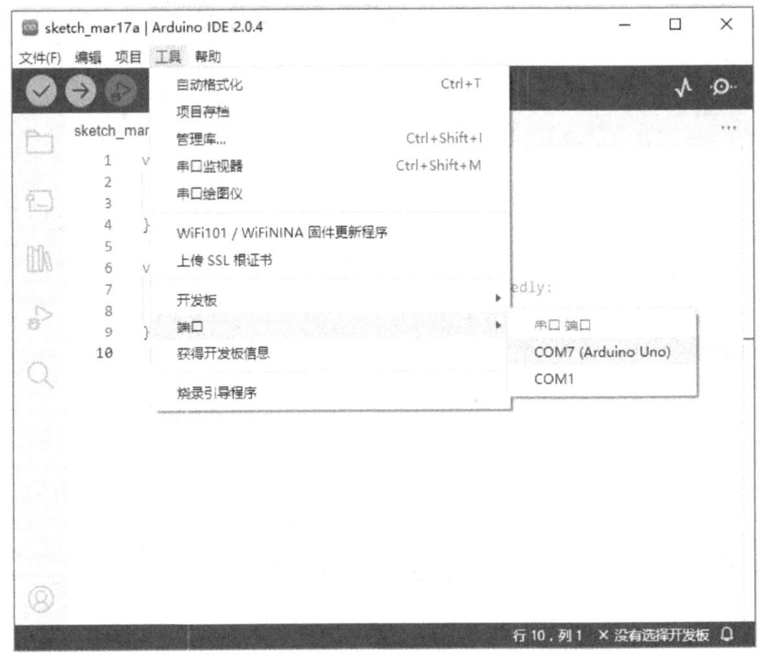

图 3-18　选择端口号

3. 第一个 Arduino 程序

Arduino IDE 包含许多内置例程库可供用户学习，下面将通过一个内置例程学习用 Arduino UNO 开发板实现 LED 灯闪烁实验，操作步骤如下：

(1)打开内置例程。在 Arduino IDE 界面选择“文件”→“示例”→“01. Basics”→“Blink”，打开 Blink 程序，如图 3-19 所示。在 Arduino UNO 开发板上，数字引脚 13(宏定义为 LED_BUILTIN)上连接了一个 LED 灯，在 setup()函数中，定义该引脚为输出模式，在 loop()函数中，先给 LED_BUILTIN 引脚写入高电平，延时 1000 ms 后再给 LED_BUILTIN 引脚写入低电平，再延时 1000 ms，循环这个过程，则 LED_BUILTIN 引脚上连接的 LED 灯开始闪烁。

(2)在如图 3-18 所示界面工具栏单击，开始编译程序，编译完成之后，IDE 下方会弹出编译完成的通知。

(3)在编译无误情况下，在如图 3-19 所示界面工具栏单击，开始上传程序至开发板，上传成功后，IDE 下方会弹出上传完成的通知。

(4)此时观察 Arduino 开发板，可看到数字引脚 13 连接的 LED 灯开始闪烁，每隔 1 s 点亮，隔 1 s 熄灭。

现在，内置例程 Blink. ino 已测试成功，说明 Arduino IDE 和 Arduino UNO 开发板工作正常。接下来将通过一些有意思的实例学习 Arduino UNO 开发板不同端口的使用方法。

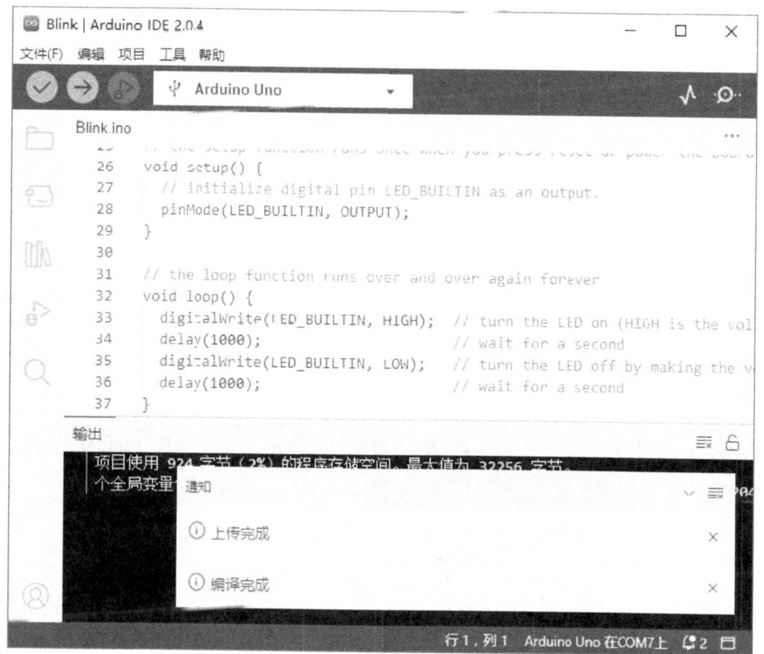

图 3-19　内置 Blink 程序

3.2　数字端口的开发应用

数字信号是以二进制数 0 和 1 表示的信号，数字信号抗干扰能力强，便于存储、加密和纠错，具有较强的保密性和可靠性，广泛应用于通信技术和信息处理技术，计算机处理的信号就是数字信号。在 Arduino 中，数字信号通过高低电平来表示，高电平为数字信号 1，低电平为数字信号 0。

Arduino UNO 共有 14 个通用 I/O 引脚，具有输入/输出数字信号的功能，其工作电压为 5 V，每个引脚可输入/输出的最大电流是 40 mA，但推荐电流是 20 mA。数字 I/O 引脚在 Arduino UNO 开发板上被标记为 0～13，其中，引脚 13 连接了一个板载 LED 指示灯；引脚 3、5、6、9、10、11 被标记了“～”符号，这些引脚具有 PWM 波输出功能。

Arduino 上的数字 I/O 引脚根据用户需求可配置为输入/输出。当配置为输出时，可输出两种电平 HIGH(5 V)和 LOW(0 V)。当配置为输入时，电压由外部提供，该电压可在 0～5 V 之间变化，并被转化为数字量 0 和 1。Arduino UNO 会将大于 3 V 的输入视为高电平，将小于 1.5 V 的输入视为低电平，超过 5 V 的输入电压可能会损坏 Arduino UNO 开发板。

3.2.1　数字端口的输出——流水灯实验

流水灯是指将多个 LED 组成的灯串按照一定的顺序依次点亮或熄灭，反复循环，形成一定的视觉效果。在我们生活的城市中到处可见流水灯技术的应用，如绚丽多彩的广告牌/门牌、音乐灯光喷泉及城市亮化工程中的建筑外观的灯光装饰等。美轮美奂的流水灯给人们带来美好的视觉享受。流水灯的控制本质上是控制 LED 灯的亮或灭，可以通过控制 Arduino

UNO 开发板上数字端口的输出电平来实现，本实验将从流水灯的控制学习 Arduino UNO 数字端口的控制方法。

1. 实验任务

用 Arduino UNO 控制 6 个 LED 实现依次点亮、熄灭、循环往复的流水灯效果。

2. 知识基础

1）发光二极管

LED 又名发光二极管，是一种常用的发光器件。如图 3－20 所示为 LED 实物和电路符号。LED 在使用时一定要注意区分正负极，长引脚为正极，短引脚为负极，工作电压为 1.8～2.0 V，电流范围在 2～20 mA，为防止使用时电流过大损坏 LED，通常串联一个电阻以限制流过 LED 的电流，该电阻称为限流电阻，本实验中选择串联一个 200 Ω 的限流电阻。

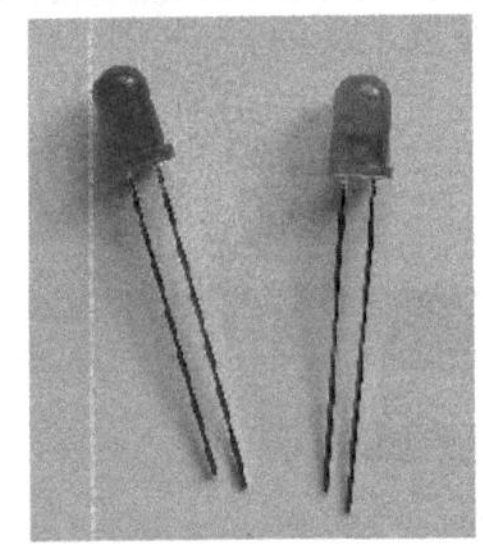

(a) LED实物图

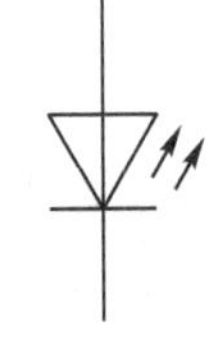

(b) LED电路符号

图 3－20　LED 实物和电路符号

2）Arduino 函数

Arduino 中内置了一些可供用户直接使用的函数，以简化编程过程，本实验用到的函数包括 I/O 口操作函数和时间函数。

（1）I/O 操作函数。Arduino 函数库中的 pinMode()、digitalWrite() 和 digitalRead() 是常用的数字引脚控制函数，可以控制设置数字引脚模式，向数字引脚输出高低电平及读取引脚电平状态，函数原型与功能说明见表 3－2。

表 3－2　I/O 口操作函数原型与功能说明

函数	功能
pinMode(pin, mode)；	配置数字引脚的模式
digitalWrite(pin, value)；	向 pin 引脚写入高或低电平
digitalRead(pin)；	读取 pin 引脚的电平状态

参数 pin 为指定配置的引脚编号，对于 Arduino UNO 来说，pin 的取值为 0～13。参数 mode 为指定的配置模式，共有 INPUT（输入模式）、OUTPUT（输出模式）和 INPUT_PULLUP（输入上拉模式）3 种。参数 value 为指定输出的电平，可选择 HIGH（指定输出高电平），或 LOW（指定输出低电平）。在函数使用过程中需要注意以下两点：

①在 Arduino 核心库的宏定义中，OUTPUT 被定义等于 1，INPUT 被定义等于 0，HIGH

被定义等于 1，LOW 被定义等于 0，因此在程序中也可以用对应数字代替这些定义。

②INPUT_PULLUP（输入上拉模式）指数字引脚通过一个上拉电阻连接至内部电源 VCC，Arduino 每个 I/O 端口都内置了 20 kΩ 的上拉电阻，但没有内置下拉电阻。

（2）时间函数。时间函数用于程序运行过程中的延时及计时，常用的时间函数有：delay()，delayMicroseconds()，micros()和 millis()，函数原型和功能说明见表 3-3。

表 3-3　时间函数原型与功能说明

函数	功能
delay(ms)；	延时函数，按指定的时间量（以毫秒为单位）暂停程序
delayMicroseconds(us)；	延时函数，按指定的时间量（以微秒为单位）暂停程序
micros()；	返回自 Arduino 板开始运行当前程序以来经过的微秒数，大约 70 分钟后，该数字将溢出归零
millis()	返回自 Arduino 板开始运行当前程序以来经过的毫秒数，大约 50 天后，该数字将溢出归零

3. 实验材料

计算机、Arduino UNO 控制板、LED 灯、电阻和面包板。

4. 实验过程

1）硬件连接

按照图 3-21 在面包板上连接电路，6 个数字引脚 D2～D7 分别连接至 200 Ω 电阻和 LED 灯的串联电路。图 3-22 为实际电路连接图。

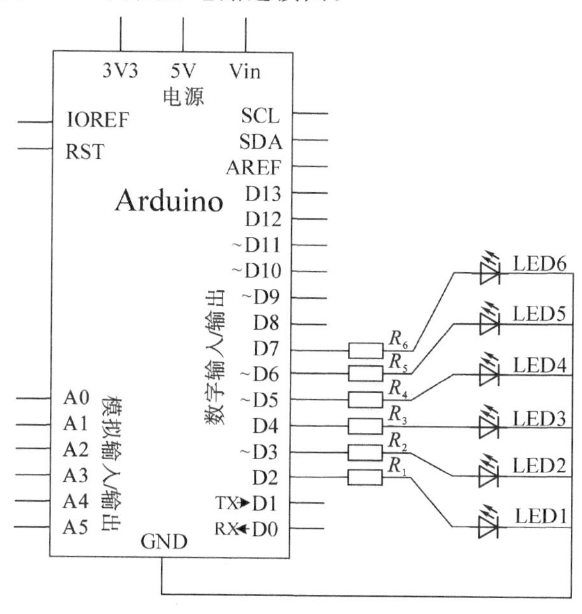

图 3-21　流水灯实验电路原理图

图 3-22　流水灯实验实际搭接图

2)软件编程

根据电路原理图,需要 6 个数字引脚。在编程时,首先应定义引脚号,方便编程时引用。其次在 setup()函数中配置引脚模式为输出,为了简化程序,定义一个数组,数组元素对应控制 LED 灯的数字引脚。在 loop()函数中,循环执行 onebyone()函数。onebyone()函数定义了流水灯的样式为依次点亮再依次熄灭。

```
//代码清单 3-2-1:流水灯实验
int ledPins[6]={2,3,4,5,6,7};  //LED 灯控制引脚定义
void setup() {
    // put your setup code here, to run once:
    //初始化控制 LED 灯的 I/O 口
    for (int i = 1; i < 7; i++){
      pinMode(ledPins[i] , OUTPUT );
      }
  }
  void loop() {
   // put your main code here, to run repeatedly:
   onebyone();  //所有 LED 灯顺序点亮再依次熄灭
}
/* * * LED 灯流水样式控制函数 * * */
void onebyone(){
   int delayTime = 200;  //设置延迟时间控制流水灯变换速度
   //依次点亮 6 个 LED 灯
   for(int i = 1; i < 7; i++){
```

```
    digitalWrite(ledPins[i], HIGH);
    delay(delayTime);
  }
  //依次熄灭 6 个 LED 灯
    for(int i = 2; i < 8; i++){
    digitalWrite(ledPins[i], LOW);
    delay(delayTime);
  }
}
```

3)观察实验结果

编译并上传程序后，观察 6 个 LED 灯是否按照程序设置依次点亮再依次熄灭。

3.2.2　数字端口的输入—— 开关控制实验

在各种电子设备中，开关是必不可少的元器件，用于实现功能切换。在控制系统中，常用按键开关作为人机接口的工具，实现电子产品不同功能之间的选择/切换。按键开关的结构是靠外力使按键向下移动，使接触簧片或导电橡胶块接触焊片，形成通路。

1. 实验任务

用按键控制 LED 灯的点亮和闪烁：按键 1 按下。LED1 灯闪烁 2 次；按键 2 按下，LED1 灯闪烁 4 次。

2. 知识基础

如图 3-23(a)所示为几种常用按键开关实物图，(b)为开关的电路符号，(c)为按键开关的常用电路，按键的一端连接电源 VDD，另一端串联一个 10 kΩ 电阻并接地，该电阻称为下拉电阻。当开关未按下时，u_o 点电压为零；当开关按下时，u_o 点的电压为 VDD。

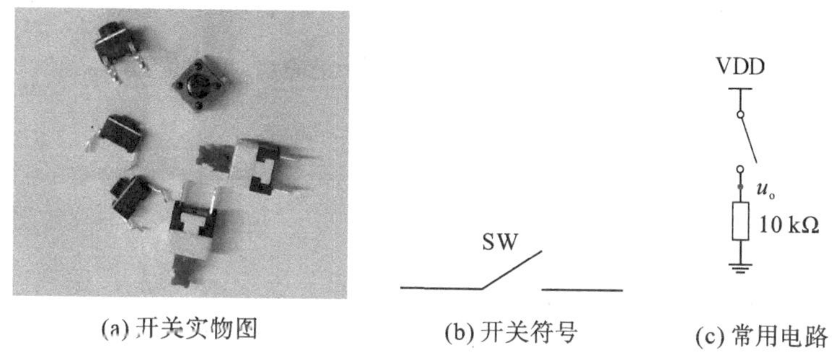

(a) 开关实物图　(b) 开关符号　(c) 常用电路

图 3-23　按键开关实物、电路符号及常用电路

3. 实验材料

计算机、Arduino UNO 开发板、LED 灯、电阻和面包板。

4. 实验过程

任务 1：用按键控制 LED 灯的点亮和闪烁：按键 1 按下，LED1 灯闪烁 2 次；按键 2 按下，

LED1 灯闪烁 4 次。

1)硬件连接

按照图 3 - 24 在面包板上连接电路，引脚 5 用于控制 LED1 灯，引脚 8 和 9 分别用于读取开关 S1 和 S2 的状态。当开关 S1 按下时，引脚 8 为高电平，此时控制引脚 5 使 LED1 灯闪烁 2 次。当开关 S2 按下时，引脚 9 为高电平，此时控制引脚 5 使 LED1 灯闪烁 4 次。在面包板上搭接的实际电路如图 3 - 25 所示。

2)软件编程

根据电路原理图，需要 3 个数字引脚，首先定义引脚，定义数字引脚 5 为 LED 灯的控制引脚 led1，数字引脚 8 为开关 1 的控制引脚 key1，数字引脚 9 为开关 2 的控制引脚 key2，方便在程序中引用。其次，需要控制数字引脚输出高低电平控制 LED 灯的闪烁，所以在 setup() 函数中配置 led1 的引脚模式为输出。按键 key1 和 key2 的作用是读取开关状态，所以在 setup() 函数中，配置 key1 和 key2 引脚为输入模式。最后，根据电路原理图 3 - 22 所示，当开关 key1 或 key2 未按下时，数字引脚 8 或 9 为低电平，当开关按下时，数字引脚的电平为高电平，当开关按下时，控制 LED 灯闪烁。

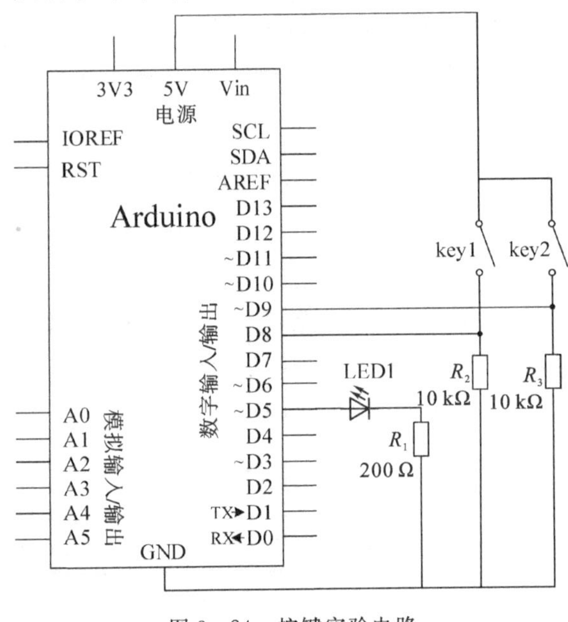

图 3 - 24　按键实验电路

图 3 - 25　按键实验实际搭接图

函数 led_flash(int led, int number)控制 LED 灯闪烁次数。在 loop() 函数中，判断是哪个开关按下，如果是开关 key1 按下，则 LED1 灯闪烁 2 次，如果是开关 key2 按下，则 LED1 灯闪烁 4 次。

```
//代码清单 3-2-2:按键控制 LED 灯闪烁
int led1 = 5;   //定义 LED1 灯引脚
int key1 = 8;   //定义 key1 引脚
int key2 = 9;   //定义 key2 引脚
void setup() {
```

```
    // put your setup code here, to run once:
    pinMode(led1, OUTPUT);  //配置 LED1 灯为输出模式
    pinMode(key1, INPUT);   //配置 key1 为输入模式
    pinMode(key2, INPUT);   //配置 key2 为输入模式
}

void loop() {
  // put your main code here, to run repeatedly:
  //判断是哪个开关按下
 if(digitalRead(key1) == HIGH){
   led_flash(led1, 2 );  //LED1 灯闪烁 2 次
  }
  else if (digitalRead(key2) == HIGH){
   led_flash(led1, 4);  //LED1 灯闪烁 4 次
  }
}
/***该函数控制 led 灯闪烁次数***/
void led_flash(int led,int number) {
  for(int i = 0; i < number; i++) {
      digitalWrite(led, HIGH);
      delay(500);
      digitalWrite(led, LOW);
      delay(500);
  }
}
```

3)观察实验结果

编译并上传程序,观察实验结果。按下开关 key1,可看到 LED 灯闪烁 2 次;按下开关 key2,可看到 LED 灯闪烁 4 次。

习题

1. 自行编程实现其他流水样式,如:

(1)LED 灯从灯组中间点亮,然后向两边扩散,然后再向中间靠拢点亮。

(2)所有 LED 灯依次点亮再依次熄灭,但是循环期间始终只有一个 LED 灯亮。

(3)全体 LED 灯同时点亮再同时熄灭。

(4)以上 3 种流水样式依次循环进行。

2. 识别按键按下的次数,是单击、双击,还是长按。

3.3　模拟端口的开发应用

模拟信号是指用连续变化的物理量表达的信息，在实际生产生活中，我们接触到的大多数信号都是模拟信号，如温度、湿度、压力、电压等物理量。模拟信号在传输过程中会受到一些干扰，这些干扰很容易引起信号失真，从而影响传输质量。随着计算机技术的发展，数字信号的传播和处理更加方便，故通常会将模拟信号转换为数字信号，以方便计算机处理或通过互联网传输。

Arduino UNO 开发板提供了 6 个模拟信号输入口，标记为 A0～A5。将模拟信号转换为数字信号通常需要一个模数转换器(Analog - to - Digital Converter，ADC)，Arduino UNO 开发板包含一个多通道、10 位模数转换器，可以将 0 V 和工作电压 5 V 之间的输入电压映射为 0～1023之间的整数值，即分辨率为 5 V/1024＝0.0049 V。读取一次模拟端口需要 0.0001 s，故最大读取速率是 10000 次/s。

3.3.1　PWM 波的输出

Arduino UNO 可以通过输出连续变化的 PWM 波，实现模拟电压的输出功能，使用 analogWrite()函数实现该功能。但该函数并不是输出真正意义上的模拟值，而是通过数字信号输出获得类似模拟行为的技术，即脉冲宽度调制(Pulse Width Modulation，PWM)，通过对一系列脉冲的宽度进行调制，来等效地获得所需要的波形(含形状和幅值)。PWM 技术有许多应用，如温度控制、电机驱动控制、测量和通信等。PWM 有两个重要参数，一个是输出频率，频率越高，模拟效果越好；另一个是占空比，占空比用以改变输出模拟电压的大小，占空比越大，输出的模拟电压越大，如图 3 - 26 所示。

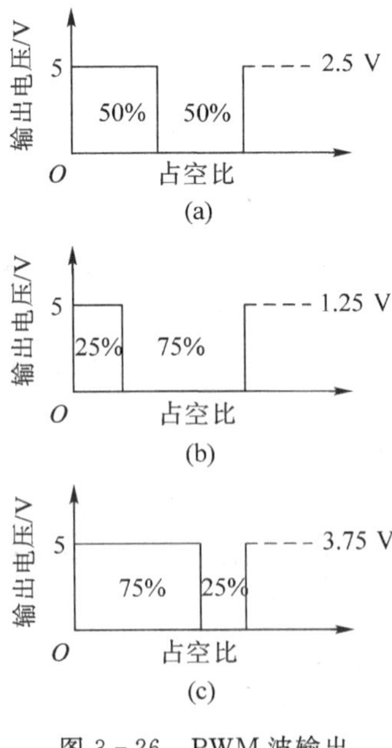

图 3 - 26　PWM 波输出

1. 实验任务

(1)用 Arduino 生成 PWM 波,并用示波器测量 PWM 波,记录波形的周期和脉宽。

(2)用 PWM 波控制 LED 灯,实现灯光从明到暗,然后从暗到明的呼吸灯效果。

2. 知识基础

1)Arduino PWM 输出端口与控制函数

Arduino UNO 开发板上共有 14 个带数字的引脚,其中标注"～"符号的数字引脚可输出 PWM 波,即 3、5、6、9、10、11 共 6 个引脚可以输出 PWM 波。需要使用 analogWrite()函数在上述引脚输出一定占空比的 PWM 波,在调用函数 analogWrite()前不需要用 pinMode()函数指定引脚模式。analogRead()函数可以读取模拟引脚 A0～A5 上的模拟电压值,analogReference()函数用于设置模拟输入的参考电压。三个函数的函数原型及功能说明见表 3-4。

表 3-4 模拟 I/O 口操作函数及功能说明

函数	参数取值	返回值	功能
analogWrite(pin, value)	pin:3,5,6,9,10,11; value:0～255	频率为 490 Hz(5 和 6 引脚为 980 Hz)、占空比为 value 的周期性方波	将模拟值(PWM 波)写入引脚
analogRead(pin)	pin:A0～A5	pin 引脚上的模拟数值	读取 pin 引脚的模拟电压值
analogReference(type)	DEFAULT:5V; INTERNAL:1.1V; EXTERNAL:以施加在 AREF 引脚上的电压(仅在 0～5V 之间取值)作为基准电压	无	设置用于模拟输入的参考电压(即输入范围的最大值)

2)呼吸灯控制原理

呼吸灯是一种视觉效果应用,指通过控制灯光的亮度从熄灭逐渐变至最亮,再从最亮逐渐变为最暗,实现类似人呼吸的效果,广泛应用于数码产品领域。灯光渐变或呼吸灯,是利用 PWM 波脉宽调制技术,在一定周期内,不断改变脉冲宽度,使加载在发光二极管上的平均电压改变,导致二极管灯的亮度变化,从而产生呼吸的效果。为了清晰地观察到呼吸效果,可增大呼吸灯亮度变化的级次,级次越多亮度变化越连续,级次越少亮度变化跳动越显著。

3. 实验材料

计算机、Arduino UNO、LED 灯、电阻和面包板。

4. 实验过程 1

任务 1:用 Arduino UNO 生成 PWM 波,并用示波器测量 PWM 波,记录波形的周期和脉宽。

1)硬件连接

控制 Arduino UNO 的 3 号引脚输出 PWM 波，用示波器测量输出 PWM 波，硬件电路连接如图 3-27 所示。

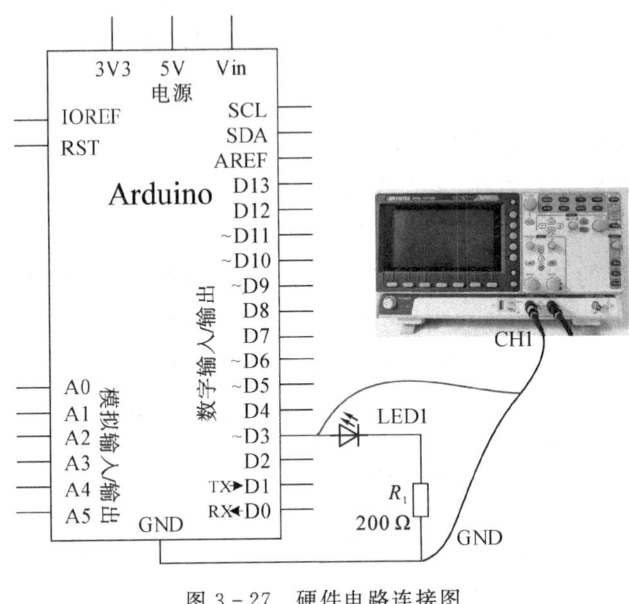

图 3-27　硬件电路连接图

2)软件编程

定义 PWM 波输出引脚，并在 loop()函数中用 analogWrite(pwm1,100)函数输出指定脉宽的 PWM 信号(注意本实验并没有用到 LED1 灯和电阻 R1，可不用连接)。

```
//代码清单 3-3-1：输出 PWM 波
int pwm1=3;  //定义引脚
void setup() {
  // put your setup code here, to run once:
}

void loop() {
  // put your main code here, to run repeatedly:
  analogWrite(pwm1,100);
}
```

3)观察实验结果

编译并上传程序，观察实验结果。调节示波器的水平和垂直挡位，观察到从引脚 3 输出的 PWM 信号如图 3-28 所示。用示波器自动测量方法 Measure 测量方波的频率为 490 Hz，周期为 2.04 ms，占空比为 39.2%。程序设置脉宽值为 100，占空比为 100/256=39.06%，与实测结果吻合。

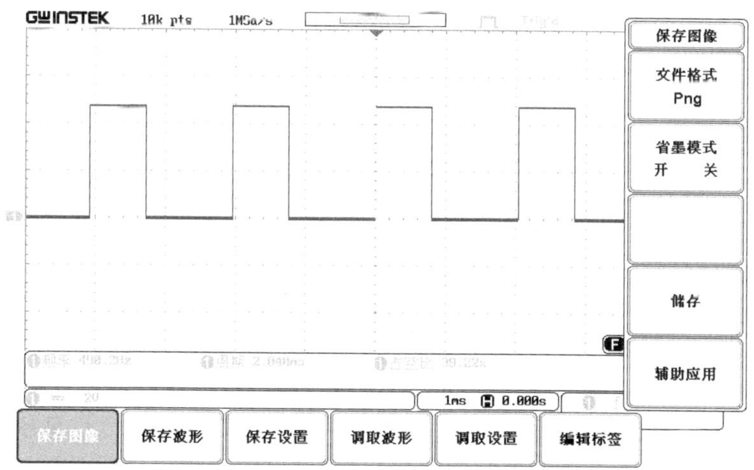

图 3-28　示波器测量 PWM 结果波形

5. 实验过程 2

任务 2:用 PWM 波控制 LED 灯,实现呼吸灯效果。

1)硬件连接

按图 3-27 在面包板上连接电路,引脚 3 连接一个发光二极管和一个 200 Ω 限流电阻。

2)软件编程

用程序控制数字引脚 3 输出的 PWM 信号的脉宽先逐渐增大,再逐渐减小,则施加在 LED 灯和限流电阻两端的平均电压随之改变。为了清晰观察到呼吸效果,每改变一次 PWM 脉宽,延时 30 ms,延时时间也可视情况调整。

//代码清单 3-3-2:呼吸灯

```
int pwm1 = 3;           //定义引脚
int pulsewidth = 0; //设定 PWM 波脉宽
void setup() {
  // put your setup code here, to run once:
}

void loop() {
  // put your main code here, to run repeatedly:
  //PWM 脉冲宽度递增,输出模拟电压增大
 for(pulsewidth = 0; pulsewidth <= 255; pulsewidth += 5) {
  analogWrite(pwm1, pulsewidth);
  delay(30);
 }
 //PWM 脉冲宽度递减,输出模拟电压减小
 for(pulsewidth = 255; pulsewidth >= 0;pulsewidth -= 5) {
```

```
    analogWrite(pwm1, pulsewidth);
    delay(30);
  }
}
```

(3)观察实验结果。编译并上传程序,观察 LED 灯的呼吸效果。

3.3.2 模拟端口的输入——可调光 LED 灯

由于 LED 灯的节电效率高,在同样亮度下,耗电量仅为普通白炽灯的 1/10,现已被广泛使用,取代了传统的灯具。随着生活水平的不断提高,人们对舒适度和智能化提出了新的要求, LED 灯照明不再单纯的追求高能效和长寿命,可调光调色的 LED 灯具越来越多。本实验将通过电位器调节 LED 灯的亮度。

1. 实验任务

用 PWM 信号实现 LED 灯亮度控制。

2. 知识基础

1)三色 LED 灯

如图 3-29 所示为三色 LED 灯,利用了红、绿、蓝的三基色原理,人眼对红、绿、蓝最为敏感,大多数的颜色可以通过红、绿、蓝三色按照不同的比例合成产生。同样,绝大多数单色光也可以分解成红、绿、蓝三种光。三色 LED 灯模块共 4 个引脚,分别是 V(电源)和红(R)、蓝(B)、绿(G)三基色控制端,通过 Arduino UNO 输出的 PWM 信号可使三种颜色叠加,实现全彩显示。

图 3-29　三色 LED 灯

2)电位器

电位器是具有三个引出端,阻值可按某种变化规律调节的电阻元件,是可变电阻器的一种。电位器通常由电阻体和可移动的电刷组成,当电刷沿电阻体移动时,在输出端获得与位移量成一定关系的电阻值。电位器的作用是通过改变电阻,调节电压和电流的大小。图 3-30(a)所示为电位器实物图,图 3-30(b)为电位器的电路符号。电位器的机械寿命与电位器的种类、结构、材料及制作工艺有关。随着单片机在智能化电子产品中的广泛应用,数字电位器因其在设备智能化、微型化、调节精度高、使用寿命长等方面的优势，在许多领域可以取代机械电位器。

(a) 电位器实物图

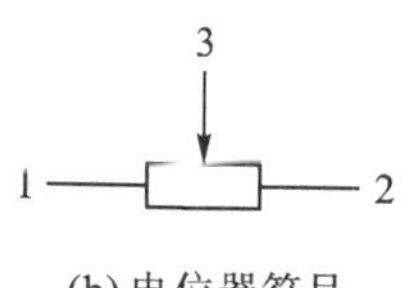

(b) 电位器符号

图 3-30　电位器

3. 实验材料

计算机、Arduino UNO 开发板、LED 灯、电阻、电位器和面包板。

4. 实验过程

1)硬件连接

按照图 3-31 在面包板上连接电路，可输出 PWM 信号的数字引脚 5、6、9 分别连接三色 LED 灯的 G、B、R 端，三色 LED 灯的 V 端连接 Arduino 的 5 V 电源接口。电位器连接在 5 V 电源和 GND 之间，中间抽头连接至模拟端口 A0。在面包板上搭接的实际电路如图 3-32 所示。

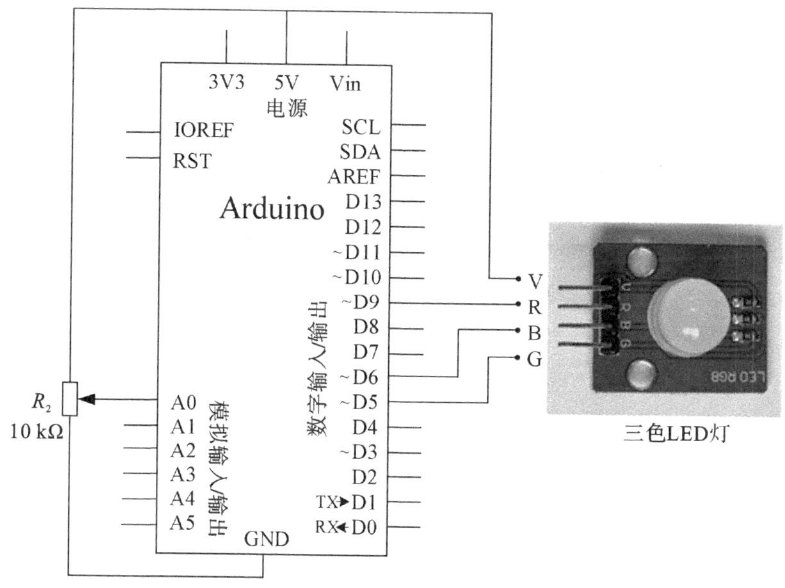

图 3-31　可调光 LED 灯实验电路原理图

图 3-32 可调光 LED 灯实验实际搭接图

在上图电路中，当调节电位器时，电位器中间抽头的电压为 0～5V，模拟端口 A0 读取的模拟数值为 0～1023。由于 Arduino 中 PWM 波脉宽的取值为 0～255，故利用 map 函数将采样值映射至 PWM 脉宽的取值范围以内。

2）软件编程

首先定义引脚 5 为 PWM 输出引脚，A0 为模拟输入引脚，方便在程序中引用。其次，在 setup() 函数中配置引脚模式。在 loop() 函数中，用 analogRead() 函数读取模拟端口 A0 的值，将其映射至 0～255，以此控制引脚 5 输出不同脉宽的 PWM 波，达到对 LED 灯亮度的控制。

```
//代码清单 3-3-3:可调光 LED 灯
int potentiometerPin = A0;
int redPin = 9;   //控制三色 LED 灯的 G 端
int bluePin = 6;  //控制三色 LED 灯的 B 端
int greenPin = 5; //控制三色 LED 灯的 R 端
int sensorValue = 0;
int outputValue = 0;
int val = 0;
void setup() {
    // put your setup code here, to run once:
}

void loop() {
    // put your main code here, to run repeatedly:
```

```
    sensorValue = analogRead(potentiometerPin);   //采集电位器的电压值
    outputValue = map(sensorValue,0,1023,0,255);  //映射到 PWM 模拟输出的脉宽范围
    analogWrite(redPin,outputValue);           //输出 PWM
    analogWrite(bluePin,128-outputValue);      //输出 PWM
    analogWrite(greenPin,255-outputValue);     //输出 PWM
}
```

3)观察实验结果

编译并上传程序,观察实验结果。调节电位器,可看到三色 LED 灯颜色变化。

习题

1. 用 Arduino 开发板设计一个专属小夜灯,实现“拍一拍”呼吸灯点亮,“拍一拍”切换模式。

2. 设计一个三种颜色交替变化的节日灯带。

3.4　串行通信

设备之间的通信方式分为并行通信和串行通信,并行通信的数据位是同时发送的,传输速度快,但占用资源多,无法长距离传输。串行通信的数据位是按顺序传输的,相比于并行通信传输速度较慢,但占用资源少,可远距离传输。串行通信是微处理器常用的数据传输方式。

串行通信按照数据传输方向分为单工通信、半双工通信和全双工通信。单工通信指只支持数据在一个方向上传输。半双工通信允许数据在两个方向上传输,但在某一时刻,只允许数据在一个方向上传输,它实际上是一种切换方向的单工通信。全双工允许数据同时在两个方向上传输,因此,全双工通信是两个单工通信方式的结合,需要独立的接收端和发送端。

串行通信按照通信方式可分为同步通信(USART:Universal Synchronous/Asynchronous Receiver/Transmitter)和异步通信(UART:Universal Asynchronous Receiver/Transmitter)。同步通信带时钟同步信号,收发设备上会使用一根信号线传输信号,在时钟信号的驱动下双方进行协调,同步数据。例如,通信中通常双方会统一规定在时钟信号的上升沿或者下降沿对数据进行采样。异步通信不使用时钟信号进行数据同步,而是直接在数据信号中穿插一些用于同步的信号位,或者将主体数据进行打包,以数据帧的格式传输数据。通信中,双方需要规定数据的传输速率(也就是波特率),以便更好地同步。通常波特率有 4800 Bits/s、9600 Bits/s、115200 Bits/s 等。

Arduino UNO 采用 UART 通信方式,有硬件串口和软件模拟串口两种方式。通常将 Arduino UNO 上自带的串口 0(RX)、1(TX)称为硬件串口,可与外围串口设备通信,Arduino UNO 开发板上还有两个 LED 灯用于指示 RX 和 TX 的情况。使用 SoftwareSerial 类库模拟的串口,称为软件模拟串口(简称软串口)。

UART 通信需要 3 根线,TX、RX 和 GND。TX 是数据发送引脚,RX 是数据接收引脚。

两个设备进行串口通信时，两个串口设备的 TX、RX 应交叉连接，GND 连接在一起，如图 3-33 所示。

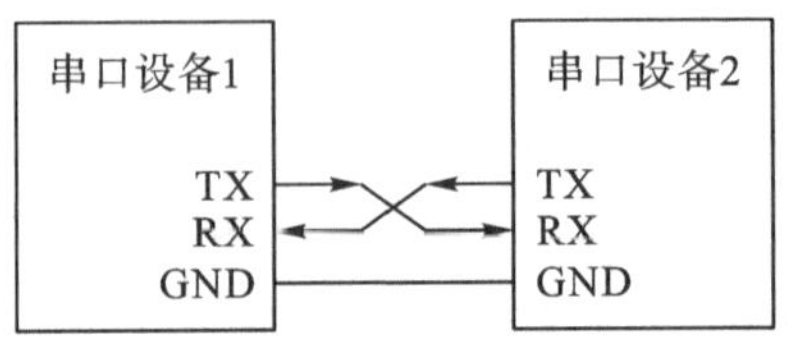

图 3-33　两个串行通信设备连接

3.4.1　Arduino 与计算机通信

Arduino 开发环境内置串口监视器，可用于计算机与 Arduino 开发板通信。串口监视器是一个多功能串口调试、监控软件，具有数据发送、显示的功能，借助它来调试串口通信或者系统的运行状态，可以提高工作效率。在使用串口监视器时，程序中设定的波特率应与串口监视器中的波特率一致。

1. 实验任务

通过 Arduino UNO 串口监视器与计算机互发数据，实现以下功能：

(1)Arduino 向计算机发送字符：在 Arduino 开发环境的串口调试器观察计算机接收的字符。

(2)计算机向 Arduino 发送字符：通过 Arduino 开发环境的串口调试器向 Arduino UNO 开发板发送字符，若发送 1，则 Arduino UNO 上 13 号引脚自带的 LED 灯点亮，若发送 2，则 13 号引脚的 LED 灯熄灭。

2. 知识基础

1)串口发送数据

Arduino UNO 向串口发送数据是通过函数 Serial. print()和 Serial. println()将数字、字符或字符串发送至串口的，发送数据时以 ASCII 码形式发送，串口监视器接收到 ASCII 码，会显示对应的字符。Serial. print()是将数据打印至串口，浮点数默认保留两位小数，数字、字符和字符串按原样发送。Serial. println()是在 Serial. print()基础上增加了回车换行。

2)串口接收数据

Arduino UNO 串口接收数据是从 RX 引脚一位一位接收，每传输完成一个字节，就会在串口中断进行处理。当接收到数据后，可通过函数 Serial. available()查看缓存区内的字节数，然后用 Serial. read()读取数据。Serial. read()函数读取数据时一次只能读取一个字节，当接收到多个字节的数据时，就要反复调用这个函数读取数据，另外，这个函数在读取一个字节后，该字节的数据便从缓存区中清除。如果只读取，而不清除，可以用 Serial. peak()函数。

HardwareSerial 是 Arduino 核心库中的硬件控制串口通信函数，Arduino 默认包含了该函数，因此不需要使用 include 语句调用，其成员函数见表 3-5。

表 3-5　Arduino 内置的串口通信函数

函数	参数取值	返回值	功能
if(Serial)	无	true:串口准备就绪 false:串口未准备就绪	串口是否就绪
Serial.available()	无	可读取的字节数	判断缓冲区的状态,返回从串口缓冲区读取的字节数(字符)
Serial.availableForWrite()	无	可写入的字节数	获取可在串行缓冲区中写入的字节(字符)数
Serial.begin(speed)	speed:波特率,一般选择 9600,115200 等	无	开启串行通信,设置串行数据传输的数据速率
Serial.end()	无	无	禁止串行通信
Serial.print()	数字/字符/字符串	返回写入的字节数,但一般不需要读取该数字	将数据打印至串行端口,浮点数默认保留两位小数,数字、字符和字符串按原样发送
Serial.println()	数字/字符/字符串	返回写入的字节数,但一般不需要读取该数字	将数据打印至串口,后面跟回车符和换行符
Serial.read()	无	读取串行端口数据的第一个字节。若无数据,则返回-1	读取传入的串行数据
Serial.setTimeout(time)	time:等待时间(ms)	无	设置等待串行数据的最大毫秒数,默认值为 1000ms

3)实验材料

计算机,Arduino 开发板。

4.实验过程

1)硬件连接

本实验不用连接外部电路。

2)软件编程

```
//代码清单 3-4-1:Arduino 与计算机进行串行通信
1.   int led = 13;
```

```
void setup() {
  // put your setup code here, to run once:
  pinMode(led, OUTPUT);
  Serial.begin(9600);
  int n=Serial.availableForWrite(); //获取可在串行缓冲区中写入的字节
  Serial.println(n);          //串口打印并换行
  Serial.println(583);        //串口发送数字并换行
  Serial.println('x');       //串口发送字符并换行
   Serial.println("Hello!");  //串口发送字符串并换行
}

void loop() {
  // put your main code here, to run repeatedly:

  if(Serial.available() > 0) {   // 如果缓冲区中有数据,
      char ch = Serial.read();  //读取缓冲区数据,存入 ch
      Serial.println(ch);          //串口打印收到的字符
    if (ch == '1'){
       digitalWrite(led, HIGH);
     }
    else if (ch == '2'){
       digitalWrite(led, LOW);
     }
   }
}
```

3)观察实验结果

编译并上传程序,观察实验结果。如图 3-34 所示,上传程序后,打开串口调试器,可看到在 setup()函数中通过 Serial. println()打印至串口调试器的数据、字符和字符串,说明 Arduino 通过串口成功向计算机发送信息。在串口监视器上方输入框中输入"xyz",单击"发送",在串口调试器窗口可看到串口调试器依次显示 x、y 和 z,说明接收数据是一位一位地接收。在串口监视器输入框中输入 1,单击"发送",可看到 Arduino UNO 开发板 13 号引脚连接的 LED 灯点亮,输入 2,单击"发送",则 LED 灯熄灭,说明计算机通过串口调试器成功与 Arduino UNO 通信。

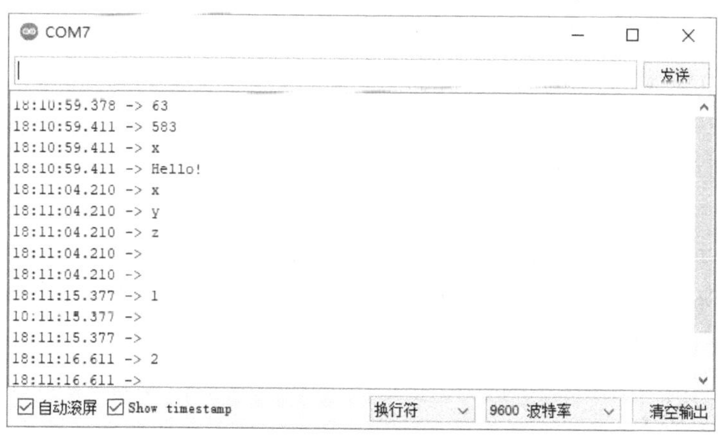

图 3-34　串口调试器窗口

3.4.2　Arduino 与移动设备通信

蓝牙是一种支持设备短距离通信(一般距离为十几米)的无线电技术,能在包括移动电话、无线耳机、笔记本电脑等相关外设之间进行无线信息交换,消除了设备之间的连线需求,以无线连接取而代之,使数据传输更加高效。目前,蓝牙技术已广泛应用在居家及办公场所,实现了手机、耳机、音响、键盘、鼠标、打印机等设备间的无线连接,增加了空间美感,也给人们提供了更多的便捷和自由。

1. 实验任务

(1)采用硬串口,实现 Arduino UNO 连接蓝牙与手机通信,进行数据传输。

(2)采用软串口,实现 Arduino UNO 连接蓝牙与手机通信,进行数据传输。

2. 知识基础

1)蓝牙 HC05 模块

利用蓝牙技术在每一对设备之间进行蓝牙通信时,必须使一个为主角色(主端),另一个为从角色(从端),才能进行通信。通信时,必须由主端进行查找,发起配对,连接成功后,双方才可收发数据。一个蓝牙设备以主模式发起呼叫时,需要知道对方的蓝牙地址,配对密码等信息,配对完成后,可直接发起呼叫。

ATK-HC05 是一款高性能的主、从一体蓝牙串口模块,可以同各种带蓝牙功能的电脑、蓝牙主机、手机等智能终端配对,该模块支持非常宽的波特率范围:4800～1382400 bit, TTL 接口,兼容 5 V 或 3.3 V 单片机系统,在空旷场地的通信距离为 10 m,使用非常灵活方便,出厂时模块默认为从机模块,默认配对密码为 1234。图 3-35 为蓝牙 HC05 模块及其引脚说明。

VCC：接VCC电源，供电范围为3.3~5 V
GND：接外部电路的地
TXD：模块串口发送脚，可接单片机的RXD
RXD：模块串口接收脚，可接单片机的TXD
KEY：用于进入AT指令状态，高电平有效
LED：配对状态输出指示灯

图 3-35　蓝牙 HC05 模块及其引脚说明

HC05 模块上自带一个状态指示灯 STA，该灯有 3 种状态，分别为：①在模块上电的同时(或之前)，将 KEY 设置为高电平(接 VCC)，此时 STA 慢闪(1 次/秒)，模块进入 AT 指令状态；②在模块上电时，将 KEY 悬空或接 GND，此时 STA 快闪(2 次/秒)，表示模块可进入配对状态；③模块配对成功，此时 STA 双闪(一次闪 2 下，0.5 次/秒)。

2)软串口

Arduino UNO 上自带的串口 0(RX)、1(TX)称为硬件串口，用于与计算机进行通信，在这两个引脚上连接外设，将导致程序上传失败，故在上传程序时不应在引脚 0(RX)，1(TX)上连接外设，建议直接将外部串口设备连接至软件模拟串口上。

软串口的操作类为 SoftwareSerial，定义于 SoftwareSerial. h 源文件中，使用软串口需要先声明包含 SoftwareSerial. h 的头文件，并在程序中需要手动创建软串口对象，调用 SoftwareSerial 类的构造函数，指定软串口 RX 和 TX 引脚，如 SoftwareSerial mySerial(rxPin，txPin)。注意，表 3-5 中的函数在软串口中同样可以使用。

3. 实验材料

计算机、Arduino UNO 开发板、蓝牙 HC05 模块，安装有蓝牙传输助手 SPP 应用程序的智能手机。

4. 实验过程 1

任务 1：采用硬串口，实现 Arduino UNO 连接蓝牙与手机通信，进行数据传输。

1)硬件连接

将蓝牙 HC05 模块连接至 Arduino 控制板，对应连接线如图 3-36 所示。

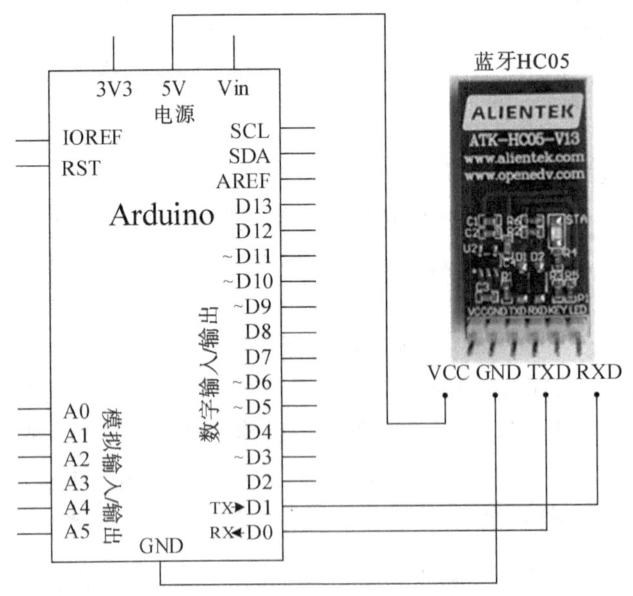

图 3-36　蓝牙 HC05 模块与 Arduino 连接示意图

2)配置手机蓝牙助手 SPP

在手机上安装蓝牙串口 SPP 应用程序并打开。单击“连接”，搜索周围的蓝牙设备，单击搜索到的“HC－05”，弹出如图 3－37(a)所示蓝牙配对请求窗口，输入默认密码为 1234，单击确定。若连接成功，则界面上方显示 HC－05，如图 3－37(b)所示。

(a) 搜索设备并输入密码　　(b) 连接成功界面

图 3－37　手机蓝牙调试助手 SPP 界面

3)软件编程

首先定义引脚，在 setup()函数中，定义引脚的模式，设置波特率。在 loop()函数中先判断串口缓冲区是否有数据，若有数据，读取数据，将其打印至串口，然后判断接收到的数据，根据接收的数据控制 LED 灯的亮灭。

```
//代码清单 3-4-2:Arduino UNO 开发板与蓝牙 HC05 模块通信
int led = 13;
void setup() {
  // put your setup code here, to run once:
  pinMode(led,OUTPUT);
  Serial.begin(9600);      //设置波特率
}

void loop() {
  // put your main code here, to run repeatedly:
  if(Serial.available() > 0) {   //判断缓冲区中是否有数据
    char ch = Serial.read();   //读取缓冲区数据,存入 ch
    Serial.print(ch);          //通过蓝牙将接收到的字符再发送至手机
    if (ch == '1'){            //若接收到 1,点亮 LED 灯
```

```
        digitalWrite(led, HIGH);
    }
    else if(ch == '2'){          //若接收到 2,熄灭 LED 灯
        digitalWrite(led, LOW);
    }
  }
}
```

4)观察实验结果

编译并上传程序,观察实验结果。从手机蓝牙助手发送字符 1,Arduino UNO 开发板自带 LED 灯点亮,发送字符 2,LED 灯熄灭,如图 3-38 所示。

(a) 串口自监视器　　(b) SPP界面

图 3-38　实验监视器窗口和手机蓝牙 SPP 助手界面

注意,上传程序时,需要断开 Arduino UNO 串口引脚 0、1 与蓝牙模块 TX 和 RX 的连线。上传成功后再连接 TX 和 RX 连线。

5. 实验过程 2

任务 2:采用软串口,实现 Arduino UNO 连接蓝牙与手机通信,进行数据传输。

1)硬件连接

采用软串口实现 Arduino UNO 连接蓝牙与手机通信时,将数字引脚 2 和 3 定义为软串口的 TX 和 RX 引脚,故在电路连接时,应将蓝牙模块的 TXD 端连接至 Arduino UNO 开发板的数字引脚 3,将蓝牙模块的 RXD 端连接至 Arduino UNO 开发板的数字引脚 2,如图 3-39 所示,蓝牙模块的 VCC 和 GND 分别连接至 Arduino UNO 开发板的 5 V 和 GND 引脚。

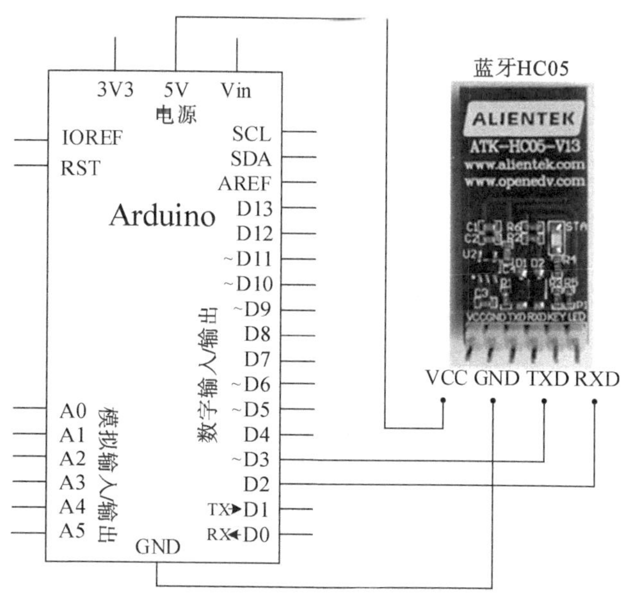

图 3-39 硬件连接电路图

2)软件编程

使用软串口时，首先用 SoftwareSerial 类实例化一个 bluetooth 对象，在 setup()函数中，定义引脚，设置波特率。在 loop()函数中先判断串口缓冲区是否有数据，若有数据，读取数据，将其打印至串口，然后判断接收到的数据，根据接收的数据控制 LED 灯的亮灭。

```
//代码清单 3-4-3:采用软串口，实现 Arduino UNO 连接蓝牙与手机通信
#include "SoftwareSerial.h"
int led = 13;
SoftwareSerial bluetooth = SoftwareSerial(3, 2);//实例化一个 bluetooth 对象 rxPin=3,txPin=2
void setup() {
  // put your setup code here, to run once:
  pinMode(13, OUTPUT);
  bluetooth.begin(9600);  //设置波特率
  bluetooth.println("hi,this message is from Arduino.");   //通过软串口发送字符
}

void loop() {
 // put your main code here, to run repeatedly:
 if(bluetooth.available() > 0) { //判断缓冲区中是否有数据
   char ch=bluetooth.read();   //读取缓冲区数据，存入 ch
   bluetooth.print(ch);        //通过蓝牙将收到的字符再发送至手机
```

```
    if (ch == '1'){                         //若 Arduino UNO 接收到 1,点亮 LED 灯
      digitalWrite(led, HIGH);
    }
    else if(ch == '2'){                     //若 Arduino UNO 接收到 2,熄灭 LED 灯
      digitalWrite(led, LOW);
    }
  }
}
```

3)观察实验结果

编译并上传程序,实验测试结果与用硬件串口做出的效果一致。

注意,使用软串口时,在上传程序时不需要断开蓝牙与 Arduino UNO 的连线。

3.4.3 Arduino 之间的串行通信

当系统中采用多个 Arduino UNO 开发板进行联合控制时,需要在两个或多个 Arduino UNO 开发板之间进行通信,本节介绍如何通过串口实现两个 Arduino 开发板之间的通信。

1. 实验任务

将一个 Arduino UNO 开发板作为信息发出端(主机),第二个 Arduino UNO 开发板作为信息接收端(从机),采用串口进行信息收发。

2. 知识基础

在进行串口通信时需要注意,通信对象之间的波特率应保持一致,且两个设备的 GND 一定要连接在一起。

3. 实验材料

计算机和 2 个 Arduino UNO 开发板。

4. 实验过程

1)硬件连接

本实验需将作为信息发出端的 Arduino UNO 开发板的 TX 端,连接至接收端 Arduino UNO 的 RX 端,并将 GND 连接在一起。注意,给 Arduino 开发板上传程序时,不应连接 TX/RX 端的连接线,否则将导致上传失败。电路及硬件连接如图 3-40 所示。

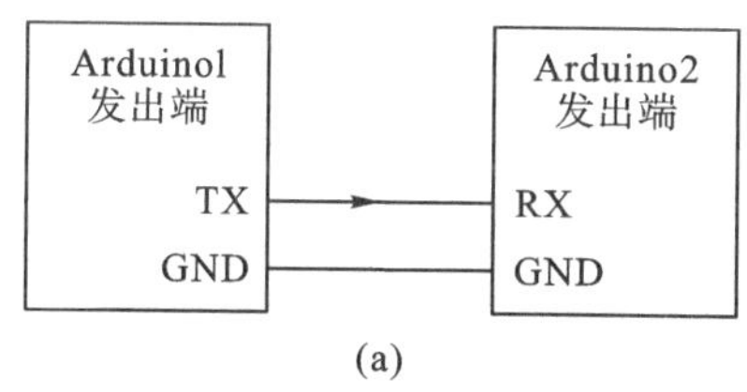

(a)

(b)

图 3-40　两个 Arduino UNO 通信的电路及硬件连接

2)软件编程

将第一块 Arduino 开发板作为信息发出端,依次发出字符“1”和“2”,间隔 1 s。

```
//代码清单 3-4-4:两个 Arduino UNO 之间进行串行通信
void setup() {
  // put your setup code here, to run once:
    Serial.begin(9600);      //设置波特率
}

void loop() {
  // put your main code here, to run repeatedly:
    Serial.print(1);       //串口输出字符 1
    delay(1000);           //延迟 1000ms
    Serial.print(2);       //串口输出字符 2
    delay(1000);           //延迟 1000ms
}
```

注意:第二块 Arduino 开发板作为信息接收端,可以提前上传 3.4.2 节的代码清单 3-4-2。

3)观察实验结果

编译并分别给两块开发板上传程序。可观察到第二块接收 Arduino 开发板上的 13 号引脚上的灯点亮 1 s,熄灭 1 s,说明第一块 Arduino UNO 开发板通过串口成功发送数据至第二块 Arduino 开发板,实现了通信。

习题

1.读取串口字符串。

提示:使用 Serial.read()函数每次仅能读取一个字节的数据,如果要读取一个字符串,可以使用"+="运算将字符依次添加到字符串中。

2.制作一个能够调节风量大小的蓝牙遥控小风扇。

3.5 中断

对单片机来讲,在程序的执行过程中,由于某种外界原因,必须终止当前的程序而去执行相应的处理程序,待处理结束后再回来继续执行被终止的程序的过程叫中断。生活中,计算机键盘,家用电器按键输入等,对单片机来说都属于外部中断,无法预知,但又需要及时做出响应。单片机的中断系统是为了使单片机能够对外部或内部随机发生的事件进行实时处理而设置的。中断提高了单片机的实时处理功能和执行效率。中断流程图如图 3-41 所示。

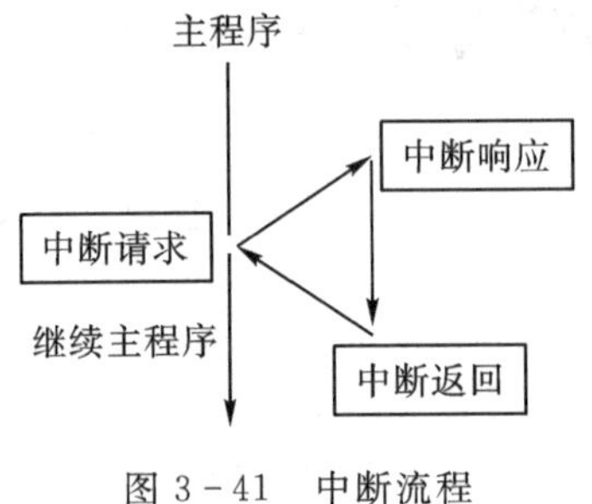

图 3-41　中断流程

中断的优点:

(1)实时控制。利用中断技术,各服务对象和功能模块可以根据需要,随时向 CPU 发出中断申请,并使 CPU 为其工作,以满足实时处理和控制需要。

(2)分时操作。提高 CPU 利用率,只有当服务对象或功能部件向单片机发出中断请求时,单片机才会转去为它服务。这样,利用中断功能,多个服务对象和部件就可以同时工作,从而提高了 CPU 的效率。

(3)故障处理。单片机系统在运行过程中突然发生硬件故障、运算错误及程序故障等,可以通过中断系统及时向 CPU 发出中断请求,使 CPU 转到响应的故障处理程序进行处理。

3.5.1 Arduino 外部中断

1.实验任务

(1)用 Arduino UNO 计数按键按下次数。

(2)用按键控制 LED 灯的闪烁频率在 200 ms 和 1 s 之间切换。

2.知识基础

在 Arduino UNO 开发板上有两个可以接收外部中断的引脚,即数字引脚 2(0 号中断)和 3(1 号中断),中断是由引脚的电平改变触发的。Arduino 基础函数中有 4 个用于中断功能的函数，分别是 attachInterrupt()，detachInterrupt() ，interrupt()和 noInterrupt()，函数原型和功能见表 3-6。

表 3-6　中断控制函数

函数	参数取值	返回值	功能
attachInterrupt(digitalPinToInterrupt(pin)，ISR，mode)	函数 digitalPinToInterrupt(pin)用于将输入 pin(引脚 2 或引脚 3)口转换成对应的中断号；ISR(Interrupt Service Routine，中断服务程序)为中断服务函数的名称；Mode：中断触发模式	无	对中断引脚进行初始化配置
detachInterrupt(digitalPinToInterrupt(pin))	pin：引脚 2 或引脚 3	无	关闭给定中断
interrupt()	无	无	重新启用中断
noInterrupt()	无	无	禁止中断

attachInterrupt()函数中的参数 mode 为中断触发条件，有 4 种模式，见表 3-7。

表 3-7　中断触发条件

取值	含义
LOW	当中断所在 pin 引脚为低电平时触发
CHANGE	当中断所在 pin 引脚电平改变时触发
RISING	当中断所在 pin 引脚从低电平变为高电平(上升沿)时触发
FALLINF	当中断所在 pin 引脚从高电平变为低电平(下降沿)时触发

使用中断时，需要在初始化 setup()函数中使用中断函数 attachInterrupt()对中断引脚进行初始化配置，以开启 Arduino 控制器的中断功能。不使用中断时，可以用 detachInterrupt()函数关闭中断功能。interrupt()函数能够在被 noInterrupts()禁用中断后重新启用中断。中断允许一些重要任务在后台运行，默认状态是启用的。禁用中断后一些函数可能无法工作，传入信息可能被忽略。noInterrupt()：禁用中断(可以使用 interrupts()重新启用它们)。故可以将关键的、时间敏感的代码放在 noInterrupts()函数之后，将其他代码放在 interrupts()函数之后，例如：

```
void setup() {}
void loop() {
noInterrupts()；
  //关键的、时间敏感的代码放在此处
  interrupts()；
  //其他代码放在此处
}
```

在 Arduino 中使用中断时需要注意的问题：

(1)由于中断会打断主程序，因此 ISR 应该尽可能快地执行完毕。

(2)通常全局变量用于在 ISR 和主程序之间传递数据。为了确保 ISR 和主程序之间共享的变量正确更新，应将其声明为 volatile 类型。

(3)在 ISR 中不能使用其他中断实现的函数，如 millis()，delay() 等。延迟可以用 delayMicroseconds()，该函数不是用中断实现的。

(4)ISR 不能有任何参数，不返回任何信息。

3. 实验材料

计算机、Arduino UNO 开发板、开关、电阻、LED 灯。

4. 实验过程 1

任务 1：用 Arduino UNO 计数按键按下次数。

1)硬件连接

如图 3-42 所示为硬件连接电路原理图。数字引脚 2 为中断引脚，连接开关和电阻串联电路，开关未按下时，引脚为低电平。D6 引脚连接一个 LED 灯，并串联一个 200 Ω 限流电阻。实际电路连接如图 3-43 所示。

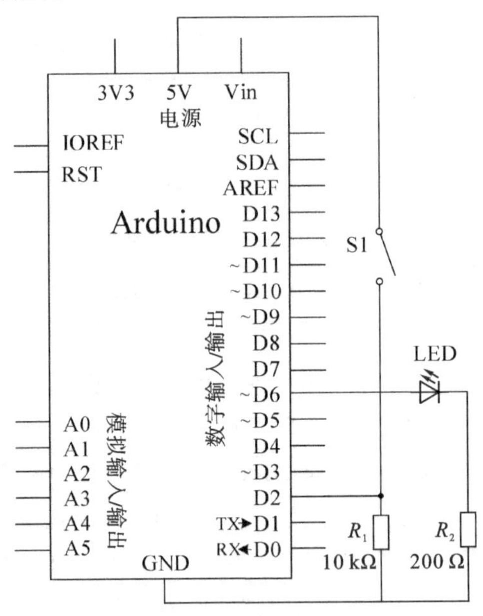

图 3-42 硬件连接电路原理图

图 3-43　实验电路接线

2)软件编程

在 setup()函数中定义中断函数 keyinterrupt()为下降沿触发，当开关按下并松开后，引脚 2 上有一个下降沿，触发中断。在中断函数 keyinterrupt()中，计数值 x 加 1，点亮 LED 灯，在 loop()函数中熄灭 LED 灯。打印 x 值。

//代码清单 3-5-1：计数开关按下次数

```
int key1 = 2;  //定义 key1 引脚
int LED = 6;  //定义 LED 灯引脚
volatile int x = 0;
int keyFlag = 0;
void setup() {
  // put your setup code here, to run once:
  Serial.begin(9600);
  pinMode(LED, OUTPUT);
  attachInterrupt(digitalPinToInterrupt(key1), keyinterrupt, FALLING);//定义中断
}

void loop() {
 // put your main code here, to run repeatedly:
 if (keyFlag == 1) {
   digitalWrite(LED, LOW);
   delay(10);
   Serial.print("计数值为:");  //串口打印输出
```

```
    Serial.println(x, DEC);      //按十进制打印 x 至串口调试器窗口
    keyFlag = 0;
  }
}

void keyinterrupt() {      //keyinterrupt 中断函数
  keyFlag = 1;
  x++;
  digitalWrite(LED, HIGH);
}
```

3)观察实验结果

编译并上传程序,打开串口调试器,按下按键可看到程序中串口调试器中的按键计数结果,如图 3-44 所示。

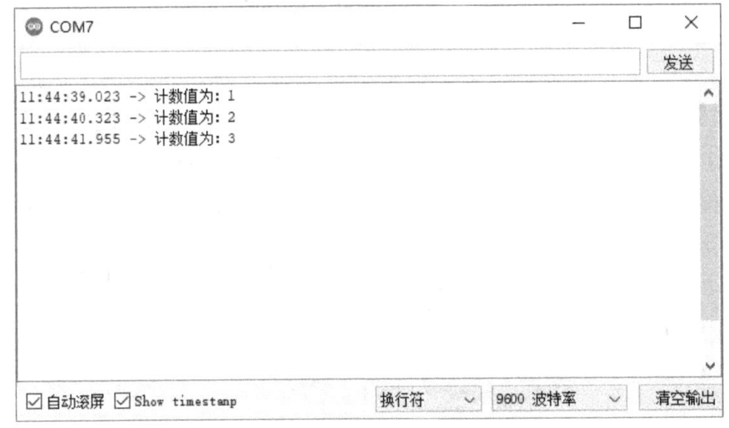

图 3-44　按键按下计数结果

任务 2:用按键控制 LED 灯的闪烁频率在 200 ms 和 1 s 之间切换。

5. 实验过程 2

1)硬件连接

本任务的接线方式与图 3-42 相同。

2)软件编程

在 setup()函数中定义中断函数 keyinterrupt()为上升沿触发,当开关按下后,引脚 2 上有一个上升沿,触发中断函数执行。在中断函数中将中断标志位 keyflag 置 1,同时按键状态标志位 key1State 取反。定义 LED_flash()函数控制 LED 灯的闪烁频率。在主函数 loop()中如果中断标志位 keyflag 为 1,说明发生中断,按键按下,此时根据按键状态控制 LED 灯 1 的闪烁频率。

```
//代码清单 3-5-2:按键中断控制 LED 灯闪烁频率切换
int key1 = 2;    //定义 key1 引脚
```

```
int led1 = 6;    //定义 LED1 引脚
volatile int x = 0;
int keyFlag = 0;
void setup() {
  // put your setup code here, to run once:
  Serial.begin(9600);
  pinMode(led1, OUTPUT);
  attachInterrupt(digitalPinToInterrupt(key1), keyinterrupt, FALLING);//定义中断
}

void loop() {
  // put your main code here, to run repeatedly:
  if (keyFlag == 1) {
    digitalWrite(led1, LOW);
    delay(10);
    Serial.print("计数值为:");    //串口打印输出
    Serial.println(x, DEC);      //按十进制打印 x 至串口调试器窗口
    keyFlag = 0;
  }
}

void keyinterrupt() {
  //keyinterrupt 中断函数
  keyFlag = 1;
  x++;
  digitalWrite(led1, HIGH);
}
```

3)观察实验结果

编译并上传程序,按下按键可看到 LED 灯每隔 1 s 亮/灭一次,再次按下按键,可看到 LED 灯每隔 200 ms 亮/灭一次。

3.5.2　Arduino 定时中断

定时器是微控制器中进行时间控制的基本单元。Arduino UNO 微处理器共有 3 个定时器,2 个 8 位定时器分别是定时器 0 和定时器 2;1 个 16 位定时器是定时器 1。这些定时器具有定时和计数功能,可以实现对信号频率的测量、PWM 输出等功能。利用定时器进行定时,当定时时间到达时,让 Arduino UNO 执行一些命令,这个过程可用定时中断函数实现。应用

单片机内部定时器产生的中断，称为定时中断。Arduino 没有直接的定时中断库函数，但可以使用开源的定时中断库函数，本书使用开源库 MsTimer2. h。

1. 实验任务

利用 Arduino UNO 定时中断实现 LED 灯以 200 ms 的周期闪烁。

2. 知识基础

Arduino 中有很多开源库，可以加快开发并简化程序。在定时器实验中，需要安装 MsTimer2. h 库。

在 MsTimer2 库中，包括以下几个函数：

```
void set(unsigned long ms, void ( * f)()); //设定定时时间，和中断函数名称
void start();//定时器中断开启
void stop();//定时器中断关闭
void _overflow();//溢出
```

3. 实验材料

计算机、Arduino UNO 开发板。

4. 实验过程

1)硬件连接

本实验不需要连接外部 LED 灯，利用 Arduino UNO 开发板数字引脚 13 自带的 LED 灯观察实验结果。

2)软件编程

(1)安装开源库 MsTimer2. h。详细安装步骤如下：

步骤 1:菜单栏选择“工具”—“管理库”，弹出如图 3 - 45 所示库管理器窗口。

步骤 2:单击“安装”，在弹出窗口中选择“Install all”。

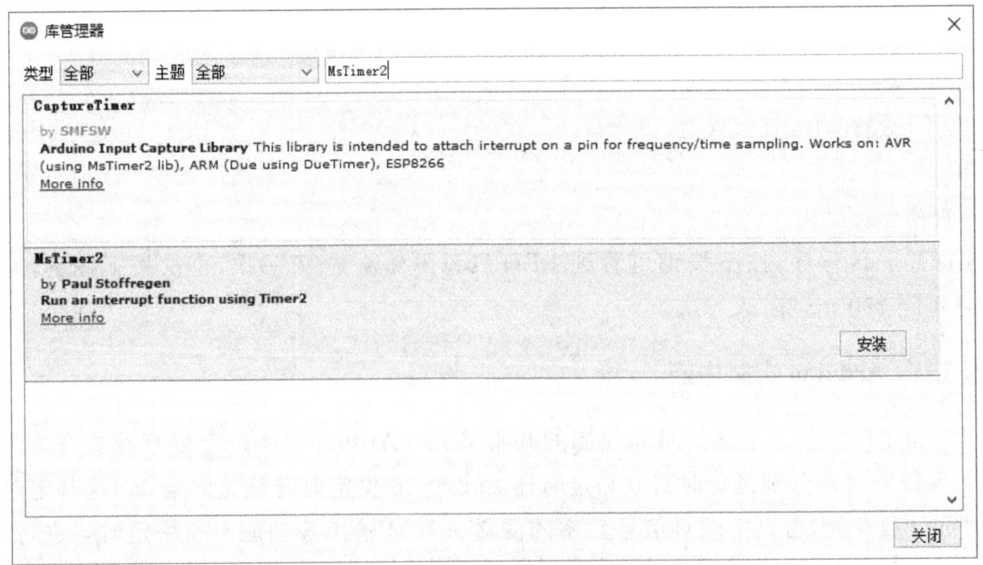

图 3 - 45　库管理器窗口

(2)软件代码。

```
//代码清单 3-5-3:定时中断实现 LED 灯闪烁
#include <MsTimer2.h>            //定时中断库
int LED =13;
void setup() {
  // put your setup code here, to run once:
  MsTimer2::set(200, LedFlash); //设置定时时间为 200 ms,定时中断函数为 LedFlash
  MsTimer2::start();            //中断使能
  pinMode(LED, OUTPUT);
}

void loop() {
  // put your main code here, to run repeatedly:
}
voidLedFlash() {
  static boolean ledstate = true;
  digitalWrite(led, ledstate);
  ledstate= ! ledstate;
}
```

3)观察实验结果

编译并上传程序,观察实验结果。在 Arduino UNO 开发板上可看到 13 号引脚连接的 LED 灯以 200 ms 的周期闪烁。

习题

1. 在例程 3-5-1 的实验中,会出现按键按下 1 次,计数值增加不止 1 次的情况,如何使按键按下一次,计数值只增加 1? 提示:按键消抖。

2. 利用定时器中断产生计时脉冲,然后进行秒计数、分计数和小时计数。

3.6 显示

显示屏是用来显示文字、图像、视频等信息的设备,可以帮助用户及时了解电子系统的工作状态,或各类传感器数值,方便进行人机交互。在我们生活的环境中随处可见应用在各类电子电器产品上的显示屏,如商业领域中的 POS 机、复印机,消费类电子产品中的智能手机、手表、数码相机,工业领域中的仪器仪表等。显示设备的种类很多,不同尺寸、不同控制核心的显示设备，驱动方式都不尽相同，最常用的有两种接口：I2C 和 SPI 接口。本节介绍如何用 Arduino UNO 连接显示设备，并将数据输出到显示设备上。

3.6.1 OLED 灯显示屏

I2C(Inter - Integrated Circuit)总线是由 Philips 公司开发的一种简单、双向二线制同步串行总线。I2C 总线一般有两根信号线，一根是双向数据线 SDA，另一根是时钟线 SCL。所有接到 I2C 总线上各设备的 SDA 都要接到总线的 SDA 上，各设备的时钟线 SCL 也要接到总线的 SCL 上。图 3-46 为 I2C 总线设备连接示意图。

与串口的一对一通信方式不同，总线通信通常有主机和从机之分。所谓主机是指启动数据的传送(发出启动信号)、发出时钟信号以及传送结束时发出停止信号的设备，通常主机都是微处理器。被主机寻访的设备称为从机。为了进行通信，每个接到 I2C 总线的设备都有一个唯一的地址，以便被主机寻访。I2C 总线的数据传输由主机控制，可以由主机发送数据到从机，也可以由从机发到主机。总线上每个器件都有一个唯一的地址，最多可连接 128 个不同的设备。I2C 总线是各种总线中使用信号线最少，并具有自动寻址、多主机时钟同步和仲裁等功能的总线，在实际电子产品中应用广泛。

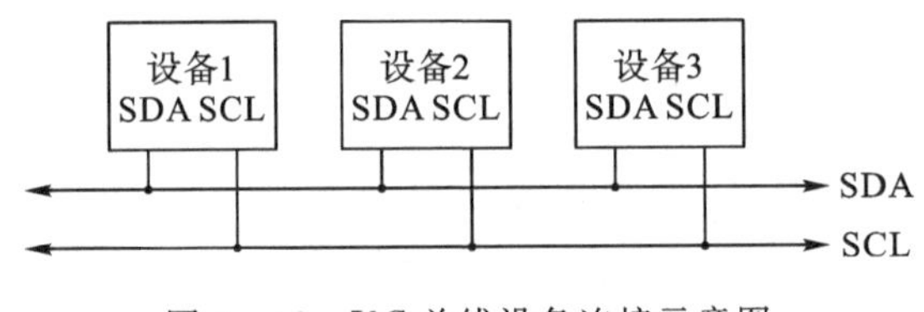

图 3-46 I2C 总线设备连接示意图

1. 实验任务

(1)用例程库 Adafruit_SSD1306 中的例程控制显示。

(2)自编程序控制显示。

2. 知识基础

1)OLED 显示屏

OLED(Organic Light - Emitting Diode)即有机发光二极管，具有自发光，无需背光电源，对比度高，厚度薄，视角广，反应速度快等优点。OLED 显示屏的核心是单芯片 CMOS OLED 驱动控制器——SSD1306，该驱动器具有用于有机/聚合物发光二极管点阵图形显示系统的控制器、内置对比度控制器、显示 RAM 和振荡器，用于减少外部元件数和功耗，内嵌128×64位共 1 kB 的 SRAM 显示缓冲区，该控制器专为普通阴极型 OLED 面板设计，适用于许多小型便携式器件，如 MP3 播放器和计算器等。

图 3-47 为 12864OLED 显示屏及其引脚说明，尺寸为 0.96 寸，即 27 mm(长)×26 mm(宽)×4mm(高)，分辨率为 128×64，芯片有四个引脚，通过 I2C 通信协议与 Arduino UNO 通信，供电电压范围为 3.3～5 V。

GND：接地
VCC：供电 3.3~5 V
SCL：时钟线
SDA：数据线

图 3 - 47　0.96 寸 12864OLED 显示屏及其引脚说明

2)开源库

Arduino 中有关 OLED 显示屏已有开源库，库中用于控制 OLED 显示的常用函数包括：

(1)SSD1306 控制器可驱动不同尺寸的屏幕，使用时先应定义屏幕的分辨率。

Adafruit_SSD1306 display (128,64,&Wire)；//分辨率为 128×64

(2)定义屏幕的 I2C 地址，默认 OLED 灯屏幕的地址是 0x3C。

display. begin(SSD1306_SWITCHCAPVCC, 0x3C)；//设置 OLED 的 I2C 地址

(3)清空屏幕。

display. clearDisplay()；//清空屏幕

(4)屏幕显示更改生效。

display. display()；//使更改的显示生效

3. 实验材料

计算机、Arduino UNO 开发板、OLED 模块。

4. 实验过程 1

任务 1：用例程库 Adafruit_SSD1306 中的例程控制 OLED 显示。

1)硬件连接

将 OLED 模块连接至 Arduino 控制板，对应接线如图 3 - 48 所示。

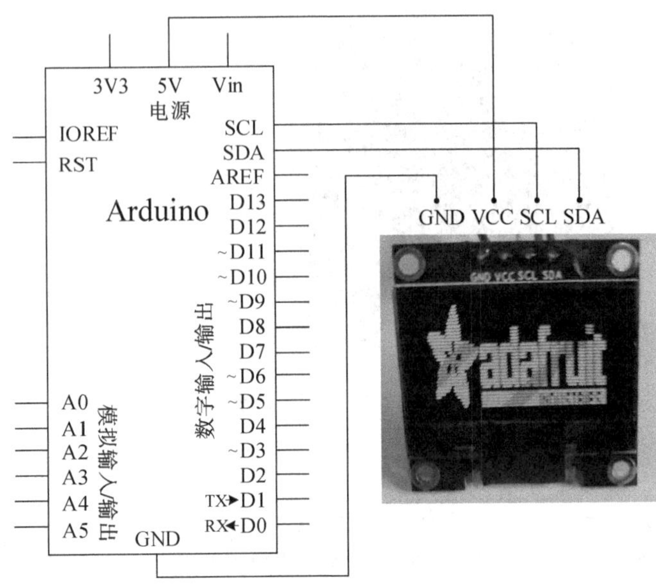

图 3-48　OLED 模块与 Arduino 连接

2)软件编程

(1)安装开源库。安装 Adafruit_GFX_Library 和 Adafruit_SSD1306 库的步骤如下:

步骤 1:菜单栏选择“工具”→“管理库”,弹出如图 3-49 所示库管理器窗口。

步骤 2:单击“安装”,弹出如图 3-50 所示窗口,选择“Install all”。

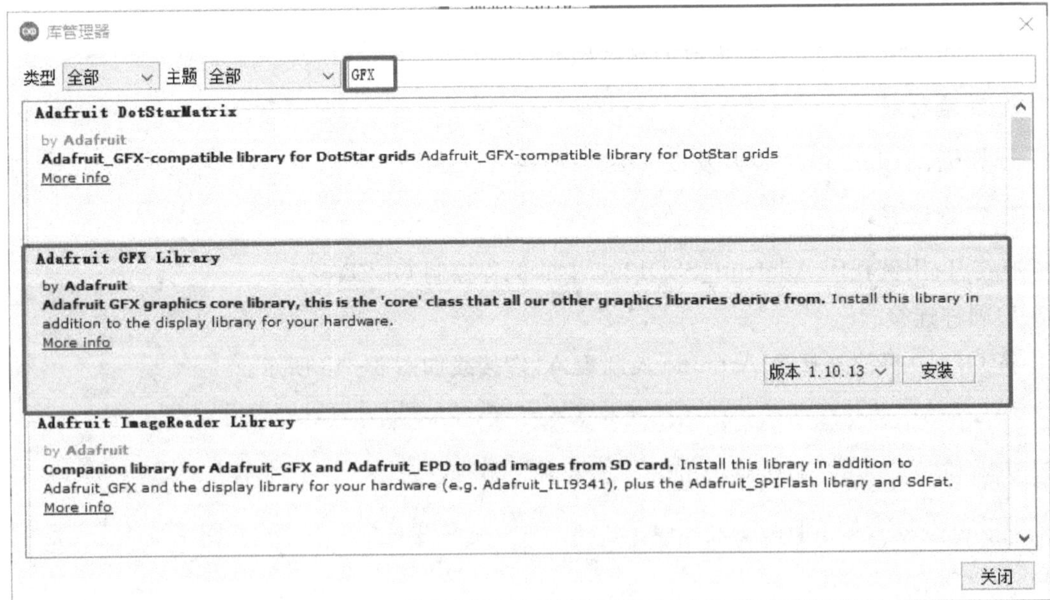

图 3-49　库管理器窗口

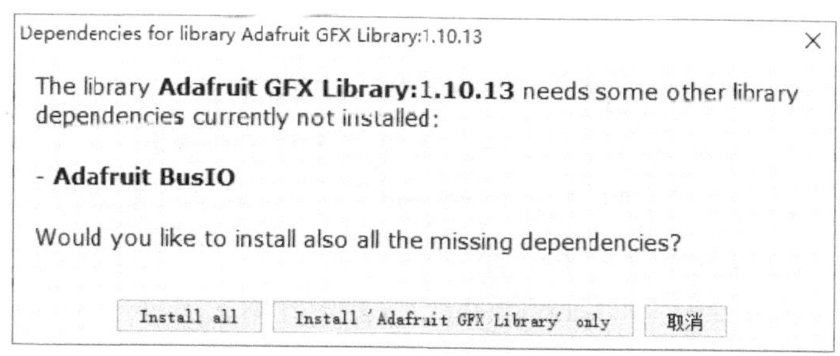

图 3-50　弹出窗口

步骤 3:按照同样的方法,安装 Adafruit_SSD1306 库,直接在库管理器中输入"SSD1306",搜索到 Adafruit_SSD1306 库后,单击"安装"。已经安装的库,在 Arduino IDE 窗口中点击"文件"→"示例"中可查看到。在 Arduino IDE 菜单栏选择"项目"—"加载库",单击需要加载的库,即可在代码中自动添加"#include<xxx. h>库"。

(2)软件代码。

使用例程库的方法是:打开例程:Arduino IDE→文件→示例→Adafruit_SSD1306→ssd1306_128×32_i2C 例程。软件代码见附录 C:实验 3-6-1OLED 显示实验。

3)观察实验结果

编译并上传程序,观察实验结果。OLED 显示屏上的显示结果如图 3-48 所示。

5. 实验过程 2

任务 2:自编程序控制 OLED 显示。

1)硬件连接

本实验电路连接与图 3-48 相同。

2)软件代码

```
//代码清单 3-6-1:Arduino UNO 控制 OLED 显示屏
#include <Wire.h> //加载 Wire 库
#include <Adafruit_GFX.h> //加载 Adafruit_GFX 库
#include <Adafruit_SSD1306.h> //加载 Adafruit_SSD1306 库
#define SCREEN_WIDTH 128          //定义 OLED 的宽度为 128 像素
#define SCREEN_HEIGHT 64          //定义 OLED 的高度为 64 像素
#define SCREEN_ADDRESS 0x3C       //定义 OLED 的地址
//定义一个 Adafruit_SSD1306 对象 display
Adafruit_SSD1306display(SCREEN_WIDTH, SCREEN_HEIGHT, &Wire);
void setup() {
    // put your setup code here, to run once:
 Serial.begin(9600); //设置串口波特率
 display.begin(SSD1306_SWITCHCAPVCC, SCREEN_ADDRESS); //设置 OLED 的 I2C 地址
 display.clearDisplay(); //清空屏幕
```

```
    display.setTextSize(2); //设置字体大小
    display.setTextColor(SSD1306_WHITE); //设置字体颜色
    display.setCursor(0,0); // 设置开始显示文字的坐标
    display.println("Hello! How are you!"); // 输出的字符
    display.println();  //空一行
    display.println("2022/12/12");  //显示日期
    display.display(); //使更改的显示生效
}
void loop() {
    // put your main code here, to run repeatedly:
}
```

3)观察实验结果

编译并上传程序,观察实验结果。在 OLED 显示屏上可看到如图 3-51 所示的显示结果。

图 3-51　LCD1602 液晶屏

3.6.2　LCD1602 液晶屏

1. 实验任务

(1)用 Arduino UNO 驱动 LCD1602 屏幕,显示字符。

(2)用 Arduino UNO 驱动使用含 I2C 接口转接板的 LCD1602 屏幕,显示字符。

2. 知识基础

1)LCD 显示屏

液晶(Liquid Crystal)是一种高分子材料，因其特殊的物理、化学、光学特性，广泛应用在轻薄显示器上。液晶显示器(Liquid Crystal Display,LCD)的主要原理是以电流刺激液晶分子产生点、线、面并配合背部灯管构成画面。各种型号的液晶显示屏通常是按照显示字符的行数或液晶点阵的行、列数来命名的。例如，1602 表示每行显示 16 个字符，一共可以显示 2 行。这类液晶通常称为字符型液晶，只能显示 ASCII 码字符。图 3－52 所示为 LCD1602 液晶显示屏，其引脚定义见表 3－8。

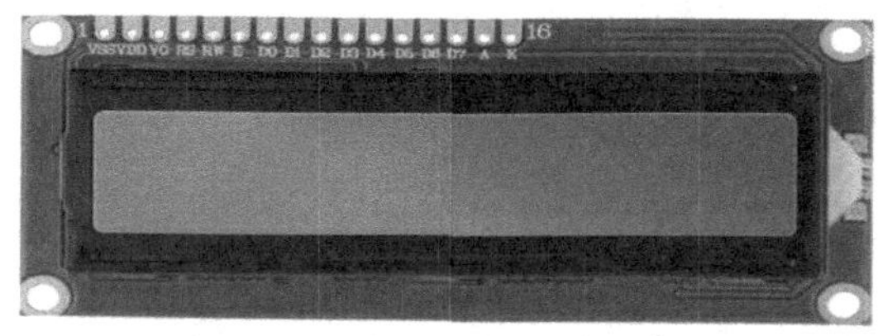

图 3－52　LCD1602 显示屏

表 3－8　LCD1602 显示屏引脚定义

符号	引脚定义
VSS	电源地
VDD	电源正极
V0	液晶显示对比度调整端，接正电源时对比度最弱，接地时对比度最高，使用时可以用一个 10K 的电位器调整对比度
RS	数据/命令选择端，高电平时选择数据寄存器、低电平时选择指令寄存器
R/W	读、写选择端(H/L)，高电平时进行读操作，低电平时进行写操作。当 RS 和 RW 共同为低电平时可以写入指令或显示地址，当 RS 为低电平，RW 为高电平时可以读忙信号，当 RS 为高电平 RW 为低电平时可以写入数据
E	使能信号
D0	Data I/O
D1	Data I/O
D2	Data I/O
D4	Data I/O
D5	Data I/O
D6	Data I/O
D7	Data I/O
BLA	背光电源正极
BLK	背光电源负极

2)开源库

在 Arduino UNO 开源库中已有控制 LCD1602 显示屏的库函数。实验中,需要安装 LiquidCrystal. h库。控制 OLED 灯显示常用的函数有:

Adafruit_LiquidCrystallcd(12,11,5,4,3,2);

LCD1602 屏幕所需 IO 口较多,为节省接口,已有一种带 I2C 接口转接板的 LCD1602 屏幕,如图 3-53 所示,转接板上含一个电位器,可调节屏幕对比度。

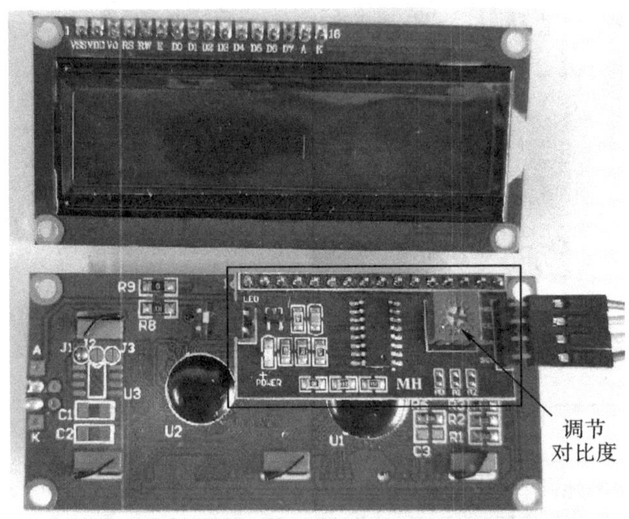

图 3-53　含 I2C 转接板的 LCD1602 显示屏

3. 实验材料

计算机、Arduino UNO 开发板、LCD1602 显示器。

4. 实验过程 1

任务 1:用 Arduino UNO 驱动 LCD1602 屏幕,显示字符。

1)硬件连接

将 LCD1602 模块连接至 Arduino 控制板。由于接线较多,故将对应接线以列表形式给出,见表 3-9。实际电路连接及显示结果如图 3-54 所示。

表 3-9　2 LCD1602 模块与 Arduino UNO 连接对应接线表

LCD1602 引脚	Arduino 引脚
VSS	GND
VDD	5 V
VO	通过 2 kΩ 电阻接地
RS	D12
RW	GND
E	D11

续表

LCD1602 引脚	Arduino 引脚
D4	D5
D5	D4
D6	D3
D7	D2
A	5V
K	GND

图 3 - 54　实际电路连接和 LCD1602 显示屏显示结果

2)软件编程

首先安装开源库,参考 3.6.1 节安装 LiquidCrystal.h 库。安装库后,打开内置例程,根据示例学习控制方法。菜单栏选择“文件”→“示例”→“LiquidCrystal”→“HelloWorld”,例程代码见附录 C:实验 3 - 6 - 2 LCD 1602 液晶屏显示。

3)观察实验结果

编译并上传程序,观察实验结果。在 LCD1602 显示屏上可看到如图 3 - 54 所示的显示结果。

5. 实验过程 2

任务 2:用 Arduino UNO 驱动含 I2C 接口转接板的 LCD1602 屏幕,显示字符。

1)硬件连接

将含 I2C 接口转接板的 LCD1602 模块连接至 Arduino 控制板。对应接线示意图如图 3 - 55所示,实际电路连接和显示效果如图 3 - 56 所示。

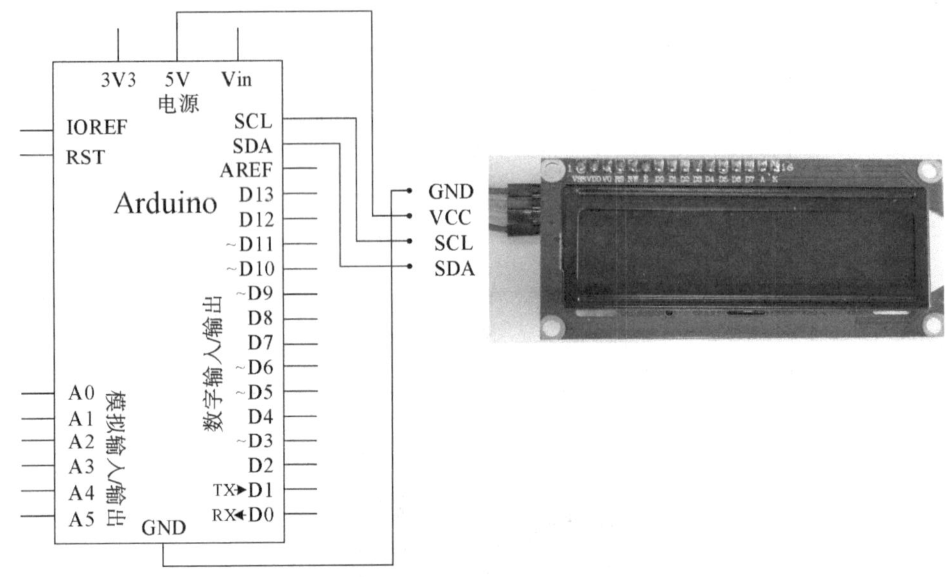

图 3-55　含 I2C 转接板的 LCD1602 显示屏与 Arduino 连接示意图

图 3-56　Arduino 连接含 I2C 转接板的 LCD1602 显示屏的实际接线和显示效果

2)软件编程

首先安装开源库。参考 3.6.1 节安装 LiquidCrystal_I2C.h 库。安装库后，可打开内置例程学习，本例在 LCD1602 屏幕上显示一些字符。

//代码清单 3-6-2:Arduino UNO 控制含 I2C 转接板的 LCD1602 显示屏

```
#include <Wire.h>
#include <LiquidCrystal_I2C.h>
//定义一个 LiquidCrystal_I2C 对象 LCD,其地址为 0x27,共两行,每行 16 个字符
LiquidCrystal_I2C lcd(0x27,16,2);
void setup() {
  // put your setup code here, to run once:
```

```
  lcd.init();     //初始化 LCD
  lcd.backlight();
  lcd.setCursor(1,0);  //设置坐标为第一行第 2 个字符
  lcd.print("Hello, friends!");
  lcd.setCursor(1,1);  //设置坐标为第 2 行,第 2 个字符
  lcd.print("Welcome to XJTU!");
}

void loop() {
  // put your main code here, to run repeatedly:
}
```

3)观察实验结果

编译并上传程序,观察实验结果。显示效果图 3-55 所示。若遇到不显示的情况,可调节 I2C 转接板上的可调电阻,调整屏幕亮度。

习题

1. 尝试用 Arduino UNO 和 OLED 显示屏制作一个倒计时显示牌。
2. 用 Arduino UNO 生成 PWM 波并在 OLED 显示屏上显示。
3. 用 Arduino UNO 控制 OLED 显示屏显示中文字符。
4. 设置一个开关,每按下一次开关,在屏幕上开始倒计时 30 秒。

3.7 Arduino 的类库

我们在 3.2.2 节曾编写了控制 LED 灯的函数 void led_flash(int led,int number),只需要修改 Arduino UNO 的控制引脚和闪烁次数,就可控制 LED 灯闪烁指定的次数。在 3.6 节中,使用 Arduino 开源的类库使 OLED 和 LCD1602 屏幕的使用变得非常简单。有了这些类库,使用者不必研究各种模块是如何驱动的,仅需调用类库提供的类和函数,就可以快速掌握模块的使用方法。函数可以使程序更加简洁易读,调用类库极大地简化了模块的使用方法,而库是类库和函数的集合,可以提高代码编写效率及程序可读性。本节将以超声测距模块 HC-SR04 为例,介绍函数和类函数库的编写方法。

3.7.1 超声测距 1-直接编程实现

1. 实验任务

用 Arduino UNO 控制超声波测距模块 HC-SR04 测量障碍物距离。

2. 知识基础

HC-SR04 超声波测距模块是一款利用超声波测量距离的传感器,可测量 2～400 cm 的

非接触式距离，测量精度可达 3 mm。HC－SR04 模块包括超声波发射器、接收器及控制电路，图 3－57 为超声波测距 HC－SR04 模块的实物图及其引脚说明。

HC－SR04 超声波测距模块的测距原理如图 3－58 所示，分为 3 个步骤：①用微处理器的 IO 引脚给 Trig 端发出≥10 μs 的高电平触发测距；②模块自动发出 8 个 40 kHz 的方波，自动检测是否有信号返回；③若有信号返回，模块通过 Echo 引脚输出高电平，高电平持续的时间就是超声波从发射到返回的时间，测试距离的计算式为

$$测试距离=高电平的时间\times 声速/2 \tag{3-1}$$

图 3－57　HC－SR04 模块的实物图及其引脚说明

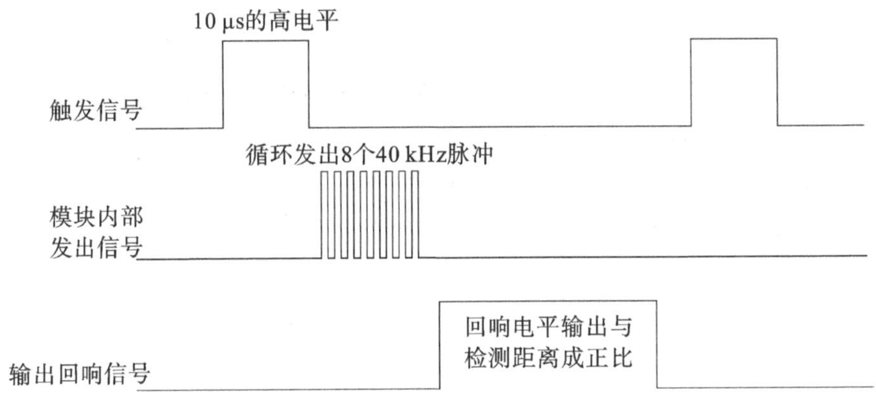

图 3－58　HC－SR04 超声波测距原理图

3. 实验材料

计算机、Arduino UNO 开发板、超声波测距 HC－SR04 模块。

4. 实验过程

1）硬件连接

将 Arduino UNO 开发板与超声波测距 HC－SR04 模块连接。连接示意图如图 3－59 所示。

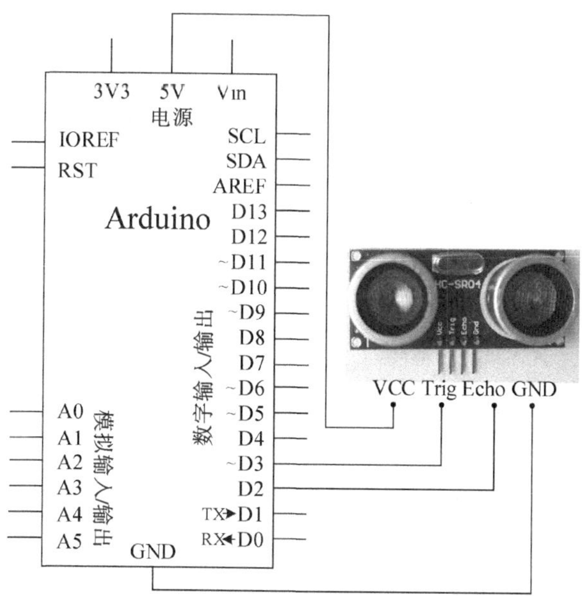

图 3-59 超声 HC-SR04 与 Arduino UNO 连接示意图

2)软件代码

根据超声波测距模块的工作原理,需要定义两个数字引脚,一个数字引脚定义为输出引脚,输出一个宽度为 10 μs 的脉冲来触发测距,一个数字引脚定义为输入引脚,测量回波信号的脉冲宽度,再根据式(3-1)计算距离。

```
//代码清单 3-7-1:用 Arduino UNO 控制 HC-SR04 测量障碍物距离
int trigPin = 3;        //定义 trigPin 引脚
int echoPin = 2;        //定义 echoPin 引脚
float temp = 0;         //回波脉宽时间
float SR04_Distance = 0;  //定义距离
void setup() {
  // put your setup code here, to run once:
  Serial.begin(9600);          //打开串口,设置波特率
  pinMode(trigPin, OUTPUT);   //设置 trigPin 引脚模式
  pinMode(echoPin, INPUT);    //设置 echoPin 引脚模式
}

void loop() {
 // put your main code here, to run repeatedly:
 digitalWrite(trigPin, LOW);   //trigPin 写入低电平
 delayMicroseconds(2);          //等待 2 μs
 digitalWrite(trigPin, HIGH); //trigPin 写入高电平
 delayMicroseconds(10);          //等待 10 μs
```

```
digitalWrite(trigPin, LOW);   //trigPin 写入低电平
temp = float(pulseIn(echoPin, HIGH)); //存储回波脉宽时间
SR04_Distance = (temp * 34012)/100;  //把回波脉宽时间换算成距离,单位 cm
Serial.print("SR04_Distance = ");  //串口打印字符
Serial.print(SR04_Distance);        //串口打印距离值
Serial.println("cm");               //打印单位和回车符
delay(100);
}
```

3)观察实验结果

编译并上传运行程序,在超声波测距模块前方 10 cm 放置障碍物,观察结果。单击界面上方右侧的按钮 ,打开串口监视器,注意设置串口号和波特率为 9600,结果如图 3-60 所示。

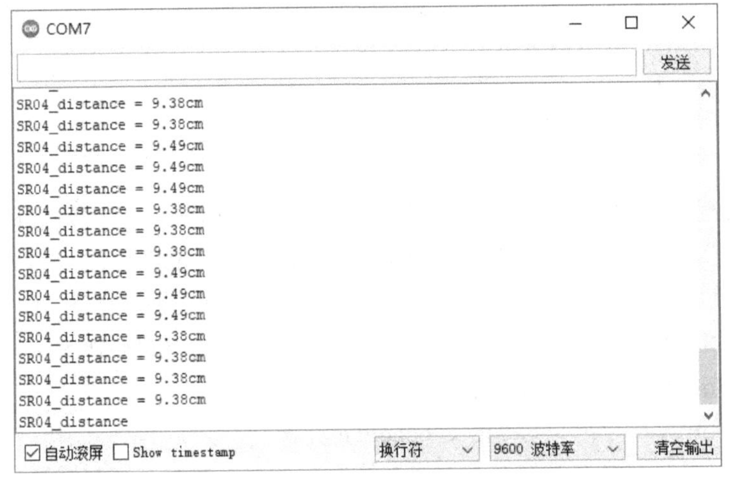

图 3-60 串口调试器窗口显示的距离信息

3.7.2 超声测距 2-调用函数

1. 实验任务

编写函数,实现用超声波测距模块 HC-SR04 测量障碍物距离。

2. 知识基础

函数的使用可以简化主程序,使程序更加容易读懂。定义函数时要注意:

(1)函数由函数名以及一组操作数类型唯一地表示。函数的操作数,即形参(parameter)在一对圆括号中声明,形参与形参之间以逗号分隔。没有任何形参的函数可以用空形参或含有单个关键字 void 的形参来表示。

(2)函数调用做了两件事情:用对应的实参初始化函数的形参,并将控制权转移给被调用函数。主函数的执行被挂起,被调函数开始执行。函数的运行以形参的定义和初始化开始。

(3)函数必须指定返回类型,在定义或声明函数时,没有显式指定返回类型是不合法的。

函数的返回类型可以是内置类型(如 int 或 double),也可以是 void 类型,表示该函数不返回任何值。

3. 实验材料

计算机、Arduino UNO 开发板、超声波测距 HC - SR04 模块。

4. 实验过程

1)硬件连接

本实验硬件连接与图 3 - 59 相同。

2)软件代码

现在尝试将代码清单 3.7 - 1 中的测量距离部分封装成函数。将编写测距函数 float getDistance (int trigPin,int echoPin)用于计算回波脉宽并换算成距离。在 loop()函数中调用这两个函数就可以实现测距。

```
//代码清单 3 - 7 - 2:编写测量距离函数,实现用 HC - SR04 模块测量距离
int trigPin = 3;    //定义 trigPin 引脚
int echoPin = 2;    //定义 echoPin 引脚
float SR04_distance = 0;  //定义距离
void setup() {
  // put your setup code here, to run once:
  Serial.begin(9600);  //打开串口,设置波特率
  initSR04();          //调用 initSR04()函数
}
void loop() {
   // put your main code here, to run repeatedly:
   SR04_distance=getDistance (trigPin, echoPin);  //调用测距函数
   Serial.print("SR04_distance = ");  //串口打印字符
   Serial.print(SR04_distance);       //串口打印距离值
   Serial.println("cm");              //打印单位和回车符
   delay(100);
}
/***引脚初始化函数***/
void initSR04(){
  pinMode(trigPin, OUTPUT);   //设置 trigPin 引脚模式
  pinMode(echoPin, INPUT);    //设置 echoPin 引脚模式
}
/***测量距离函数***/
float getDistance (int trig, int echo){
  digitalWrite(trig, LOW);  //trigPin 写入低电平
```

```
delayMicroseconds(2);        //等待 2 μm
digitalWrite(trig, HIGH); //trigPin 写入高电平
delayMicroseconds(10);       //等待 10 μm
digitalWrite(trig, LOW);   //trigPin 写入低电平
float temp = float(pulseIn(echo, HIGH)); //存储回波脉宽时间
float distance = (temp * 34012)/100;        //把回波脉宽时间换算成距离,单位 cm
return distance;               //返回距离值
}
```

3)观察实验结果

编译并上传程序,查看运行结果。与图 3-60 的测量结果相同。

3.7.3 超声测距 3-编写类库

1. 实验任务

编写类库,实现用超声波测距模块 HC-SR04 测量障碍物距离。

2. 知识基础

1)C++中的类

Arduino 使用 C/C++编写程序。C++是一种面向对象的编程语言,面向对象的编程从对象设计开始,面向对象设计从抽象开始。抽象就是对事物进行简化,允许程序员实现以下目标:

(1)隐藏不相关的细节,把注意力集中在本质特征上。

(2)向外部提供一个“黑盒子”接口。接口确定了施加在对象之上的有效操作的集合,但它并不提示对象在内部是怎样实现的。

(3)把一个复杂系统分解成几个相互独立的组成部分,这样可以做到分工明确。

(4)重用和共享代码。

抽象建立了一种新的数据类型,C++语言使用类(class)来实现抽象。当把抽象的数据类型和它的操作捆绑在一起时,就可以进行封装,类就是封装的软件实现。类就是用户定义类型加上所有对该类型进行的操作。就像 int 这样的内置类型一样,已经有了一套完善的针对它的操作(如算术运算等),类机制也允许程序员规定它所定义的类能够进行的操作。

类是创建对象的模板,一个类可以创建多个对象,每个对象都是类类型的一个变量。创建对象的过程也叫类的实例化。每个对象都是类的一个具体实例 instance,拥有类的成员变量和成员函数。

类的成员变量称为类的属性(Property),类的成员函数称为类的方法(Method)。在面向对象的编程语言中,经常把函数(Function)称为方法(Method)。

(1)定义一个简单的类。

```
class SR04{
public:
//成员方法(函数)
```

```
    SR04(int trigPin, int echoPin);  //构造函数
    float getDistance();
private:
//成员变量
    int m_trigPin;
    int m_echoPin;
};
```

上述语句中，属于 public 声明中的函数和变量在类的外部可见，可以按需进行设置、调用和操纵。属于 private 声明的函数和变量只能被该类的成员函数使用，在类外部可见，但不能被调用。

在 C＋＋中，有一种特殊的成员函数，它的名字和类相同，没有返回值，不需要用户显式调用（用户也不能调用），而是在创建对象时自动执行。这种特殊的成员函数就是构造函数。在上面的语句中，SR04(int trigPin, int echoPin)就是构造函数，构造函数必须是 public 类型，其作用是在创建对象时为成员变量赋值。

(2)通过类创建对象。可采用两种方法创建对象：

①class 类名 对象名。

如：class SR04 g_ultrasonic(3, 2);　//创建对象时向构造函数 SR04 传参

②省略掉 class，即：类名 对象名。

如：SR04 g_ultrasonic(3, 2);　//创建对象时向构造函数 SR04 传参

还可以创建对象数组：

SR04 g_ultrasonic [4];

(3)类成员的访问。创建对象后，可以使用点号.来访问成员变量和成员函数，如：

distance = g_ultrasonic.getDistance();

2)编辑 Arduino 类库

(1)预处理基本操作。预处理是 C 语言在编译之前对源程序的编译。以“＃”号开头的语句称为预处理命令。预处理包括宏定义、文件包含和条件编译。

①宏定义。宏定义的作用是用指定的标识符代替一个字符串。一般形式为：

＃define 标识符 字符串

如：＃define uChar8 unsigned char　//定义无符号字符型数据类型 uChar8

定义了宏之后，就可以在任何需要的地方使用宏，在 C 语言处理时，只是简单地将宏标识符用字符串代替。在 Arduino 中经常使用的 HIGH、LOW、INPUT、OUTPUT 等参数就是通过宏的方式定义的。

②文件包含。文件包含的作用是将一个文件内容完全包括在另一个文件之中。例如，＃include“SR04. h”，那么在预处理时，系统会将该语句替换成 SR04. h 头文件中的实际内容，然后再对替换后的代码进行编译。文件包含命令的一般形式为：

＃include＜文件名＞　或　＃include “文件名”

在使用＜文件名＞形式时，系统会在 Arduino 库文件中寻找目标文件；而使用“文件名”形式时，系统会优先在 Arduino 项目文件中查找目标文件，若没有找到，再查找 Arduino 库文件。一般

情况下，Arduino 自带的头文件用<文件名>形式，用户自己编写的头文件用“文件名”形式。

③条件编译。通常情况下，在编译器中进行文件编译时，会对源程序中所有的行进行编译。如果用户想在源程序中的部分内容满足一定条件时才编译，则可以通过条件编译对相应内容制定编译的条件来实现相应的功能。条件编译的形式为：

```
1. #ifndef 标识符
2. #define 标识符
3. …//程序段
4. #endif
```

#ifndef 表示检测指定的预处理器变量是否未定义，如果预处理器变量未定义，那么跟在其后的所有指示都被处理，直到出现#endif。这样处理之后既能保证.h 文件的有效内容被编译，又能保证.h 文件的有效内容不被重复编译。#define 表示定义该名字为预处理器变量。

(2)编辑头文件和源文件。通常一个 Arduino 类函数库包含两种后缀的文件：.h 文件和.cpp 文件。.h 文件称为头文件，用于声明类库及其成员。.cpp 文件称为源文件，是头文件中声明的成员函数的具体实现代码，即用于定义类库及其成员。在 Arduino 中编写类的方法分为以下 3 个步骤。

①为模块创建*.h 头文件。头文件的核心内容是一个封装了成员函数与相关变量的类声明。头文件一般包含类的定义、extern 变量的声明和函数的声明。

②为模块创建*.cpp 源文件。由于类在头文件*.h 中声明，而一般将函数的具体实现放在源文件.cpp 中，源文件中定义了函数的具体实现方法。仅会被当前.cpp 文件使用的函数与变量放在.cpp 文件中。需要被外部调用的函数要在.h 文件中声明，需要被外部调用的变量除了在当前.cpp 文件中定义外，还需要在.h 文件中声明。SR04.cpp 源文件代码见本节第 4 部分实验过程。

::操作符是作用域操作符，意思是右操作数的名字可以在左操作数的作用域中找到。::操作符用于在命名空间中访问名字。例如，std::cout 表示使用命名空间 std 中的名字 cout，SR04::SR04(int trigPin,int echoPin)表示使用命名空间 SR04 中的函数 SR04。

③使用类库。在主程序中用#include “文件名”包含自己编写的头文件，就可以在主程序中使用头文件中的宏定义、声明的函数和全局变量。注意，要把自己编写的类库源文件和头文件与主函数放在同一个文件夹下。在主程序中定义一个类的对象，再使用类.号调用的函数，如：

```
SR04 g_ultrasonic(3, 2);    //实例化一个对象 g_ultrasonic
distance = g_ultrasonic.getDistance();    //调用类方法 getDistance()
```

3. 实验材料

计算机、Arduino UNO 开发板、超声波测距 HC-SR04 模块。

4. 实验过程

1)硬件连接

本实验硬件连接与图 3-59 一致。

2)软件编程

(1)创建 SR04.h 头文件与 SR04.cpp 源文件。详细步骤如下：

①新建草图，命名为 exp3－7－3HC－SR04。

②创建 SR04.h 头文件与 SR04.cpp 源文件。在图 3－61 所示界面右侧，左键单击 ··· 按钮，在弹出的快捷菜单中选择“新建标签”，在图 3－62 界面上弹出的“新文件的名称”窗口输入文件名为 SR04.cpp，单击“确定”。用同样的方式，新建一个 SR04.h 文件。

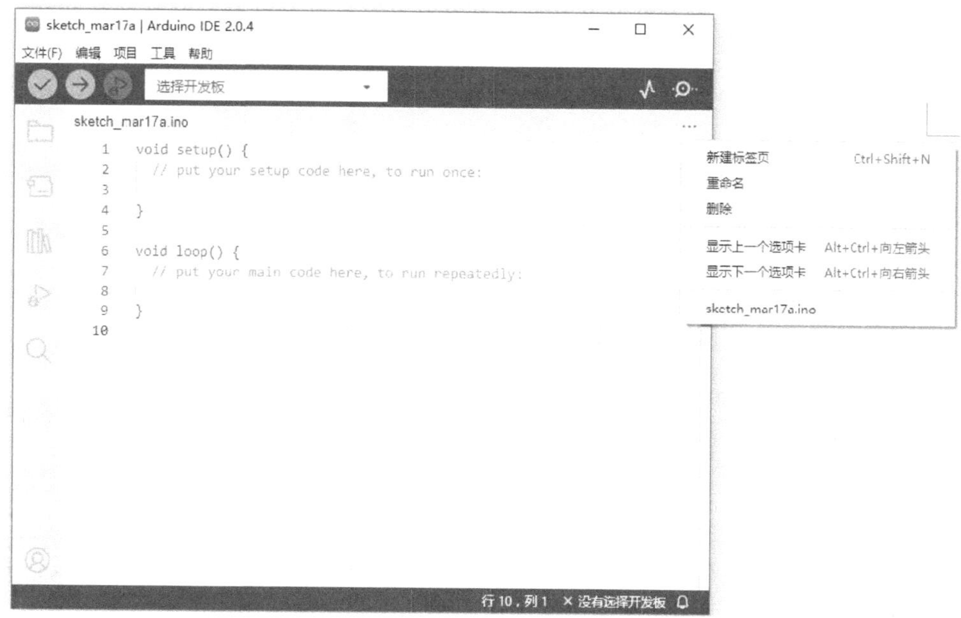

图 3－61　新建标签

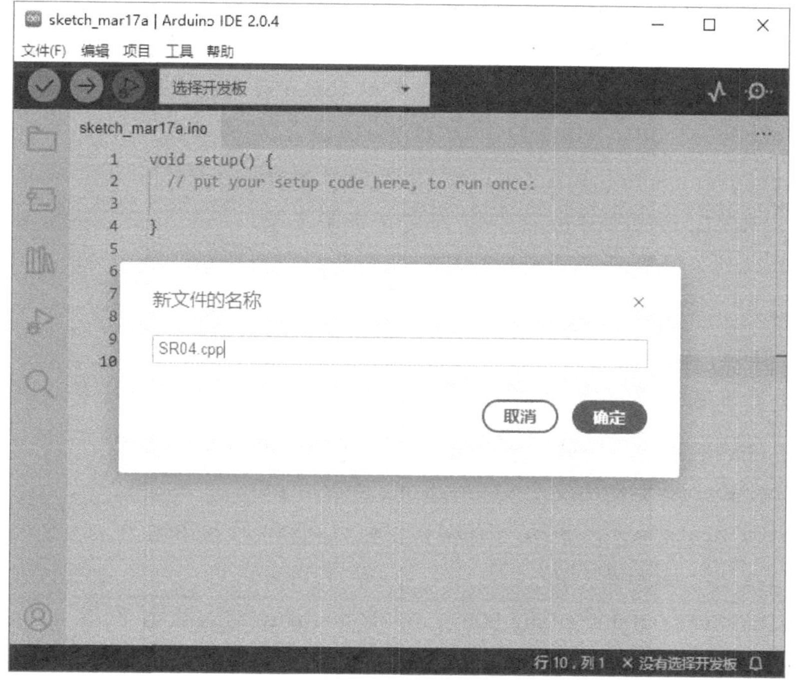

图 3－62　新建 SR04.cpp 文件

(2)编写 SR04.h 头文件。先定义一个超声波类 SR04,它包括 2 个成员函数和 2 个成员变量。SR04()函数是一个与类同名的构造函数,用于初始化引脚。构造函数等同于在 3.7.2 节定义的 initSR04()函数。应注意,构造函数应与类同名,且不能有返回类型。再定义一个 getDistance()函数用于获取并处理超声波传感器返回的信号。SR04.h 文件的程序代码为:

```
#ifndef SR04_H
#define SR04_H
#include "Arduino.h"
class SR04{
  //定义一个 SR04 类
public:
  SR04(int trigPin, int echoPin);
  float getDistance();
private:
   int m_trigPin;
   int m_echoPin;
};
#endif
```

(3)编写 SR04.cpp 源文件程序,源文件是头文件中声明的类中的成员函数的具体实现方法和程序代码。SR04.cpp 文件的程序为:

```
#include "SR04.h"
SR04::SR04(int trigPin, int echoPin) {
  //定义类 SR04 的构造函数
    pinMode(trigPin, OUTPUT); //设置 trigPin 引脚模式
    pinMode(echoPin, INPUT);  //设置 echoPin 引脚模式
    m_trigPin = trigPin;        //定义成员变量
    m_echoPin = echoPin;        //定义成员变量
}

float SR04::getDistance() {
  //定义类 SR04 的测距函数
  digitalWrite(m_trigPin, LOW);  //m_trigPin 写入低电平
  delayMicroseconds(2);           //等待 2 μs
  digitalWrite(m_trigPin, HIGH); //m_trigPin 写入高电平
  delayMicroseconds(10);          //等待 10 μs
  digitalWrite(m_trigPin, LOW);  //m_trigPin 写入低电平
  float distance = (float(pulseIn(m_echoPin, HIGH)) * 17 ) / 1000; //把回波时间换算成 cm
```

```
return distance;    //返回距离值
}
```

(4)在主程序 exp3-7-3HC-SR04 中，通过超声类 SR04 定义一个对象 g_ultrasonic(trigPin,echoPin)，在主函数中调用类的成员函数 g_ultrasonic. getDistance()实现测量距离。程序为：

```
#include "SR04.h"   //包含 SR04.h 文件
int trigPin = 3;   //定义 trigPin 引脚
int echoPin = 2;   //定义 echoPin 引脚
SR04 g_ultrasonic(trigPin,echoPin);   //定义一个 SR04 对象 g_ultrasonic(int trigPin, int echoPin)
void setup() {
  // put your setup code here, to run once:
Serial.begin(9600);     //打开串口,设置波特率
}
void loop() {
    // put your main code here, to run repeatedly:
    float distance = g_ultrasonic.getDistance();  //调用库函数,测量距离
    Serial.print("SR04_distance = "); //串口打印字符
    Serial.print( distance);              //串口打印距离值
    Serial.println("cm");                 //打印单位和回车符
    delay(100);
}
```

3)观察实验结果

编译并上传程序，查看运行结果。与图 3－60 的测量结果相同。

第 4 章　Arduino 综合实验

通过第 3 章的基础实验，我们学习了 Arduino 相关函数、数字端口、模拟端口、串行通信、中断，显示及类库的用法，本章将通过 4 个综合实验学习 Arduino 的多功能综合应用，先明确系统功能，通过硬件框图了解实现系统功能所需要的硬件模块，然后通过软件流程图介绍实现系统功能的软件编程思路，最后介绍相关传感器的控制方法，在此基础上，希望读者亲自实践，实现整个系统功能。

4.1　会唱歌的台灯

随着人们生活水平的日益提高，消费者对照明的需求已经从日常照明向智能照明转变，比如应用于智能家居和智能情景照明中的感应灯、声控灯等。在满足基本照明功能的同时，智能照明系统也在向增加娱乐性和个性化方向发展，比如智能音乐彩灯，将音乐的听觉和视觉结合，满足了消费者的休闲娱乐需求。设计成本低、简单易用的具备智能特性的 LED 灯照明系统能使消费者享受技术创新带来的乐趣。本节将设计一款会唱歌的台灯，并使其具有播放音乐、显示日期时间、测量温湿度、设置闹铃，及可调节亮度的功能。

4.1.1　总体设计

会唱歌的台灯设计时需包括以下功能：

(1)台灯的亮度可手动调节。

(2)可播放 SD 卡中的音乐，能够调节音量，设置全部循环、单曲循环和随机播放三种播放顺序。

(3)显示屏上显示灯光和音乐的状态，以及当前的日期、时间和温湿度等信息。

(4)可以设置闹钟提醒。

1. 硬件设计框图

图 4－1 所示为会唱歌的台灯的硬件框图。实现各功能的模块分别为：

(1)ArduinoUNO 开发板是整个系统的主控板。

(2)按键 1、2 为轻触开关，用于实现灯光模式调整、设置闹钟、播放音乐、切换播放顺序等功能。

(3)10 kΩ 电位器 1、2 分别用于实现手动亮度调节和音量调节。

(4)DS1302 实时时钟模块为系统提供实时的日期和时间信息。

(5)dht11 温湿度传感器可以获取当前的环境温度和湿度。

(6)LED 灯模块是台灯的照明部分,亮度可调节。

(7)LCD1602 为 2 行 16 列的液晶显示屏,用来显示各种状态信息。

(8)MP3-TF-16P 播放器可以播放 SD 卡中的 MP3 音频,通过串口模式实现与 Arduino UNO 开发板的通信和控制,并能够直接驱动扬声器。

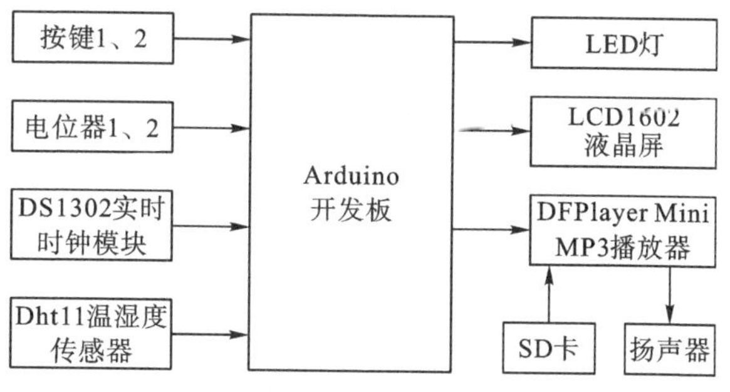

图 4-1　硬件设计框图

2. 软件设计流程图

图 4-2 所示为会唱歌的台灯的软件设计流程图。先进行变量定义和初始化设置。在主程序中执行调整灯光状态函数,按键控制函数,进行音乐循环模式及音量控制,闹铃提醒控制,及在 LCD 屏幕显示当前状态信息。

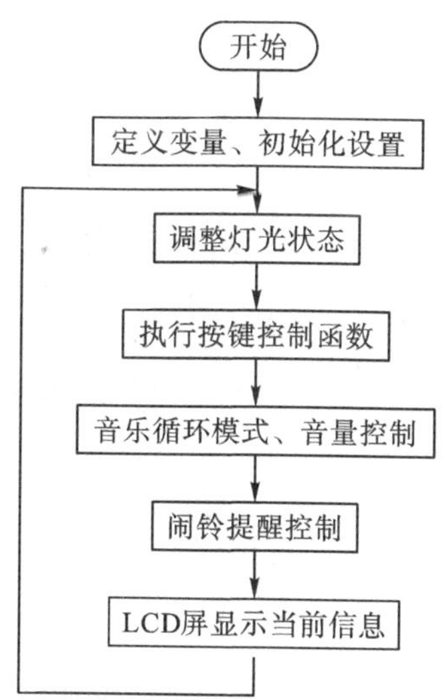

图 4-2　软件设计流程图

系统按键检测部分流程图如图 4-3 所示。本设计用到两个按键,按键 1 的短按和长按分别用于改变灯光模式和设置闹铃,按键 2 的短按和长按,分别用于按照设定顺序播放音乐和改变播放顺序。

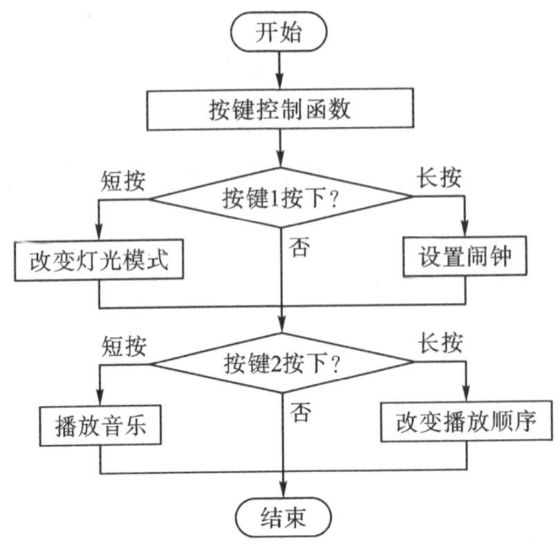

图 4-3　按键检测流程图

3. 作品展示

图 4-4 为在面包板上搭建好的作品图片。在你的作品中,可尝试做出以下改变:①尝试将 LED 灯改为专用照明的 LED 灯带,增加专用驱动控制电路;②设计台灯外壳,将作品封装成一个实际台灯;③将系统采集的温湿度数据通过网络或蓝牙共享,以实现空调、电风扇或加湿器等电器的自动控制。

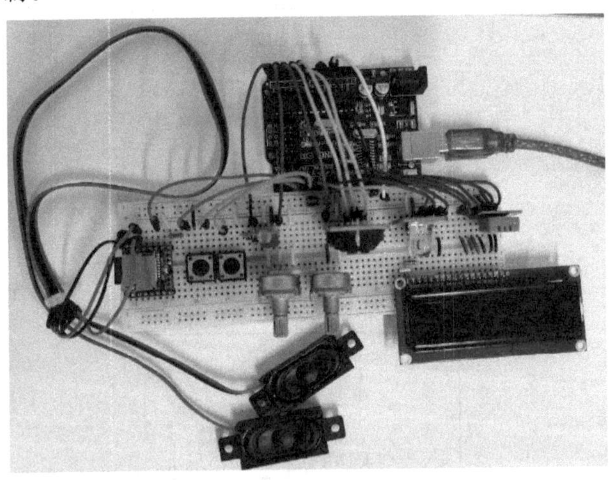

图 4-4　作品展示

4.1.2　音乐播放功能设计

1. 实验任务

(1)用 Arduino UNO 控制 MP3-TF-16P 模块播放音乐。

(2)用电位器调节播放器的音量。

2. 知识基础

1)MP3 - TF - 16P 播放器

如图 4 - 5 所示的 MP3 - TF - 16P 播放器是一款小巧且价格低廉的 MP3 模块，可以直接连接扬声器。模块配合供电电池、扬声器和按键可以单独使用，也可以通过 Arduino UNO 的串口控制。通过简单的串口指令即可完成播放指定的音乐，以及如何播放音乐等功能，无需繁琐的底层操作，使用方便，稳定可靠。该模块可应用于车载导航语音播报、火车站、服务站语音提示、设备故障报警或设备操作引导语音等场景。此播放器技术规格如下：

(1)集成了 MP3、WAV、WMA 的硬解码，支持 FAT16、FAT32 文件系统，最大支持32 GB 的 TF 卡。

(2)多种控制模式可选。支持 IO 控制模式、串口模式和 AD 按键控制模式。

(3)具备广播语插播功能，可以插播广播语，插播完后回到背景音乐继续播放。

(4)音频数据按文件夹顺序存储，最多支持 100 个文件夹，每个文件夹可以存储 255 首曲目。

(5)30 级音量可调。

图 4 - 5 MP3-TF-16P 播放器

Arduino 资源库中有 MP3-TF-16P 播放器的库。使用时需要安装库：Arduino IDE→工具→管理库→搜索“DFRobotDFPlayerMini”→安装＜ DFRobotDFPlayerMini by Angelo＞库。

2)TF 卡和读卡器

TF 卡一般指 Micro SD 卡，原名 Trans - Flash Card，2004 年正式更名为 Micro SD Card，由 SanDisk(闪迪)公司发明，最早主要应用于移动电话，但因它的体积微小，储存容量不断提高，如今已经广泛应用于 GPS 设备、便携式音乐播放器和一些快闪存储器、智能手机、数码摄像机中。图 4 - 6 所示为闪迪 TF 读卡器及卡。使用时将 TF 卡插入读卡器，读卡器可插入计算机的 USB 接口，这样就可以在计算机上存取文件。

4－6　TF读卡器和TF卡

3)扬声器

扬声器又称为喇叭，是一种把电信号转变为声信号的换能器件。扬声器的种类很多，按其换能原理可分为电动式(即动圈式)、静电式(即电容式)、电磁式(即舌簧式)及压电式(即晶体式)。发声原理是音频电能通过电磁、压电或静电效应，使纸盆或膜片振动并与周围的空气产生共振(共鸣)而发出声音。图4－7所示为3种不同外形的扬声器。扬声器有两根引线，当使用单只扬声器时两根引脚不分正负极性，多只扬声器同时使用时两个引脚有极性之分。

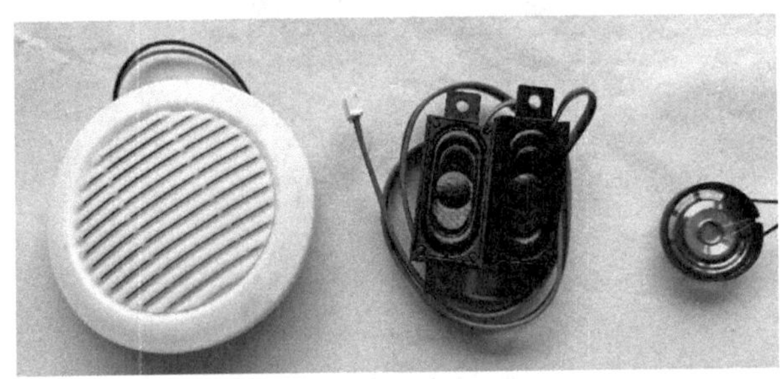

图4－7　扬声器

3. 实验材料

计算机、Arduino UNO开发板、MP3－TF－16P播放器、扬声器。

4. 实验过程1

任务1:用Arduino UNO控制MP3－TF－16P模块播放音乐。

1)硬件连接

将MP3-TF-16P播放器模块连接至Arduino UNO控制板，连接电路图如图4－8所示。图4－9为MP3-TF-16P播放器与Arduino UNO连接的实物图。

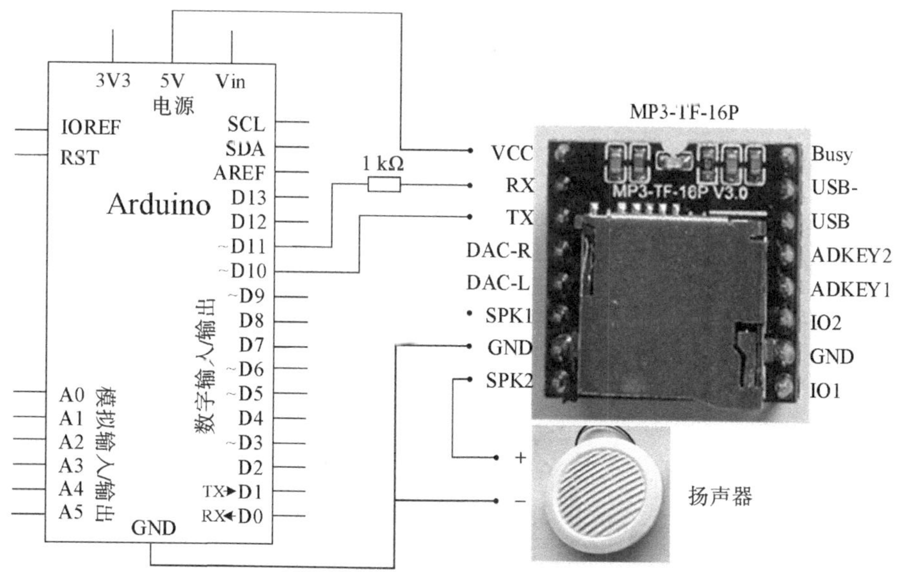

图 4－8　MP3－TF－16P 播放器与 Arduino 硬件连接原理图

图 4－9　MP3－TF－16P 播放器与 Arduino UNO 实际连接图

注意:连线时播放器的 RX 连接 Arduino UNO 软串口的 TX 端,播放器的 TX 连接 Arduino UNO 软串口的 RX 端。模块的串口为 3.3 V 的 TTL 电平,所以默认的接口电平为 3.3 V。如果系统电压是 5 V,那么建议在模块的 RX 端串联一个 1 kΩ 的电阻。

2)软件编程

本实验直接使用例程库。打开例程:Arduino IDE→文件→示例→DFRobotDFPlayerMini→GetStated 例程。例程代码见附录 D:实验 4－1－2 MP3－TF－16P 播放器模块。

3)观察实验结果

编译并上传程序,打开串口监视器,调整波特率为 115200,串口监视器中会显示如图 4－10所示的信息,同时可听到每隔 10 s 切换播放 TF 卡中的音频,在程序中可调整切换的时间间隔。通过本任务的测试可知,播放器模块可正常工作。

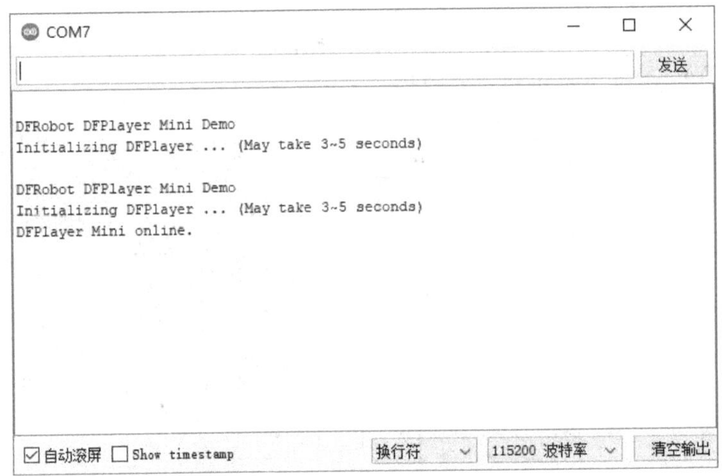

图 4-10　串口监视器显示信息

5. 实验过程 2

任务 2:用电位器调节播放器的音量。

1)硬件连接

手动音量调节可通过电位器实现,通过模拟引脚 A0 读取电位器上的电压值,再根据电压的大小调节音量大小。如图 4-11 为用电应器调节播放器音量的电路原理图,图 4-12 为实际连接图。

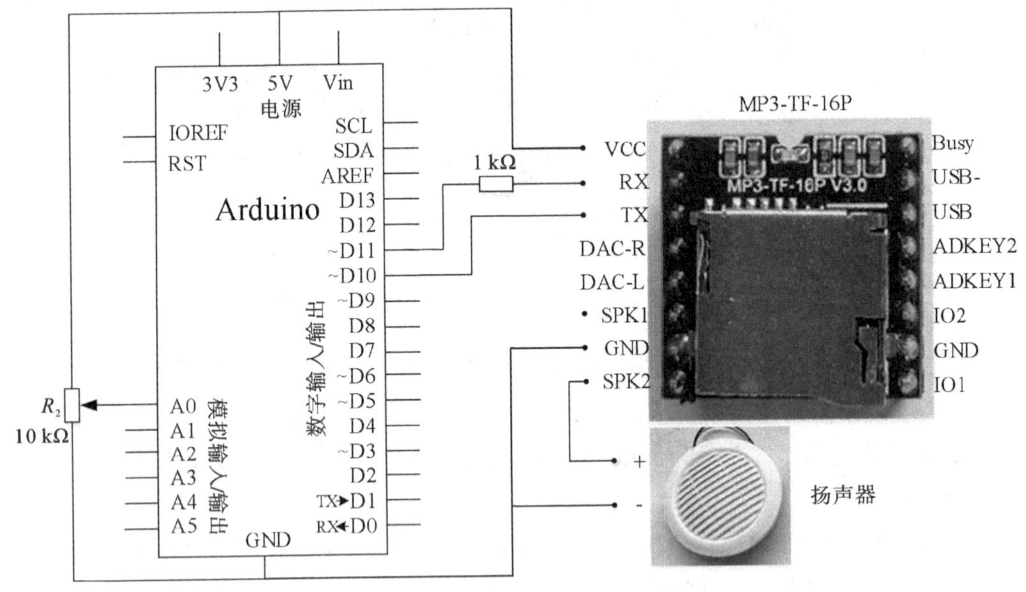

图 4-11　调节播放器音量的电路原理图

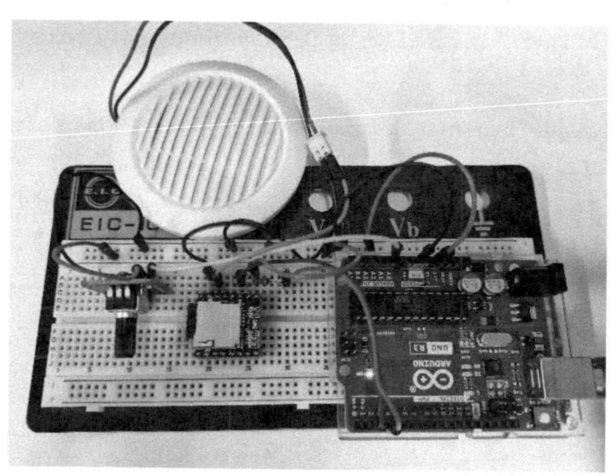

图 4－12　用电位器调节播放器音量实际连接图

2)软件编程

首先在程序中包含软串口 SoftwareSerial. h 和播放器 DFRobotDFPlayerMini. h 库文件，定义软串口和播放器对象，电位器调节端连接模拟输入引脚 A0。在 setup()函数中设置软硬串口的波特率，对播放器进行初始化测试。在 loop()函数中，用 analogRead()函数读取模拟端口 A0 的值，将其映射至 0～30 范围，通过调用 DFRobotDFPlayerMini 类的调节音量的函数 myDFPlayer. volume(outputValue)来调节播放器的音量。

```
//调节播放器音量程序代码
#include "Arduino.h"
#include "SoftwareSerial.h"
#include "DFRobotDFPlayerMini.h"

SoftwareSerialmySoftwareSerial(10, 11); // RX, TX
DFRobotDFPlayerMini myDFPlayer;
void printDetail(uint8_t type, int value);
int potentiometerPin = A0;
int sensorValue = 0;
int outputValue = 0;
void setup()
{
 mySoftwareSerial.begin(9600);
 Serial.begin(115200);

 Serial.println();
 Serial.println(F("DFRobot DFPlayer Mini Demo"));
```

```
  Serial.println(F("Initializing DFPlayer ... (May take 3～5 seconds)"));

  if(!myDFPlayer.begin(mySoftwareSerial)) {  //Use softwareSerial to communicate with mp3.
    Serial.println(F("Unable to begin:"));
    Serial.println(F("1.Please recheck the connection!"));
    Serial.println(F("2.Please insert the SD card!"));
    while(true){
      delay(0); // Code to compatible with ESP8266 watch dog.
    }
  }
  Serial.println(F("DFPlayer Mini online."));

  myDFPlayer.volume(10);   //Set volume value. From 0 to 30
  myDFPlayer.play(1);   //Play the first mp3
}

void loop()
{
  static unsigned long timer = millis();

  if (millis() - timer > 10000) {
    timer = millis();
    myDFPlayer.next();   //Play next mp3 every 3 second.
  }

  if (myDFPlayer.available()){
    printDetail(myDFPlayer.readType(), myDFPlayer.read()); //Print the detail message from DFPlayer to handle different errors and states.
  }

  sensorValue = analogRead(potentiometerPin);   //读取模拟引脚A0的值
  outputValue = map(sensorValue,0,1023,0,30);   //映射到模拟输出范围
  Serial.println(outputValue);
  myDFPlayer.volume(outputValue);   //Set volume value. From 0 to 30
}

```

```
void printDetail(uint8_t type, int value){
  switch (type){
    case TimeOut:
      Serial.println(F("Time Out!"));
      break;
    case WrongStack:
      Serial.println(F("Stack Wrong!"));
      break;
    case DFPlayerCardInserted:
      Serial.println(F("Card Inserted!"));
      break;
    case DFPlayerCardRemoved:
      Serial.println(F("Card Removed!"));
      break;
    case DFPlayerCardOnline:
      Serial.println(F("Card Online!"));
      break;
    case DFPlayerUSBInserted:
      Serial.println("USB Inserted!");
      break;
    case DFPlayerUSBRemoved:
      Serial.println("USB Removed!");
      break;
    case DFPlayerPlayFinished:
      Serial.print(F("Number:"));
      Serial.print(value);
      Serial.println(F(" Play Finished!"));
      break;
    case DFPlayerError:
      Serial.print(F("DFPlayerError:"));
      switch (value){
        case Busy:
          Serial.println(F("Card not found"));
          break;
        case Sleeping:
          Serial.println(F("Sleeping"));
          break;
```

```
      case SerialWrongStack:
        Serial.println(F("Get Wrong Stack"));
        break;
      case CheckSumNotMatch:
        Serial.println(F("Check Sum Not Match"));
        break;
      case FileIndexOut:
        Serial.println(F("File Index Out of Bound"));
        break;
      case FileMismatch:
        Serial.println(F("Cannot Find File"));
        break;
      case Advertise:
        Serial.println(F("In Advertise"));
        break;
      default:
        break;
      }
      break;
    default:
      break;
  }
}
```

3)观察实验结果

编译并上传程序,打开串口监视器,调整波特率为 115200,可听到每隔 10 s 切换播放 TF 卡中的音频,调节电位器可听到音量大小随之变化。

4.1.3 时钟功能设计

1. 实验任务

(1)用 Arduino UNO 控制 DS1302 时钟芯片,输出实时时钟。

(2)用 Arduino UNO 控制 DS1302 时钟芯片,循环显示日期、时间等信息。

2. 知识基础

DS1302 是由美国达拉斯公司推出的低功耗实时时钟芯片,内含一个实时时钟/日历和 31 字节静态 RAM,通过串行接口与单片机进行通信。实时时钟芯片提供秒、分、时、日、月和年等时间信息,每月的天数和闰年的天数可自动调整,时钟显示采用 24 或 12 小时格式。DS1302 与单片机之间采用同步串行方式进行通信,仅需用到三根连接线:RST(复位)、DAT

(数据线)、CLK(串行时钟)。时钟/RAM 的读/写数据以一个字节或多达 31 个字节的字符组方式通信。图 4-13 为 DS1302 时钟模块实物图及其引脚说明。

VCC：接 VCC 电源，供电范围为 3.3~5 V
GND：接地
CLK：时钟引脚
DAT：数据线
RST：复位引脚

图 4-13　DS1302 时钟模块及引脚说明

Arduino 资源库中包含时钟 DS1302 模块的开源库。使用时需要安装库：Arduino IDE→工具→管理库→搜索"DS1302"→安装＜Rtc by Makuna by Michael C. Miller＞库。

3. 实验材料

计算机、Arduino UNO 开发板、DS1302 时钟模块。

4. 实验过程

任务 1：用 Arduino UNO 控制 DS1302 时钟芯片，输出实时时钟。

1)硬件连接 1

将 DS1302 模块连接至 Arduino UNO 控制板。连接电路如图 4-14 所示。

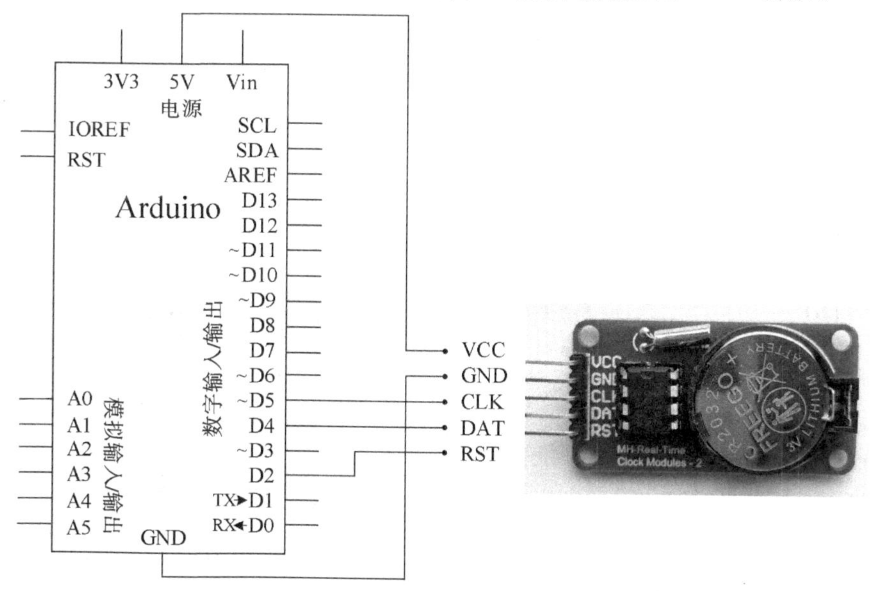

图 4-14　实时时钟硬件连接电路

2)软件编程

本模块直接使用例程库。打开例程：文件→示例→Rtc by Makuna→DS1302_simple。例程代码见附录 D：实验 4-1-3 DS1302 时钟模块。

3)观察实验结果

编译并上传程序,打开串口监视器,调整波特率为 9600,在串口监视器可看到输出的时钟信息,如图 4-15 所示。

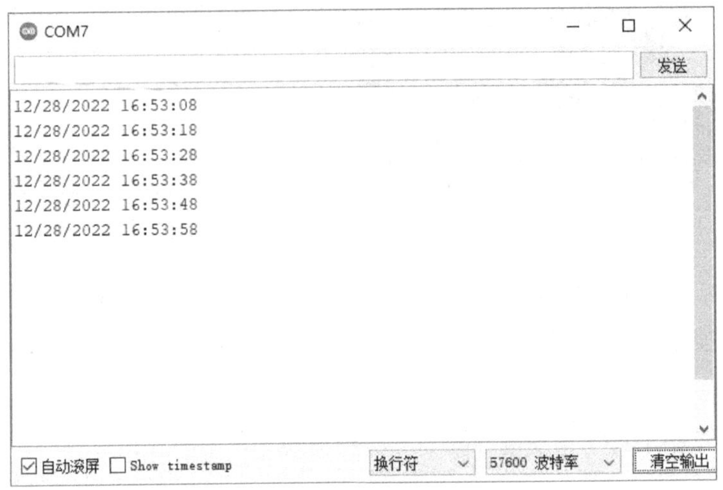

图 4-15　串口监视器输出的时钟信息

5. 实验过程 2

任务 2:用 Arduino UNO 控制 DS1302 时钟芯片,循环显示日期、时间等信息。

1)硬件连接

将 DS1302 模块和 LCD1602 模块连接至 Arduino UNO 控制板,对应连接线如图 4-16 所示。图 4-17 所示为实际测试电路,可看到 LCD1602 屏幕上显示的时钟信息。

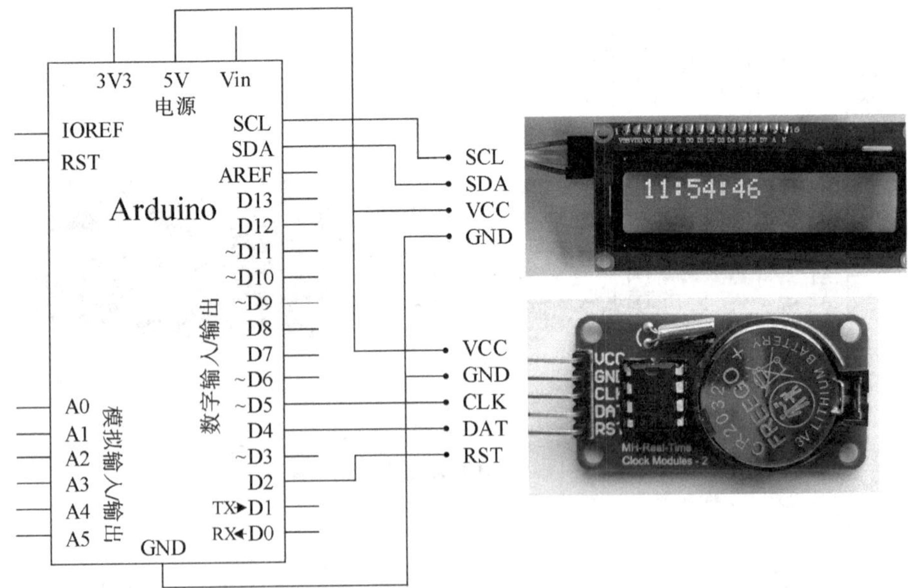

图 4-16　DS1302 模块和 LCD1602 模块连接至 Arduino UNO 的电路图

图 4－17　实际连接图

2)软件编程

在程序设计时，定义了 6 个函数，DisplayDateInfo()用于显示年、月、日和星期信息，DisplayTime()函数用于显示时、分和秒信息，DisplayTemperature()函数用于显示温度信息，DisplayHumidity()函数用于显示湿度信息。由于 LCD1602 显示屏可显示的信息有限，故定义了 RefreshDisplayOrder()函数用于改变显示顺序，PrintState()函数根据显示顺序调用不同函数显示对应的时钟信息。

```
//改程序实现日期，时间，温度和湿度信息在 LCD 屏幕上循环显示
#include <Wire.h>
#include <LiquidCrystal_I2C.h>
#include <ThreeWire.h>
#include <RtcDS1302.h>
boolean g_flag = 0; //定义变量
int g_displayOrder = 4;
unsigned long g_lastTimer=0, g_nowTimer=0;
ThreeWire myWire(4,5,2); //定义时钟对象,DAT, SCLK, CE
RtcDS1302<ThreeWire> Rtc(myWire);
LiquidCrystal_I2C lcd(0x27,16,2);  //将 LCD 的地址设置为 0x27  set the LCD address to 0x27 for a 16 chars and 2 line display
RtcDateTime g_currTime;
void setup (){
    lcd.init();  //LCD 初始化
    lcd.backlight();
    lcd.setCursor(3,0);
    lcd.print("Welcome!"); //显示欢迎语;
    Rtc.Begin();              //时钟模块初始化
    if (Rtc.GetIsWriteProtected()){
```

```
        Rtc.SetIsWriteProtected(false);
    }
    if(! Rtc.GetIsRunning()) {
        Rtc.SetIsRunning(true);
    }
    if(! Rtc.IsDateTimeValid()) {
        RtcDateTime compiled =RtcDateTime(__DATE__, __TIME__);
        Rtc.SetDateTime(compiled);
    }
    RtcDateTime g_currTime = Rtc.GetDateTime();
    lcd.clear();
    Serial.begin(9600);
}

void loop(){
    RtcDateTime g_currTime = Rtc.GetDateTime();
    RefreshDisplayOrder();
    PrintState();
}
void DisplayDateInfo() {
    g_currTime = Rtc.GetDateTime(); //获取当前时间
    lcd.setCursor(0,0);
    lcd.print(g_currTime.Year());
    lcd.print("/");
    if(g_currTime.Month() < 10) {
        lcd.print("0");
    }
    lcd.print(g_currTime.Month());

    lcd.print("/");

    if(g_currTime.Day() < 10) {
        lcd.print("0");
    }
    lcd.print(g_currTime.Day());
    lcd.print(" ");
    switch(g_currTime.DayOfWeek()) {
```

```
        case 0:
            lcd.print("Sun.");
            break;
        case 1:
            lcd.print("Mon.");
            break;
        case 2:
            lcd.print("Tues.");
            break;
        case 3:
            lcd.print("Wed.");
            break;
        case 4:
            lcd.print("Thur.");
            break;
        case 5:
            lcd.print("Fri.");
            break;
        case 6:
            lcd.print("Sat.");
            break;
    }
}

void DisplayTime() {
    //显示当前时间
    g_currTime = Rtc.GetDateTime();
    lcd.setCursor(0,0);
    if(g_currTime.Hour() < 10) {
      lcd.print("0");
    }
    lcd.print(g_currTime.Hour());
    lcd.print(":");

    if(g_currTime.Minute() < 10) {
        lcd.print("0");
    }
```

```
    lcd.print(g_currTime.Minute());
    lcd.print(":");

    if(g_currTime.Second() < 10) {
        lcd.print("0");
    }
    lcd.print(g_currTime.Second());
}

void DisplayTemperature() {
  //显示温度
    lcd.setCursor(0,0);
    lcd.print("Temperature：");
    lcd.print("C");
}
void DisplayHumidity() {
  //显示湿度
    lcd.setCursor(0,0);
    lcd.print("Humidity：");
    lcd.print("%");
}
void RefreshDisplayOrder() {
    //定时器改变显示顺序：
    g_nowTimer =millis();
    if(g_displayOrder == 2) {
        if((g_nowTimer - g_lastTimer > 5000) || (g_nowTimer < g_lastTimer)) {
                g_lastTimer=g_nowTimer;
                g_displayOrder++;
lcd.clear();
        }
    } else{
        if((g_nowTimer - g_lastTimer > 2000) || (g_nowTimer < g_lastTimer)) {
          g_lastTimer = g_nowTimer;
          g_displayOrder++;
          if(g_displayOrder > 4) {
              g_displayOrder = 1;
          }
```

```
            lcd.clear();
        }
    }
}
void PrintState() {
  //根据不同的显示顺序,在 LCD 第一行显示相应的内容:
  switch(g_displayOrder){
    case 1:  //显示日期:
        DisplayDateInfo();
        break;
    case 2:  //显示时间:
        DisplayTime();
        break;
    case 3:  //显示温度:
        DisplayTemperature();
        break;
    case 4:  //显示湿度:
        DisplayHumidity();
        break;
    default:
        break;
  }
```

3)观察实验结果

编译并上传程序,打开串口监视器,调整波特率为 9600,在串口监视器可看到输出的时钟信息。在图 4-17 上也可看到 LCD1602 屏幕上显示的时钟信息。

4.1.4 温湿度测量功能设计

1. 实验任务

用 Arduino UNO 控制 DHT11 温湿度传感器模块,测量空气的温湿度。

2. 知识基础

DHT11 数字温湿度传感器是一款含有已校准数字信号输出的温湿度复合传感器,它采用专用的数字模块采集技术和温湿度传感技术,具有极高的可靠性和长期稳定性,其湿度精度为±5%RH,温度精度为±2℃,湿度范围为 5%~95%RH,温度范围为-20~+60℃。传感器包括一个电阻式感湿元件和一个 NTC(Negative Temperature Coefficient,负温度系数)测温元件,并与一个高性能 8 位单片机相连接,具有体积小、功耗低、响应快、抗干扰能力强、性价比高等优点。图 4-18 为 DHT11 温湿度传感器模块及其引脚说明,该传感器模块共有 3 个引脚，分别为：＋：5V 电源引脚；Out：输出引脚；—：接地引脚 GND。

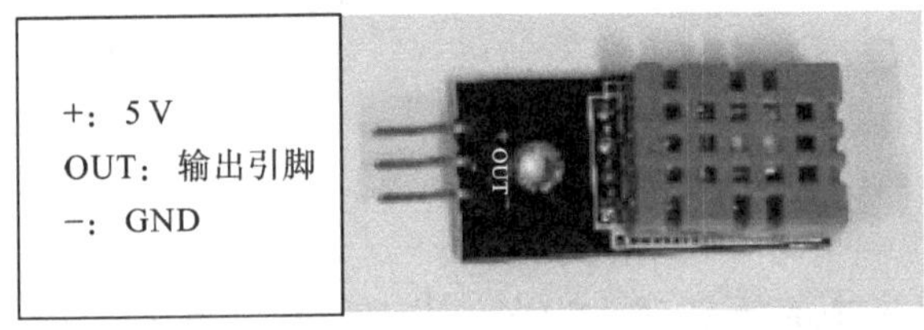

图 4-18　DHT11 温湿度传感器模块及其引脚说明

Arduino 中包含 DHT11 模块的开源库。菜单栏选择“工具”→“管理库”，弹出库管理器窗口，在搜索栏搜索“DHT11”，安装 DFRobot_DHT11 库。

在 DFRobot_DHT11.h 中定义了一个 DFRobot_DHT11 类，类中定义了成员函数 void read(int pin)可以读取 pin 引脚的数据，还定义了 humidity 和 temperature 两个量，分别存储湿度值和温度值。

3. 实验材料

计算机、Arduino UNO 开发板、DHT11 模块。

4. 实验过程

1)硬件连接

将 DHT11 模块连接至 Arduino UNO 控制板，对应连接电路如图 4-19 所示。

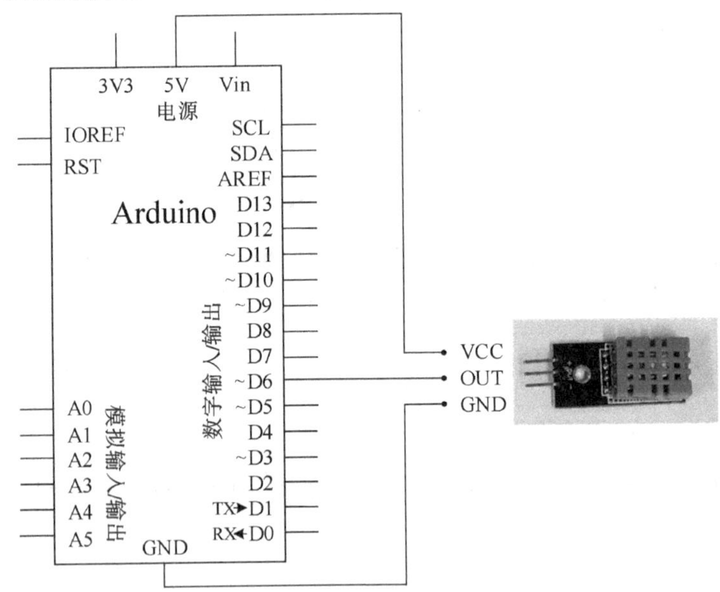

图 4-19　Arduino UNO 与 DHT11 模块连接电路图

2)软件编程

本实验采用开源例程库，菜单栏选择“文件”→“示例”→“ DFRobot_DHT11”→“readDHT11”。

```
//温湿度 DHT11 模块例程代码
#include <DFRobot_DHT11.h>
DFRobot_DHT11 DHT;
#define DHT11_PIN 6
void setup(){
Serial.begin(115200);
}
void loop(){
  DHT.read(DHT11_PIN);
  Serial.print("temp:");
  Serial.print(DHT.temperature);
  Serial.print("  humi:");
  Serial.println(DHT.humidity);
  delay(1000);
}
```

3)观察实验结果

编译并上传程序,打开串口监视器,调整波特率为 115200,观察实验结果,如图 4-20 所示。

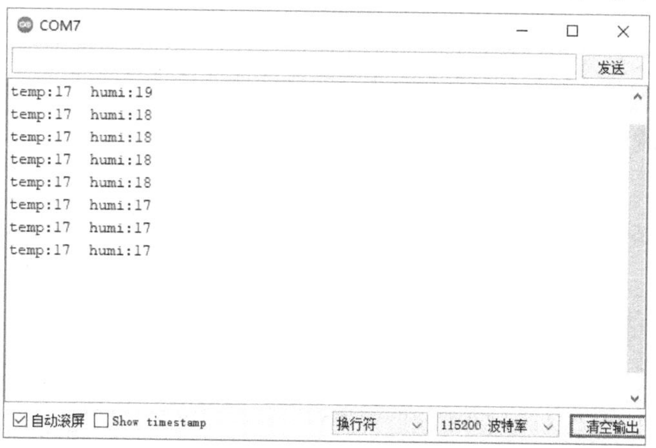

图 4-20 串口调试器输出的温湿度结果

习题

1. 当音乐播放器模块工作时会向单片机返回状态信息,尝试对返回信息进行读取和显示,在 LCD1602 液晶屏上显示播放器的状态信息,判断播放器有无插卡,若无插卡则停止与音乐播放相关的功能。

2. 用开关控制音乐播放的顺序为单曲循环或顺序播放。

3. 用 DS1302 时钟模块实现设置闹铃的功能。

4. 设计一个温湿度自动调节系统,将系统采集的温湿度数据通过网络或蓝牙共享,以实现空调、电风扇或加湿器等电器的自动控制。

4.2 自动门禁系统

门禁系统也称通道管理系统，可实现对通道进出权限的管理，门禁系统是保障安全的重要措施。目前市场上的主流门禁系统是感应式门禁控制系统，其依托于RFID(射频识别)技术，以电磁波为信息传递的载体，用天线进行信号的发射和接收，用非接触射频识别卡靠近读卡器，读卡器可读取IC卡内的信息，从而验证用户是否有进出权限。目前，射频识别技术已发展成熟，它价格低廉，使用方便，已广泛应用于住宅、银行、工厂和图书馆等场所的出入管理系统中。

4.2.1 总体设计

自动门禁系统的功能应包括：

(1)当人靠近时自动开门，人离开后自动关门，关门时若门下有障碍物，停止关门，若5 s后检测仍有障碍物，则报警提示。

(2)4×4键盘可设置密码，遇紧急情况输入密码可强制开门，可修改初始密码。

(3)蜂鸣器报警提示功能。

(4)LCD显示屏，显示开关门状态，密码输入及提示等信息。

1. 硬件设计框图

如图4-21所示为自动门禁系统的硬件框图。各模块的功能分别为：

(1)Arduino UNO开发板是整个系统的主控板。

(2)步进电机：响应单元，用于模拟自动门开关的装置，正转2圈表示开门，反转2圈表示关门。

(3)人体红外感应模块：有人进入其感应范围则输出高电平，人离开则自动延时关闭高电平，输出低电平。

(4)4×4按键模块：可输入密码或更改密码。

(5)蜂鸣器：响应单元，用于提醒开关门，正常状态响一声，密码错误响三声。

(6)LCD显示屏：显示开关门状态、密码输入及提示信息的模块。

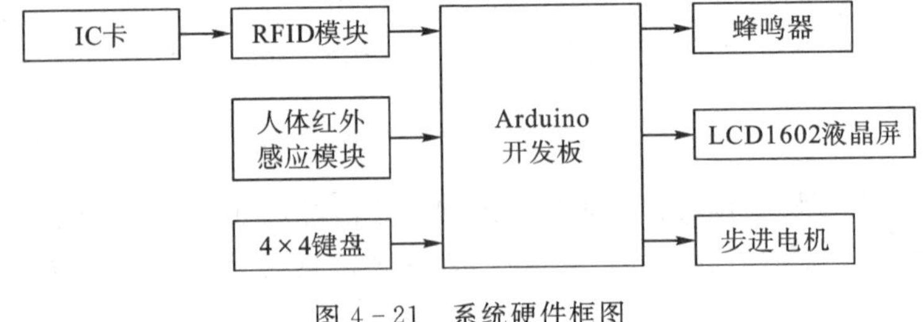

图4-21 系统硬件框图

2. 软件设计流程图

图4-22(a)为自动门禁系统的整体软件流程图，图4-22(b)为自动关门或开门功能的软件流程图。

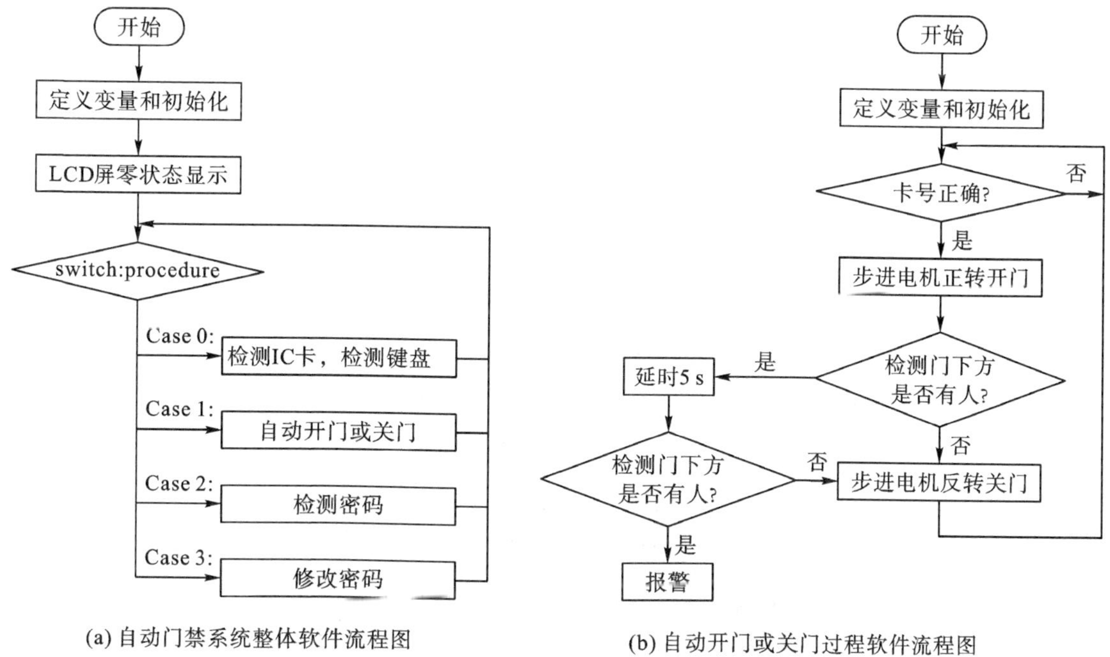

图 4-22　软件设计流程图

3. 作品展示

自动门禁系统作品如图 4-23 所示。

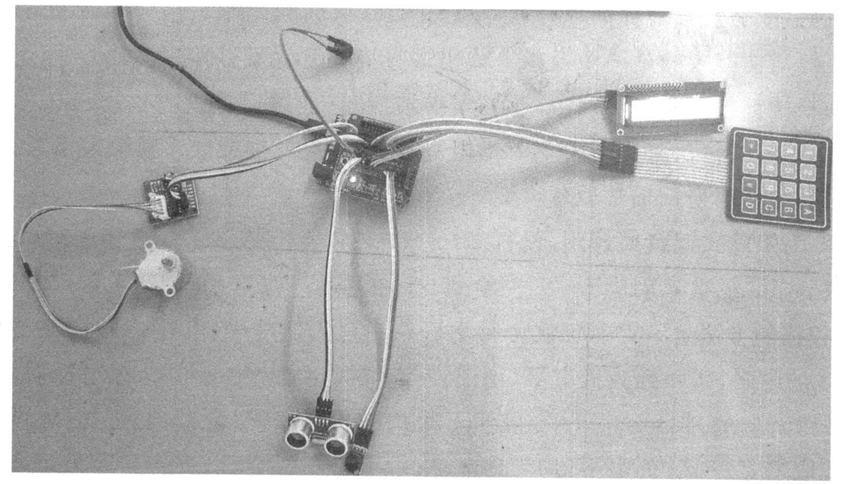

图 4-23　自动门禁系统作品展示图

4.2.2　密码功能设计

1. 实验任务

(1)用 Arduino UNO 扫描矩阵键盘，读取键盘按下的按键。

(2)设置初始密码为“4567”,若在矩阵式键盘上输入的密码正确,则在串口调试器端口输出“OK! Welcome!”,否则输出“Sorry! Wrong password!”。

2. 知识基础

1)矩阵式键盘

Arduino UNO的一个数字I/O口可以控制一个按键,控制16个按键就需要16个I/O口,非常占用端口资源。当按键数量较多时,为了减少单片机I/O口的占用率,通常将按键排列成矩阵形式,称为矩阵式键盘。矩阵式键盘又称行列式键盘,是用4条I/O线作为行线,4条I/O线作为列线组成的键盘。在行线和列线的每一个交叉点上,设置一个按键。常用的矩阵键盘为4×4式,如图4-24所示,共有16个按键,仅需8个数字端口即可控制。

图4-24　4×4矩阵式键盘

行列式键盘能够有效地提高单片机系统中I/O口的利用率。由于单片机I/O端口具有“线与”功能(线与功能指的是两个及以上输出端直接互连就可以实现“AND”的逻辑功能),因此,当任意一个按键按下时,行和列都有一根线被线与,通过运算就可以得出按键的坐标从而判断按键值。矩阵式键盘可用于模拟储物柜密码锁、智能门锁或数字键盘等场景。

2)矩阵式键盘行/列扫描法原理

图4-25为矩阵式键盘原理图,设行R1～R4对应连接Arduino数字引脚2～5,列C1～C4对应连接Arduino数字引脚6～9,先给列C1～C4写入高电平,给行R1～R4写入低电平。对行列进行扫描的方法是,首先,逐次给行R1～R4写入低电平;其次,每写入一行,依次检测各列C1～C4的电平,哪一列为低电平,则记录此时的行号和对应列号,就可以获取按键值;最后,给按下按键对应的列写入高电平,以便下次扫描。例如,假设按键S5按下,先给行R1写入低电平,读取列C1～C4的电平,均为高电平(由于一开始给列C1～C4写入了高电平),再给行R2写入低电平,读取列C1～C4的电平,由于S5按下,则读取到的列C1应为低电平,由此可确定此时按下按键的行号为2,列号为1。

获取行和列号后,为得到对应的按键值,可先对行号和列号进行编号,比如采用下面的算术式对行号和列号进行运算得到一个数值NUM:

$$NUM=10\times 行号+列号$$

当行号R1～R4依次取2～5,列号C1～C4依次取6～9时,可预先计算出每一个按键对应的数值 NUM，这样在获取按键的行号和列号后，根据查找法即可得到按键值。

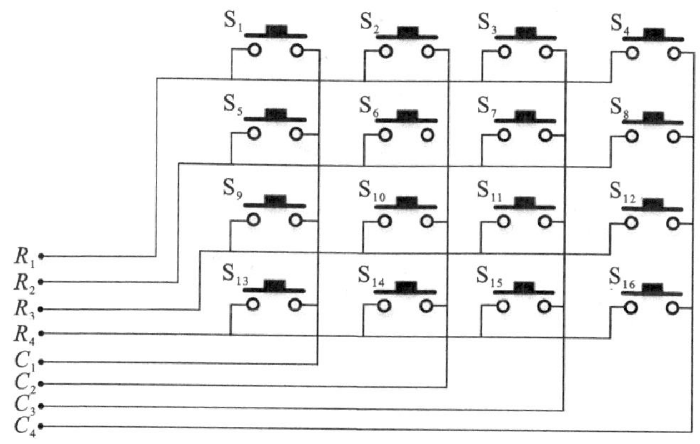

图 4-25　4×4 矩阵式键盘原理图

3. 实验材料

计算机、Arduino UNO 开发板、4×4 矩阵式键盘。

4. 实验过程 1

任务 1：用 Arduino UNO 扫描矩阵键盘，读取键盘按下的按键值。

1）硬件连接

将 4×4 矩阵式键盘连接至 Arduino UNO 控制板，连接示意图如图 4-26 所示，图 4-27 为实际连接图。

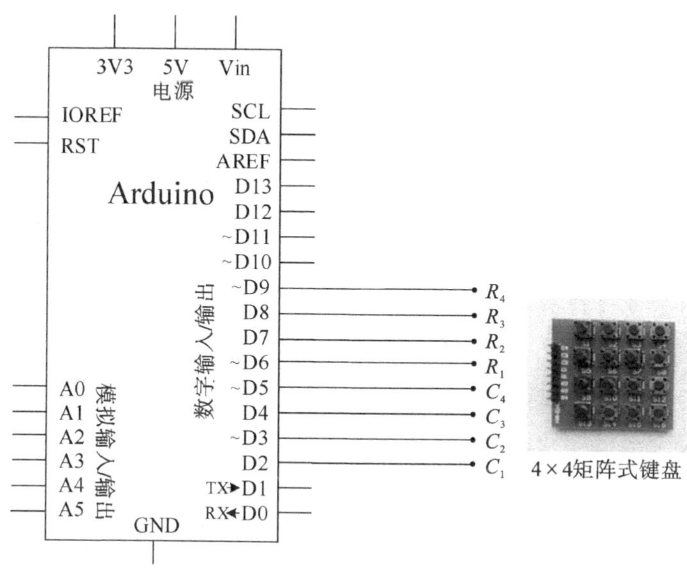

图 4-26　4×4 矩阵式键盘与 Arduino UNO 连接示意图

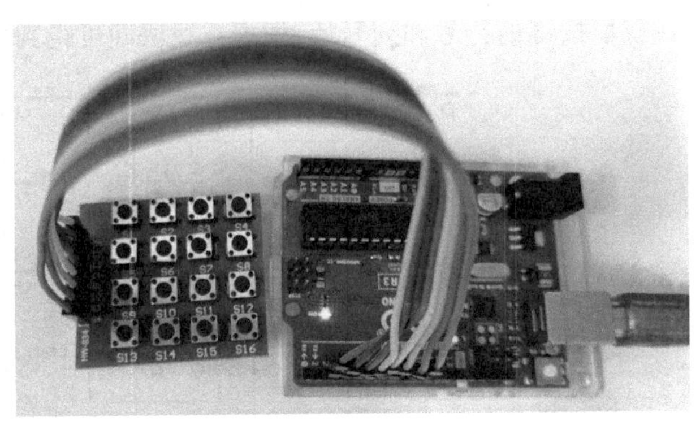

图 4-27　实际连接图

2)软件编程

(1) 创建 keyboard.h 头文件。在 keyboard.h 头文件中定义一个 KEYBOARD 类，包含用于引脚初始化的构造函数 KEYBOARD()，成员函数 keyscan()用于对矩阵键盘的行和列进行扫描，返回按键值。

keyboard.h 头文件代码如下：

```
#ifndef __KEYBOARD_H
#define __KEYBOARD_H
#include "Arduino.h"
class KEYBOARD{
  public:
    KEYBOARD();
    char keyscan(); //矩阵键盘输入扫描，返回按键值
  private:
};
#endif
```

(2)创建 keyboard.cpp 源文件。

keyboard.cpp 源文件代码如下：

```
#include"keyboard.h"
KEYBOARD::KEYBOARD(){  //引脚初始化
    for ( int i = 2; i < 6; i++ ){   //列引脚定义为输入，低电平
      pinMode( i, INPUT );}
    for ( int i = 6; i < 10; i++ ){  //行引脚定义为输出，高电平
      pinMode( i, OUTPUT );}
}
char KEYBOARD::keyscan() {   //矩阵键盘输入扫描，返回按键值
    for( int i = 2; i < 6; i++ )
       digitalWrite( i, HIGH );
```

```
      for( int i = 6; i < 10; i++ )
        digitalWrite( i, LOW );
  int val = 0;
  char key = 0;
  int x = 0;
  int y = 0;
  for( int i = 6; i < 10; i++ ) {
    for( int j = 2; j < 6; j++ ) {
      digitalWrite( i, LOW );          //将第 i 行拉低
      if ( digitalRead( j ) == 0){    //检测第 j 行
            x = i;     //x 为列号
            y = j;     //y 为列号
      }
    }
    digitalWrite( i, HIGH );
  }
  //8 个引脚,4 个输入,4 个输出,按下一个按钮其中一个回路被导通,两个引脚可以确定按下的按钮
  int num = x * 10 + y;
  switch (num)   {
    case 95: key = '1'; return key;
    case 94: key = '2'; return key;
    case 93: key = '3'; return key;
    case 92: key = 'A'; return key;
    case 85: key = '4'; return key;
    case 84: key = '5'; return key;
    case 83: key = '6'; return key;
    case 82: key = 'B'; return key;
    case 75: key = '7'; return key;
    case 74: key = '8'; return key;
    case 73: key = '9'; return key;
    case 72: key = 'C'; return key;
    case 65: key = '*'; return key;
    case 64: key = '0'; return key;
    case 63: key = '#'; return key;
    case 62: key = 'D'; return key;
```

```
    default:  return' ';
    }
}
```

(3)主程序。在主程序中包含编写的库文件 keyboard. h，定义一个 KEYBOARD 类 mykeyboard，在 setup()函数中设置串口波特率为 9600，在 loop()函数中扫描按键值并打印。

```
//按键值扫描主程序代码
#include"keyboard.h"
KEYBOARD mykeyboard;
char keyValue = ' ';        //定义 keyValue 的初始值为空格键
void setup() {
    // put your setup code here, to run once:
    Serial.begin(9600);
}
void loop() {
    // put your main code here, to run repeatedly:
     keyValue =mykeyboard.keyscan();
     if (keyValue > ' '){
       Serial.println( keyValue );
     }
     delay(200);//反应时间
}
```

3)观察实验结果

编译并上传程序，打开串口调试器，按下矩阵式键盘的按键，可在串口调试器窗口上看到按下的按键被打印出来，如图 4-28 所示。

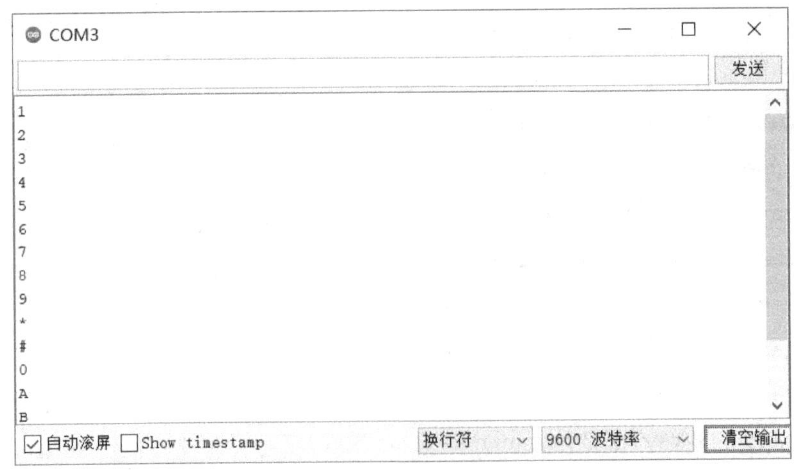

图 4-28　串口调试器窗口

5. 实验过程 2

任务 2:设置初始密码为“4567”,若在矩阵式键盘上输入的密码正确,则在串口调试器端口输出“OK! Welcome!”,否则输出“Sorry! Wrong password!”。

1)硬件连接

本任务的硬件电路连接与图 4-26 相同。

2)软件编程

(1)新建工程文件 exp4_3_passwordcheck. ino。将 4. 2. 2 节中的 keyboard. h 和 keyboard. cpp 文件复制到 exp4_3_ passwordcheck. ino 工程文件夹中。

(2)编写主程序 exp4_3_ passwordcheck. ino。定义初始密码为“4567#”,在 loop()函数中连续扫描按键,并将按键值连接为字符串保存在 passwordInput 中,同时对每个按键值进行判断,若按键值为“#”,表明密码输入完毕,此时需对输入的密码 passwordInput 进行判断,若与初始密码相同,则在串口调试器输出“OK! Welcome!”,否则输出“Sorry! Wrong password!”。

```
//主函数程序代码
#include"keyboard.h"
KEYBOARD mykeyboard;
char keyValue = '';        //a 的 ASCII 码为 97,0～9 的 ASCII 码为 48～57,A～Y 的 ASCII 码为 65～90
String password = "4567#";    //初始密码,以#号键结束
String passwordInput = "";
void setup() {
    // put your setup code here, to run once:
    Serial.begin( 9600 );
}
void loop() {
   // put your main code here, to run repeatedly:
   keyValue =mykeyboard.keyscan();
   if (keyValue > '') {
     Serial.println( keyValue );
     passwordInput += keyValue;
     if ( keyValue == '#' ){   //收到“#”符号则开始判断密码是否正确
       if ( passwordInput == password ){   //密码正确
         Serial.println( "OK! Welcome!" );
         passwordInput = "";
       }
       else{  //密码错误
```

```
            Serial.println( "Sorry! Wrong password!" );
            passwordInput = "";
          }
      }
    }
    delay(200);
    keyValue = '';
}
```

3)观察实验结果

编译并上传程序,打开串口调试器,先在矩阵式键盘上依次按下按键“1256＃”,在串口调试器窗口可看到按下的按键和密码错误提示。然后再依次按下按键“4567＃”,在串口调试器窗口出现密码正确提示。实验结果如图 4-29 所示。

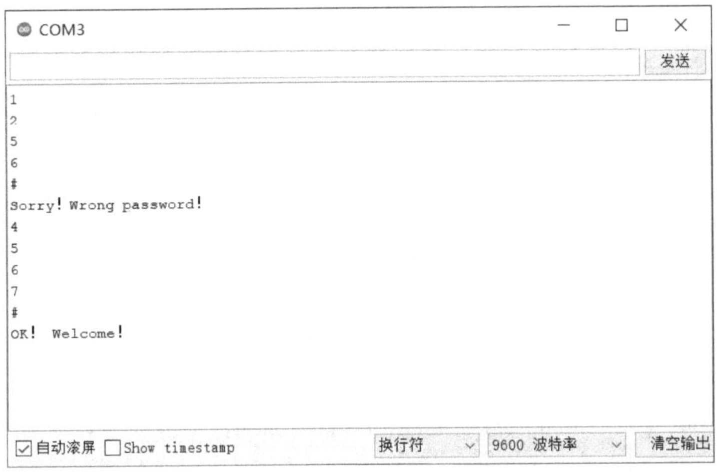

图 4-29　串口调试器窗口

4.2.3　步进电机模拟开关门功能

1. 实验任务

用 Arduino UNO 控制步进电机转动指定的圈数,实现位置的精确控制。

2. 知识基础

1)步进电机工作原理

步进电动机是纯粹的数字控制电动机,它将电脉冲信号转变成角位移,给步进电机发送一个脉冲,步进电机就转动一个角度,因此非常适合用单片机控制。在未超载的情况下,电机的转速、停止的位置只取决于脉冲信号的频率和脉冲数,而不受负载变化的影响,也就是说,步进电机只有周期性的误差而无累计误差,精度高。

步进电机有二相四线(黑、绿、红、蓝对应 A＋、A－、B＋、B－)。相数指电机内部的线圈组数,四线是指电机有 4 根引出线。电机相数不同,其步距角也不同,一般二相电机的步距角为 1.8°,所以在没有细分的情况下,转动一圈需要的脉冲数为 360°/1.8°=200,采用 2 细分时转动一圈需要的脉冲数为 200×2=400,采用 16 细分时,则需要走 3200 步才转动一圈。步进电机能按照设定频率转动到设置的绝对位置,频率范围为 20 Hz 至 200 kHz。图 4-30 为步进电机的实物图及其引脚说明。

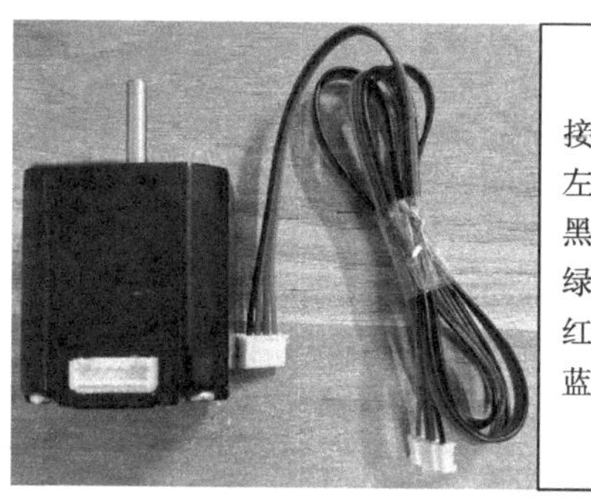

接线端口排布从左至右依次为:
黑线: A+
绿线: A−
红线: B+
蓝线: B−

图 4-30　步进电机及其引脚说明

2)A4988 步进电机驱动器

A4988 为步进电机驱动器,带有内置转换器,易于操作。该驱动器具有±1 A 的输出能力,可在全、半、1/4、1/8 及 1/16 步进模式时控制双极步进电机。只要在 A4988 的"STEP"端口输入一个脉冲,即可驱动步进电机产生微步。如图 4-31 所示的 A4988 驱动器共有 16 个引脚,含义分别如下。

图 4-31　A4988 步进电机驱动器正反面实物图

(1)引脚含义。A4988 步进电机驱动器 16 个引脚的含义分别为:

VDD 和 GND:逻辑电源正极(3.3～5 V)和接地引脚。

VMOT 和 GND:外部供电电压和接地引脚,给电机提供足够的动力输出,供电范围是 8～35 V。注:通常在 VMOT 引脚和接地引脚之间应放置一个 47μF 或更大的电解电容来保护驱动板免受瞬时电压的冲击。

MS1、MS2 和 MS3:细分选择控制端,为这三个引脚设置适当的电平,步进电机会按

表 4－1中的 5 种细分模式运行。正常状态下，这 3 个细分选择引脚被内部下拉电阻拉至低电平，因此，如果这 3 个引脚悬空，电机将以全步进模式运行（转动一圈需要 200 个步进值或一个步进 1.8°）。

表 4－1　A4988 步进电机驱动器微步分辨率真值表

MS1	MS2	MS3	微步分辨率	脉冲数/圈
L	L	L	全步	200
H	L	L	半步	400
L	H	L	1/4 步	800
H	H	L	1/8 步	1600
H	H	H	1/16 步	3200

STEP：控制电机旋转的步数。单片机通过该引脚向 A4988 发送脉冲控制信号，A4988 接收到信号后，会根据 MS1，MS2 和 MS3 的状态，控制电机转动。脉冲的频率决定电动机的速度，脉冲数决定电动机将旋转的圈数。

DIR(DIRECTION)：控制电机的转动方向。输入高电平时步进电机顺时针旋转，输入低电平时步进电机逆时针旋转。

EN(ENABLE)：使能引脚（低电平有效）。若引脚悬空，默认使能状态。

SLEEP：睡眠引脚，低电平时，A4988 进入低能耗睡眠状态，当电机不工作时，它可以最大程度地降低功耗，默认为高电平。

RESET：低电平有效，当引脚输入低电平，那么所有的微步设置都将被忽略掉。一般在使用中，可将 SLEEP 与 RESET 连接，目的是将 RESET 引脚设置为高电平，以便模块可控。

1A，1B 引脚连接步进电机的一相，2A，2B 引脚连接步进电机的另一相。

注意：在 A4988 通电时连接或断开步进电机会损坏 A4988 驱动器。

(2)A4988 驱动电流调节。A4988 可驱动最大电流的计算公式为：$I_{max} = V_{ref}/(8 \times R_s)$。例如：$R_s$ 为 0.1 Ω，若需要最大 1.5 A 的驱动电流，V_{ref} 参考电压就需要调节为 1.2 V。

R_s 电阻值一般有 3 种类型，0.05 Ω，0.1 Ω 或者 0.2 Ω，对应驱动模块上面的 S1、S2 电阻。参考电压 V_{ref} 可以通过调节电位器改变，顺时针旋转电位器调大电压，逆时针旋转电位器调小电压。测量电位器金属旋钮和 GND 之间的电压，即是 V_{ref}。

3. 实验材料

计算机、Arduino UNO 开发板、步进电机、A4988 步进电机驱动器。

4. 实验过程

1)硬件连接

按照图 4－32 所示电路连接 Arduino UNO 开发板与 A4988 驱动器及步进电机，图4－33 为电路连接实物图。

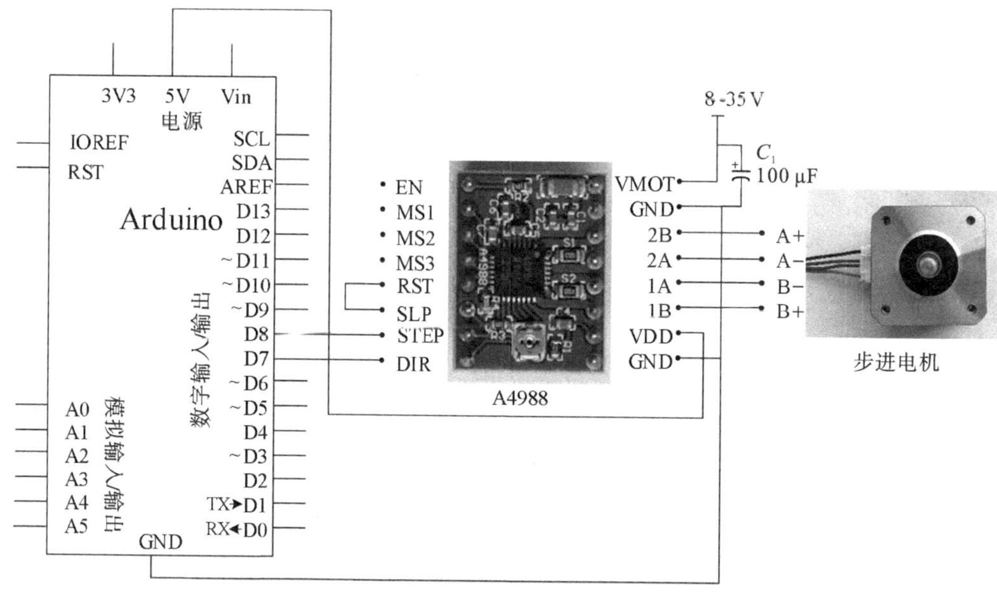

图 4-32　Arduino UNO 与 A4988 及步进电机连接电路图

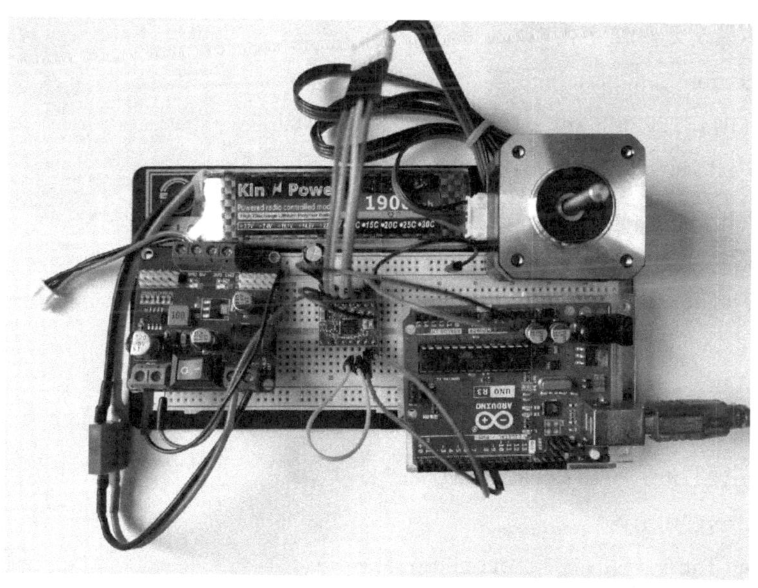

图 4-33　Arduino UNO 开发板与 A4988 驱动器及步进电机连接实物图

2)软件编程

(1)新建 STEPPER.h 文件。在 STEPPER.h 文件中,定义一个 STEPPER 类,包含构造函数 STEPPER(int dirPin, int stepPin)和控制步进电机转动微步的函数 step(boolean dir, int step)。

```
//STEPPER.h 文件程序代码
#ifndef STEPPER_H
#define STEPPER_H
```

```
#include "Arduino.h"
class STEPPER{
  public:
    STEPPER(int dirPin, int stepPin);
    void step(boolean dir, int stepNum);
  private:
    int m_dirPin;
     int m_stepPin;
};
#endif
```

(2)新建 STEPPER. cpp 文件。STEPPER. cpp 源文件是 STEPPER. h 头文件中各函数的具体实现。首先在 STEPPER(int dirPin, int stepPin)构造函数中定义控制电机转动方向和转动步数两个引脚的模式为 OUTPUT。在 step(boolean dir, int step)函数中,向引脚 dirPin 输出控制量 dir,高电平使电动机顺时针旋转,低电平使电动机逆时针旋转。同时向控制电机微步数的引脚 stepPin 输出数量为 stepNum 的脉冲,控制电机转动 stepNum 微步。

```
//STEPPER.cpp 文件程序代码
#include "STEPPER.h"
STEPPER::STEPPER(int dirPin, int stepPin) {
     pinMode(dirPin, OUTPUT);
     pinMode(stepPin, OUTPUT);
     m_dirPin = dirPin;
     m_stepPin = stepPin;
}

void STEPPER::step(boolean dir, int stepNum) {
    digitalWrite(m_dirPin, dir);
    delay(50);
    for(int i = 0; i < stepNum; i++){
      digitalWrite(m_stepPin, HIGH);
      delayMicroseconds(1000);
      digitalWrite(m_stepPin, LOW);
      delayMicroseconds(1000);
  }
}
```

(3)编写主程序。在主程序中,包含 STEPPER. h 头文件,定义一个 STEPPER 类的对象是 mystep,在 loop()函数中,通过访问类的成员函数 step()控制电机正转 200 微步(即 1 圈)后,再反转 200 微步(即 1 圈)。

```
//主程序代码
#include "STEPPER.h"
STEPPER mystep(7,8);  //定义一个 STEPPER 对象
void setup() {
  // put your setup code here, to run once:
}
void loop() {
  // put your main code here, to run repeatedly:
  mystep.step(false, 200);  //顺时针转动一圈
  delay(2000);
 mystep.step(true, 200);  //逆时针转动一圈
   delay(2000);
}
```

3)观察实验结果

编译并上传程序,观察步进电机是否顺时针转动 1 圈,然后逆时针转动 1 圈。

4.2.4 射频 IC 卡识别

无线射频识别即射频识别技术(Radio Frequency Identification,RFID)是自动识别技术的一种,通过无线射频方式进行非接触双向数据通信,利用无线射频方式对记录媒体(电子标签或射频卡)进行读写,从而达到识别目标和数据交换的目的。RFID 的应用非常广泛,典型应用有门禁管制、停车场管制、生产线自动化和物料管理等。

1. 实验任务

(1)用 Arduino UNO 控制射频 IC 卡(Integrated Circuit Card,集成电路卡)感应器 RFID - RC522,获取空白卡和异形卡的序列号。

(2)根据检测出的空白卡和异形卡的序列号,设置其中一个异形卡为已授权卡,空白卡为非授权卡,若检测到已授权卡,显示“Authorized access”,否则显示“Access denied”。

2. 知识基础

1)射频 IC 卡感应器 RFID - RC522

射频 IC 卡感应器 RFID - RC522 模块含有板载的芯片 MF - RC522,MF - RC522 是 NXP 公司推出的一款低电压、低成本、体积小的非接触式读写卡芯片,是智能仪表和便携式手持设备研发的较好选择。图 4 - 34 为射频 IC 卡感应器 RFID - RC522 模块的实物图及其引脚说明。Arduino 资源库中包含 RC522 的库。使用时需要安装库:Arduino IDE→工具→管理库→搜索“RC522”→安装＜MF - RC522＞库。

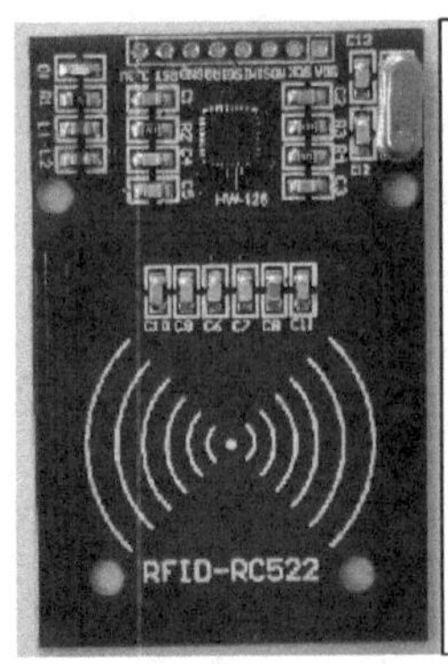

SDA：数据线
SCK：时钟线
MOSI：SPI 接口主出从入
MISO：SPI 接口主入从出
IRQ：中断请求
GND：接地
RST：复位
3.3V：电源接口

图 4－34　RFID－RC522 模块实物及端品说明

2)非接触式 IC 卡

非接触式 IC 卡又称射频卡，由 IC 芯片、感应天线组成，封装在一个标准的塑料卡片内，芯片及天线无任何外露部分。非接触式 IC 卡是已经发展成熟的技术，可以成功地将射频识别技术和 IC 卡技术结合起来，解决了卡中无电源和免接触这一难题，是电子器件领域的一大突破。卡片在一定距离范围(通常为 5～10 cm)靠近读写器表面，可以通过无线电波的传递来完成数据的读写操作。最常见的非接触式 IC 卡是非接触式逻辑加密卡，这类 IC 卡凭借其良好的性能和较高的性价比，已在公交、医疗、校园一卡通及门禁等领域广泛应用。

如图 4－35 所示为一款 S50 非接触式 IC 卡。卡片的电气部分仅由一个天线和 ASIC(Application Specific Integrated Circuit，专用集成电路)组成。卡片的天线由几组绕线的线圈构成，封装在卡片中。卡片的 ASIC 由一个高速(106 KB 波特率)的 RF 接口，一个控制单元和一个 8 KB 容量的 EEPROM 组成。

工作原理是读写器向 IC 卡发一组固定频率的电磁波，卡片内有一个 LC 串联谐振电路，其频率与读写器发射的频率相同，在电磁波的激励下，LC 谐振电路产生共振，从而使电容内有了电荷，在这个电容的另一端，接有一个单向导通的电子泵，将电容内的电荷送到另一个电容内储存，当所积累的电荷达到 2 V 时，此电容可作为电源为其他电路提供工作电压，将卡内数据发射出去或接收读写器的数据。

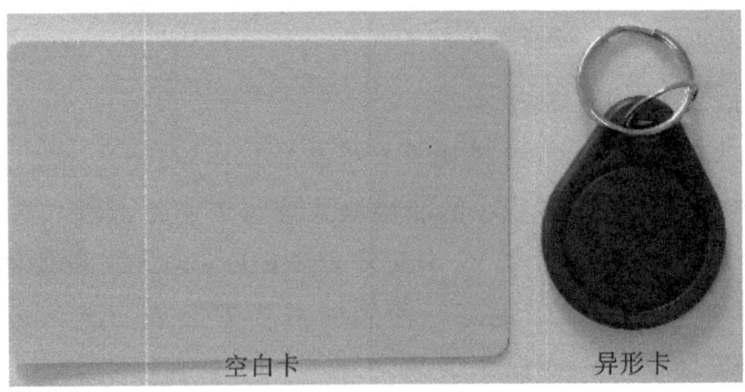

图 4－35　S50 空白卡和异形卡

3. 实验材料

计算机、Arduino UNO 开发板、RFID - RC522 模块、S50 空白卡和异形卡。

4. 实验过程 1

任务 1:用 Arduino UNO 控制射频 IC 卡感应器 RFID - RC522,获取空白卡和异形卡的序列号。

1)硬件连接

将 RFID - RC522 模块连接至 Arduino UNO 控制板,对应的连接示意如图 4 - 36 所示,实际连接如图 4 - 37 所示。

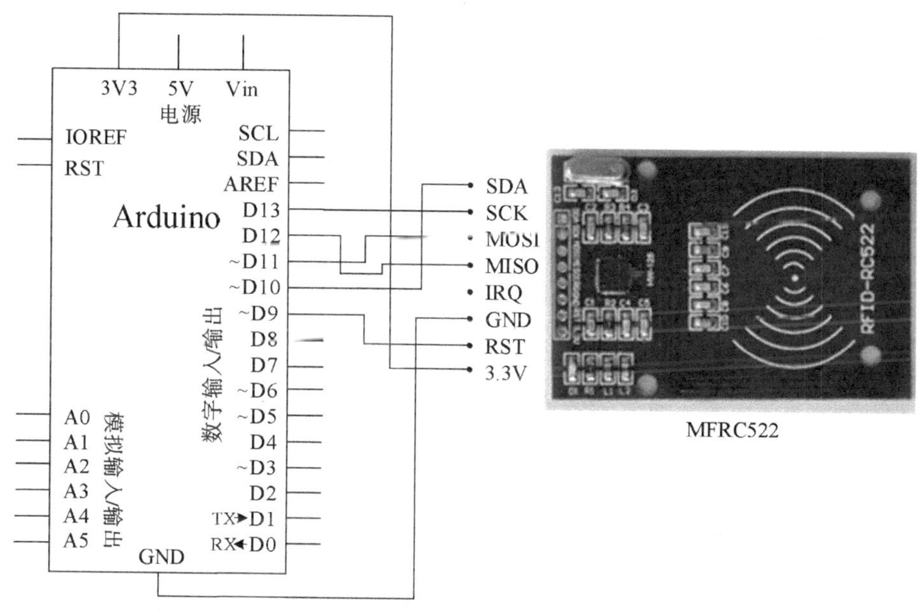

图 4 - 36　Arduino 与 RFID - RC522 连接示意图

图 4 - 37　实际连接图

2)软件编程

本模块直接使用例程库。打开例程:文件→示例→MFRC522→ReadNUID。例程代码见附录 D:实验 4-2-4 射频 IC 卡感应器 RFID-RC522。

3)观察实验结果

编译并上传程序,打开串口调试器,将 S50 空白卡和异形卡分别靠近 RFID-RC522 模块,即可看到串口调试器窗口显示卡的十进制和十六进制编号,如图 4-38 所示。

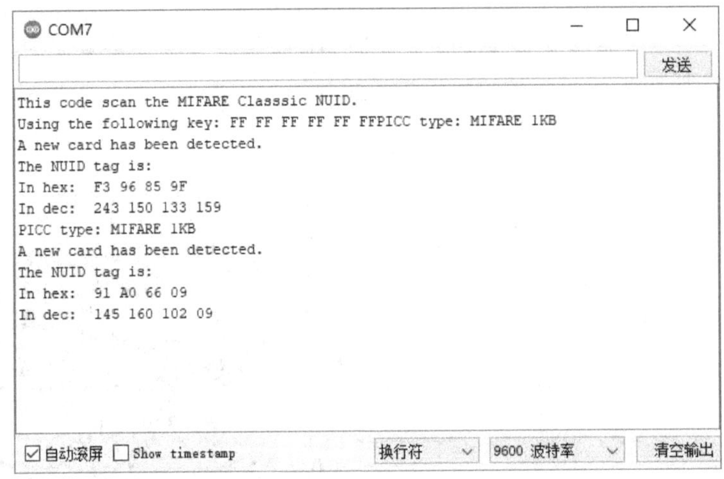

图 4-38　S50 空白卡和异形卡读取结果

5. 实验过程 2

任务 2:根据检测出的空白卡和异形卡的序列号,设置其中一个异形卡为已授权卡,空白卡为非授权卡,若检测到已授权卡,显示“Authorized access”,否则显示“Access denied”。

1)硬件连接

本任务硬件连接与图 4-36 相同。

2)软件编程

将已授权卡片的序列号存储在一个数组中,在主程序中检测靠近卡片的序列号,然后与数组中已授权的卡号比对,最终输出结果。

```
//程序代码
#include <SPI.h>
#include <MFRC522.h>
#define SS_PIN 10
#define RST_PIN 9
MFRC522 mfrc522(SS_PIN, RST_PIN);   //创建一个 MFRC522 对象
#define AUTH_CARD_NUM 2
String g_authorizedCards[AUTH_CARD_NUM] = {"91 A0 66 09", "F3 96 85 9F"}; //
该数组存放已授权卡号
void setup(){
```

```
    Serial.begin(9600);   //打开串口调试器,设置波特率
    SPI.begin();          //初始化 SPI
    mfrc522.PCD_Init();   //初始化 MFRC522
    Serial.println("Approximate your card to the reader...");
    Serial.println();
}
void loop() {
  if( ! mfrc522.PICC_IsNewCardPresent())  //检测卡片
  {
    return;
  }
  if( ! mfrc522.PICC_ReadCardSerial())  //读取卡片序列号
  {
    return;
  }
  //Show UID on serial monitor
  Serial.print("UID tag :");  //将卡片序列号打印输出至串口调试器
  String content= "";
  byte letter;
  for (byte i = 0; i < mfrc522.uid.size; i++)
  {
    Serial.print(mfrc522.uid.uidByte[i] < 0x10 ? " 0" : " ");
    Serial.print(mfrc522.uid.uidByte[i], HEX);
    content.concat(String(mfrc522.uid.uidByte[i] < 0x10 ? " 0" : " "));
    content.concat(String(mfrc522.uid.uidByte[i], HEX));
  }
  Serial.println();
  Serial.println("Message : ");
  content.toUpperCase();
  bool checkSucc = false;
  for(int i = 0; i < AUTH_CARD_NUM; i++) {
    Serial.print("AuthorizedCards ");
    Serial.print(i);
    Serial.print(": ");
    Serial.print(g_authorizedCards[i]);
    if (content.substring(1) == g_authorizedCards[i])
    {
```

```
          checkSucc = true;
          Serial.println(". Match. ^_^");
          break;
        } else{
          Serial.println(". Not Match @_@");
        }
    }

    if (checkSucc){
      Serial.println("Authorized access");
    } else {
      Serial.println("Access denied");
    }
    Serial.println();
    delay(3000);
}
```

3)观察实验结果

编译并上传程序,打开串口调试器,将 S50 空白卡和异形卡分别靠近 RFID - RC522 模块,即可看到串口调试器窗口显示的测试结果,如图 4 - 39 所示。

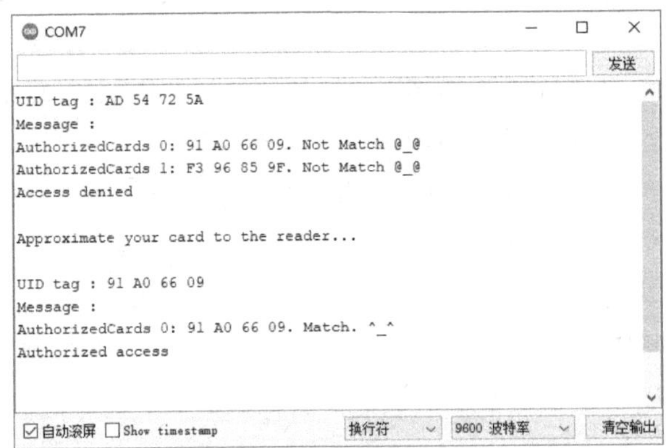

图 4 - 39　S50 卡测试结果

习题

1. 编写程序尝试增加修改密码的功能。

2. 编写程序改变步进电机转动的速度。

3. 编写程序控制步进电机加速或减速。

4. 利用 Arduino UNO 和 RFID - RC522 及 S50 空白卡和异形卡,实现修改卡号和复制一张新的卡为已授权卡的功能。

4.3　智能垃圾桶

人们在每天的生产活动中都会不可避免地制造出各种垃圾，我国城市人口密集，如果垃圾不能及时清理，将严重影响人们的正常生活。垃圾桶是人们生活中不可或缺的物品。在垃圾处理前对垃圾进行分类回收，不仅能节约自然资源，减少对环境的污染，保护生态环境，同时还可以保护人们的身体健康。随着垃圾分类的推广和实施，研究人员提出了各种智能垃圾桶的设计方案，比如基于语音识别模块及舵机等硬件，使垃圾桶对声音进行识别，自动打开相应垃圾桶盖，实现垃圾分类的垃圾桶；通过声源定位用户位置，主动移动并靠近用户的垃圾桶；基于物联网技术实时监控垃圾桶是否已塞满，计算回收垃圾的最佳时间和路线，节省人力和物力资源的垃圾桶等。本节将学习设计一款小型的智能垃圾桶。

4.3.1　总体设计

本项目设计的智能分类垃圾桶主要用于办公室、家庭等室内环境，实现垃圾分类的方式为语音识别，用户说出垃圾名称，语音识别模块控制相应垃圾桶打开盖子，每次投入垃圾后，垃圾桶会检测垃圾桶剩余容量，若垃圾桶已满则指示灯亮起，提醒环卫工人及时清理垃圾。设计目标：

(1)智能垃圾桶可以识别语音，自动打开对应垃圾桶的盖子。

(2)可测量垃圾桶的剩余容量。

(3)对可回收垃圾的重量进行显示。

(4)每次投递垃圾，语音播报提醒“感谢您为环境保护做出贡献！”。

1. 硬件设计框图

如图 4－40 所示为智能垃圾桶的硬件框图，Arduino UNO 对传感器模块进行控制。主要模块如下：

(1)Arduino UNO 开发板：整个系统的主控板。

(2)语音播报模块：每次投递垃圾及投递完毕，进行语音播报。

(3)超声测距模块：通过测量垃圾桶顶部到桶内垃圾的距离判断垃圾桶是否装满。

(4)舵机模块：模拟垃圾桶开盖或关闭。

(5)测重模块 HX711：对于可回收的垃圾，可根据重量转换成积分数量，反馈给用户。

(6)OLED 显示屏：显示垃圾桶容量和垃圾类别。

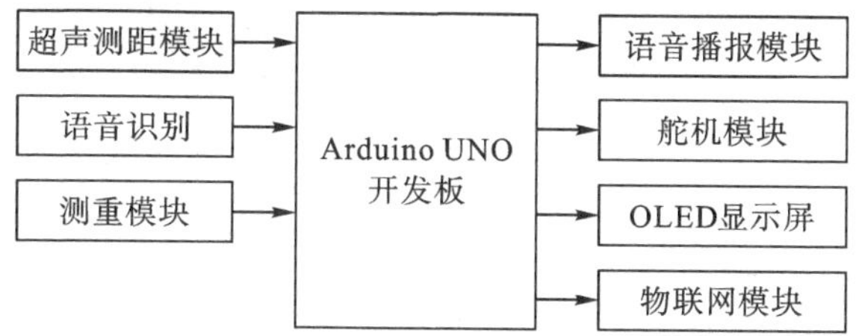

图 4－40　智能垃圾极硬件框图

2. 软件设计流程图

如图 4－41 所示为智能垃圾桶作品的软件流程图，先进行变量定义和初始化，语音识别模块识别到垃圾名称后，会自动打开垃圾桶盖，然后超声测距模块会测量垃圾桶顶部至垃圾的距离，若垃圾已满，则通过屏幕或指示灯提醒及时清理，若未满，则关闭垃圾桶桶盖，并进行语音播报。

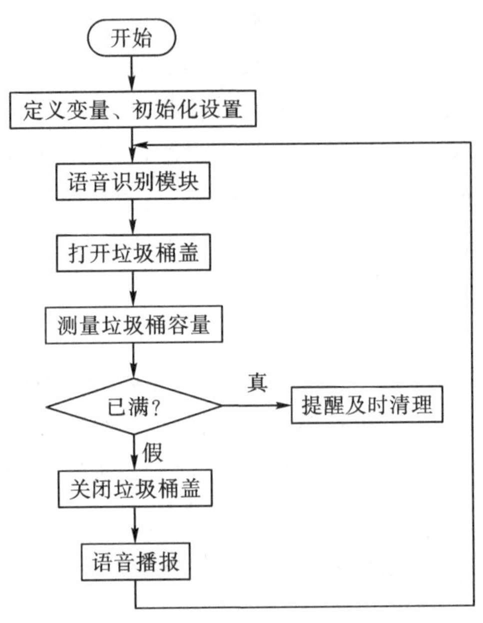

图 4－41　智能垃圾桶软件流程图

3. 作品展示

如图 4－42 所示为智能垃圾桶作品。

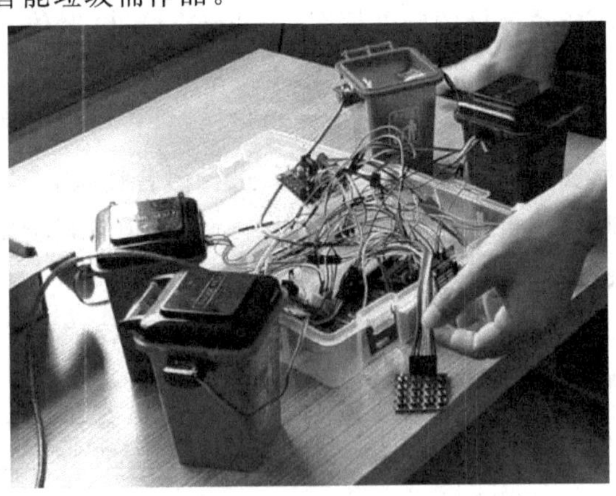

图 4－42　智能垃圾桶作品展示

4.3.2　舵机模拟垃圾桶盖开合

舵机是一种位置(角度)伺服的驱动器，主要由舵盘、减速齿轮、位置反馈电位计、直流电机和控制电路板构成，适用于需要角度不断变化并可以保持的控制系统，如机械臂。

1. 实验任务

(1)用 Arduino UNO 开源库例程测试舵机。

(2)根据舵机的控制原理，自行编写程序控制舵机。

2. 知识基础

如图 4－43 所示为 SG90 舵机的外形，共有 3 根连接线，橙色线为信号线，红色线为电源线(供电电压范围 4.8～6 V)，棕色线为接地线。本设计使用的 SG90 舵机的旋转角度范围为－90～90°。其工作原理是，控制电路板接收来自信号线的控制信号，控制电机转动，电机带动齿轮，齿轮减速后传动至输出舵盘。舵机的输出轴和位置反馈电位计是相连的，舵盘转动的同时，带动位置反馈电位计，电位计输出一个电压信号到控制电路板，进行反馈，然后控制电路板控制电机转动的方向和速度，达到目标位置后停止。

接线端口排布从上至下依次为：
棕色线：GND
红色线：电源线 5 V
橙色线：信号线
注：橙色信号线为 180° 舵机，白色信号线为270° 舵机

图 4－43　SG90 舵机模块

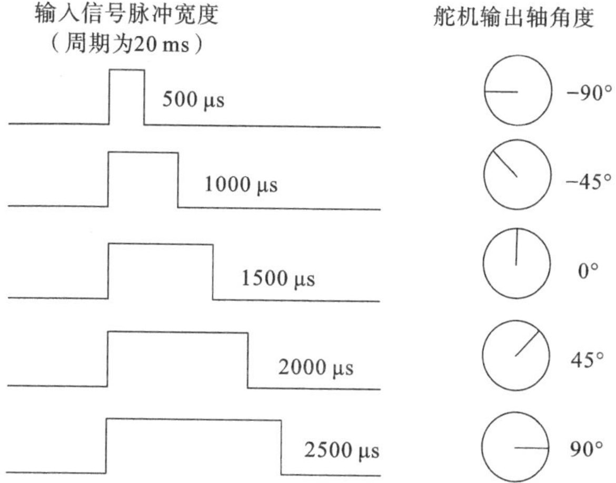

图 4－44　180°舵机输出角度与输入信号脉冲宽度的关系

舵机的控制方法：通过调节 PWM(脉冲宽度调制)信号的占空比可以控制舵机转动的角度，PWM 信号的周期固定为 20 ms，脉冲宽度与舵机转动角度呈线性关系，当 PWM 脉冲的高

电平在 0.5～2.5 ms 范围内变化时，舵机转动角度范围为－90°～90°，图 4－44 所示为舵机输出角度与输入信号脉冲宽度的关系。

SG90 舵机的空载速度为 0.09 s 每 60°，即转动 1°需 1.5 ms。为了使舵机匀速转动，在控制舵机连续转动时，从初始角度到目标角度，可设计一个角度的递增/递减循环，角度每改变一次，延时适当时间，从而控制舵机流畅转动。

3. 实验材料

计算机、Arduino UNO 开发板和 SG90 舵机模块。

4. 实验过程 1

任务 1：用 Arduino UNO 开源库的例程测试舵机。

1）软件编程

本模块直接使用 Arduino IDE 自带的例程库。打开例程：Arduino IDE→文件→示例→Servo→Sweep 例程。例程代码见附录 D：实验 4－3－2 舵机。

2）硬件连接

将 SG90 舵机模块连接至 Arduino UNO 控制板，根据例程文件，舵机信号线应连接 Arduino UNO 开发板的数字引脚 9。对应的连接示意图如图 4－45 所示，实际连接电路如图 4－46 所示。

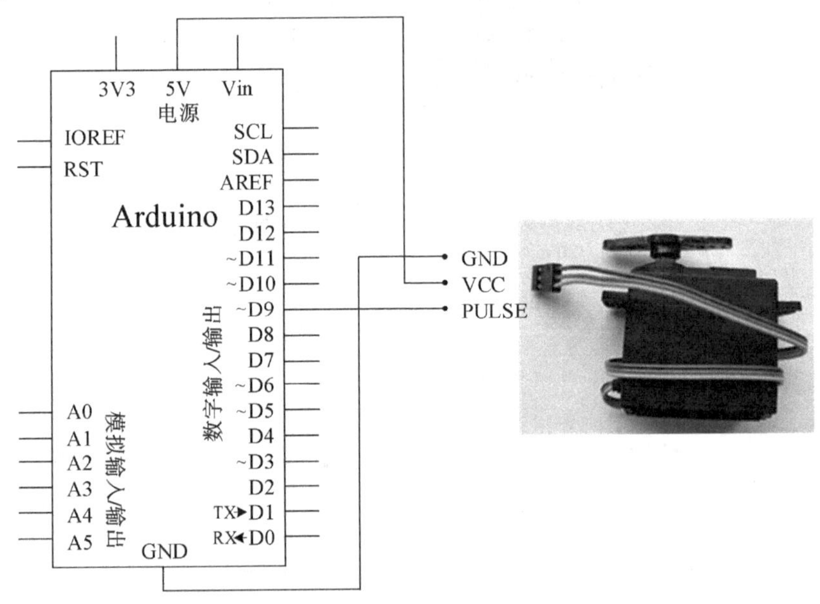

图 4－45　SG90 舵机模块与 Arduino UNO 连接示意图

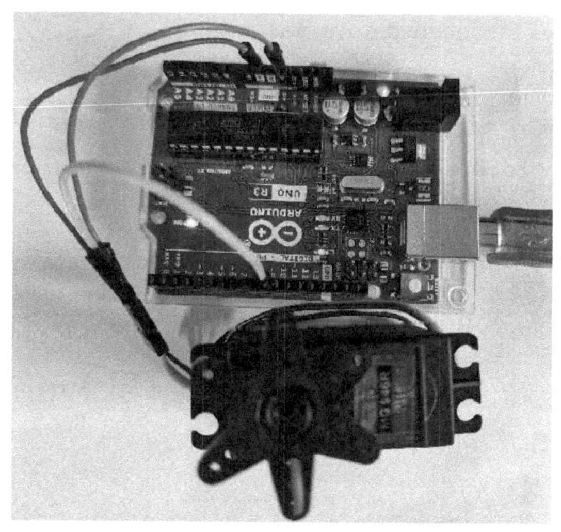

图 4-46　SG90 舵机与 Arduino 连接实物图

3)观察实验结果

编译并上传程序,可看到舵机在−90°～90°之间循环转动。

5. 实验过程 2

任务 2:根据 SG90 舵机的控制原理,自行编写程序控制舵机转动。

1)硬件连接

本实验硬件连接与图 4-45 相同。

2)软件编程

(1)新建 SERVO.h 头文件。在 SERVO.h 头文件中定义一个 SERVO 类,包含三个成员函数，write(int value)函数用于控制舵机转动至指定角度值,控制量为角度值;writeMicroseconds(int value)函数用于写入脉宽宽度(μs),控制舵机转动至指定角度,控制量为脉冲宽度。由于 Arduino UNO 开发板的 PWM 输出引脚输出的 PWM 信号的周期固定,故为了控制舵机可在数字引脚输出高低电平作为 PWM 信号,SetPulse(int pulseWidth)函数用于生成周期为 20 ms,脉冲宽度为 pulseWidth 的方波信号。

```
//SERVO.h 头文件代码
#ifndef SR04_H
#define SR04_H
#include "Arduino.h"
#define MIN_PULSE_WIDTH       500      //最小脉冲宽度
#define MAX_PULSE_WIDTH       2500     //最大脉冲宽度
class SERVO{
  public:
    SERVO(int controlPin);
    void write(int value);    //写入角度值
```

```
      void writeMicroseconds(int value);    //写入脉宽宽度(μs)
      void SetPulse(int pulseWidth);
    private:
      int m_controlPin;
      int m_min;
      int m_max;
};
#endif
```

(2)SERVO.cpp 源文件。SERVO.cpp 文件是头文件 SERVO.h 中声明的成员函数的具体实现代码,用于定义类库及其成员。

```
//servoSG90.cpp 源文件代码
#include "SERVO.h"
#include "Arduino.h"
SERVO::SERVO(int controlPin) {
    pinMode(controlPin, OUTPUT);
    m_controlPin = controlPin;
}
void SERVO::write(int value) {
   //将角度值 0～180°,映射为脉冲宽度 500～2500 μs
   if (value < 0) value = 0;
    else if (value > 180)   value = 180;
    value =map(value, 0, 180, MIN_PULSE_WIDTH, MAX_PULSE_WIDTH);
    writeMicroseconds(value);
}
void SERVO::writeMicroseconds(int value) {
  //设置脉冲宽度
  if (value < MIN_PULSE_WIDTH)
    value = MIN_PULSE_WIDTH;
  else if (value > MAX_PULSE_WIDTH)
    value = MAX_PULSE_WIDTH;
  SetPulse(value);
}
void SERVO::SetPulse(int value) {
  //在 m_controlPin 引脚,输出周期为 20 ms,宽度为 value 的方波
  digitalWrite(m_controlPin,HIGH);
  delayMicroseconds(value);
  digitalWrite(m_controlPin,LOW);
```

```
delayMicroseconds(20000 - value);
}
```

(3)主程序。在主程序中，定义一个 SERVO 类的对象 myservo，在 loop()循环中直接调用成员函数 write(int value)控制舵机转动至指定角度。

```
//主程序代码
1.  #include "SERVO.h"
2.  SERVO myservo(9); //舵机控制引脚连接在数字引脚 9
3.  void setup() {
4.     // put your setup code here, to run once:
5.  }
6.  void loop() {
7.     // put your main code here, to run repeatedly:
8.  myservo.write(135);  //舵机转动至 135°
9.  }
```

3)观察实验结果

编译并上传程序，观察实验结果。可看到舵机可转动至指定角度，还可以在程序第 8 行输入其他角度值进行测试。

4.3.3　语音播报设计

1. 实验任务

使用 Arduino UNO 控制语音合成播报模块 XFS5152 实现中英文语音播报功能。

2. 知识基础

语音合成播报模块集成了 XFS5152CE 专业语音合成芯片，可实现中文和英文语音合成，并且支持中、英文混读。模块中有用于数字符号、度量符号、特殊符号的特殊播报设置。图 4-47所示为语音合成播板模块实物图及引脚说明。

语音合成播报模块的主要功能包括：

(1)支持文本控制标记设置，使用便捷，同时提升了文本处理的正确率。

(2)具有文本智能分析处理功能，对常见的数字、号码、时间、日期、度量符号等能正确识别和处理，并具有很强的多音字和中文姓氏处理能力。

(3)支持内置多款播音人声音可供选择，支持 10 级语速、音调、音量调节。

(4)支持 GB2312、GBK、BIG5 和 UNICODE4 种编码方式。

(5)每次合成的文本量多达 4 K 字节。

(6)集成 80 种常用提示音效，适用于不同场合的信息提示、铃声和报警。

(7)含有板载扬声器。

(8)通信方式：IIC 通信。

(9)I2C 地址：0x30。

图 4-47　语音合成播报模块实物图及引脚说明

3. 实验材料

计算机、Arduino UNO 开发板、语音合成播报模块 XFS5152。

4. 实验过程

1)硬件连接

将语音合成播报模块 XFS5152 连接至 Arduino UNO 控制板,对应连接电路如图 4-48 所示。

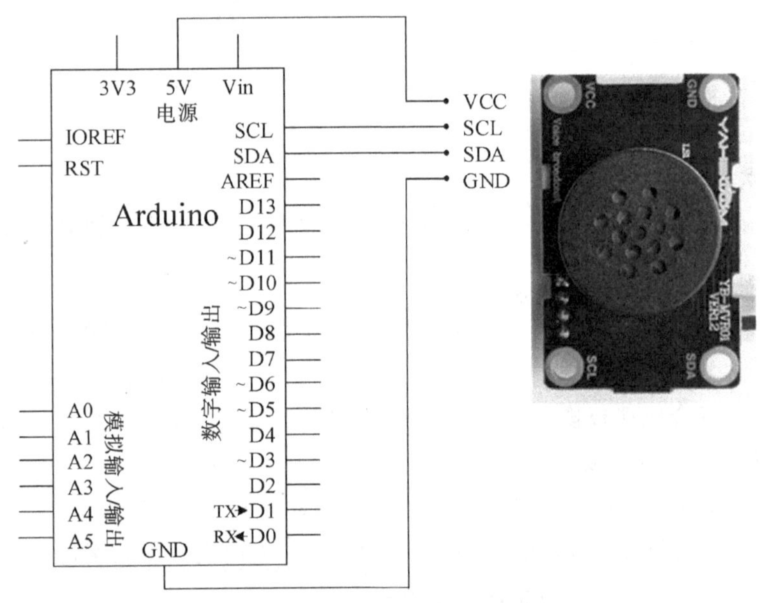

图 4-48　Arduino UNO 与语音合成播报模块连接电路图

2)软件编程

(1)新建草图文件、头文件和源文件。打开 Arduino IDE,菜单栏选择“文件”→“新建”,新建一个草图文件,并保存为 exp4-3-3-speech.ino。新建 XFS.h 和 XFS.cpp 文件,并复制附录 D:4-3-2 语音合成播报模块 XFS5152 中的 XFS.h 和 XFS.cpp 对应的程序代码。

(2)中文编码。对需要播报的中文,可以建立个 txt 文件,在文件内定义需要播报的中文字符串数组,然后将 txt 文件保存为 ANSI 编码格式。在 exp4 - 3 - 3 - speech 文件夹中,新建一个 TextTab. txt 文件,如图 4 - 49 所示。

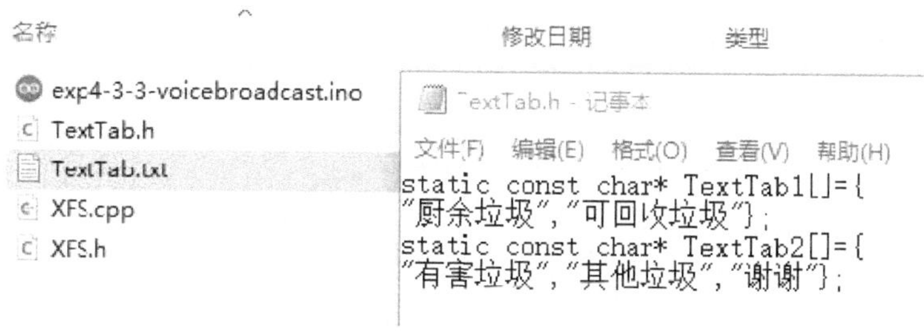

图 4 - 49　TextTab. txt 文件及内容

在 TextTab. txt 文件的菜单栏选择"文件"→"另存为",在"另存为"窗口中,将其名称修改为 TextTab. h,在编码(E)栏下拉菜单中选择"ANSI",单击"保存",如图 4 - 50 所示。

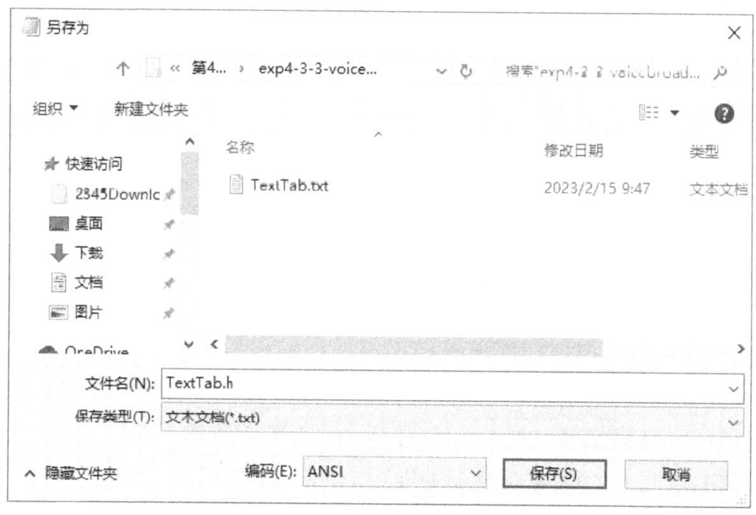

图 4 - 50　将 TextTab. text 文件转存为 TextTab. h 文件

(3)主程序。在主程序 exp4 - 3 - 3 - speech. ino 中,先定义语音播报对象 xfs,然后打开串口,对语音播报模块进行初始化。在 loop()循环中,依次循环播报 TextTab. h 文件中两个数组中的中文。

```
// exp4 - 3 - 3 - speech. ino 程序代码
#include "XFS.h"                //文件包含
#include "TextTab.h"            //中文需要放在该记事本中(因为编码不兼容)
XFS5152CE xfs;  //定义一个语音合成模块对象 xfs
/ * 超时设置,示例为 0S * /
static uint32_t LastSpeakTime = 0;
#define SpeakTimeOut 10000
uint8_t n = 1;
static void XFS_Init() {
```

```
    xfs.Begin(0x30);//设备 I2C 地址,地址为 0x30
    delay(n);
    xfs.SetReader(XFS5152CE::Reader_XiaoYan);      //设置播音人声
    delay(n);
    xfs.SetEncodingFormat(XFS5152CE::GB2312);      //文本的编码格式
    delay(n);
    xfs.SetLanguage(xfs.Language_Auto);            //语种判断
    delay(n);
    xfs.SetStyle(XFS5152CE::Style_Continue);       //合成风格设置
    delay(n);
    xfs.SetArticulation(XFS5152CE::Articulation_Letter);  //设置单词的发音方式
    delay(n);
    xfs.SetSpeed(5);                               //设置语速 1~10
    delay(n);
    xfs.SetIntonation(5);                          //设置语调 1~10
    delay(n);
    xfs.SetVolume(10);                             //设置音量 1~10
    delay(n);
}
unsigned char result = 0xFF;
void setup(){
    Serial.begin(115200);  //打开串口,设置波特率
    XFS_Init();  //语音模块初始化
}

void loop() {
xfs.StartSynthesis(TextTab1[0]);
    while(xfs.GetChipStatus() != xfs.ChipStatus_Idle) {
    delay(100); }
    xfs.StartSynthesis(TextTab1[1]);
    while(xfs.GetChipStatus() != xfs.ChipStatus_Idle) {
    delay(100); }
    xfs.SetReader(XFS5152CE::Reader_XuJiu);  //设置播音声
    xfs.StartSynthesis(TextTab2[0]);
    while(xfs.GetChipStatus() != xfs.ChipStatus_Idle) {
    delay(100); }
    xfs.StartSynthesis(TextTab2[1]);
```

```
while(xfs.GetChipStatus() ! = xfs.ChipStatus_Idle) {
  delay(100); }
  xfs.StartSynthesis(TextTab2[2]);
while(xfs.GetChipStatus() ! = xfs.ChipStatus_Idle) {
  delay(100);  }
}
```

3)观察实验结果

编译并上传程序,运行后可依次听到语音“厨余垃圾”“可回收垃圾”“有害垃圾”“其他垃圾”以及“谢谢”。图 4 - 51 为语音合成播板电路实物图。

图 4 - 51　语音合成播板电路实物图

4.3.4　称重模块

1. 实验任务

利用 Arduino UNO 控制板,配合压力传感器和 HX711 A/D 转换模块,设计一个最大称量质量为 5 kg 的电子秤。

2. 知识基础

电子秤是通过压力传感器采集被测物体的质量并将其转换成电压信号工作的。其输出的电压信号通常很小,需要进行线性放大。放大后的模拟电压信号经 A/D 转换电路转换成数字量被送入单片机中,再经过运算控制,最终在显示模块上显示出被测物体的质量。

1)HX711 模块

HX711 是一款专为高精度电子秤而设计的 24 位 A/D 转换器芯片。该芯片集成了稳压电源、片内时钟振荡器等外围电路,具有集成度高、响应速度快、抗干扰性强等优点。芯片具有两路差分输入,输入选择开关可任意选取通道 A 或通道 B,与其内部的低噪声可编程放大器相连。通道 A 的可编程增益为 128 或 64,通道 B 则为固定增益 32。该芯片与控制器的接口和编程均非常简单,所有控制信号均由管脚驱动,无需对芯片内部的寄存器编程。工作电压范围为 2.6～5.5 V,芯片的上电自动复位功能,简化了开机的初始化过程。图 4 - 52 所示为 HX711 模块实物图及其引脚说明。

VCC：接VCC电源，供电范围为3.3~5 V
GND：接地
CLK：时钟引脚
DAT：数据线

图 4-52　HX711 A/D 转换模块及引脚说明

Arduino 资源库中有 HX711 模块的开源库。使用时需要安装库：Arduino IDE→工具→管理库→搜索“HX711”→ 安装<DFRobot_HX711>库。在 DFRobot_HX711.h 库文件中，定义了一个 DFRobot_HX711 类，包含成员函数：

DFRobot_HX711(uint8_t pin_din, uint8_t pin_slk)；//构造函数，用于引脚定义，pin_din 和 pin_slk 均连接模拟引脚

long getValue()；　//返回质量值，单位为 g

long averageValue(byte times = 25)；//获取多次测量的平均值，times 为取平均的次数，返回读取重量结果，单位为 g

void setOffset(long offset)；//去皮设置补偿，offset 为补偿值

void setCalibration(float base = 1992.f)；//设置校准值，base 为校准值

readWeight()；//去皮后的质量，返回读取的质量值，单位为 g

2)压力传感器

传感器一端通过螺丝孔固定，另一端保持悬空状态，按标签指示方向施加重力。特别要注意，一定不要直接按压白色覆胶部分，以免破坏传感器内部应变力。压力传感器模块如图 4-53所示。

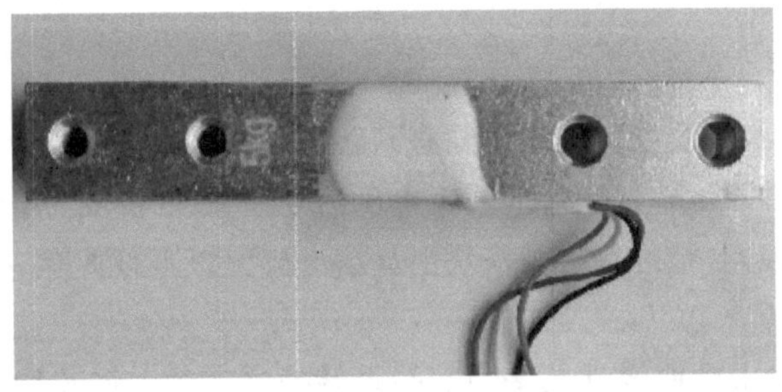

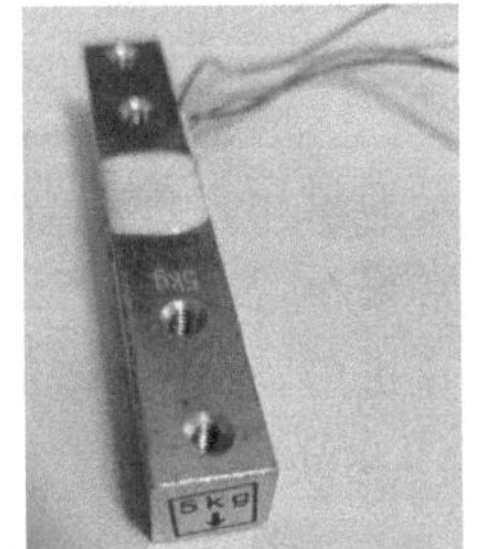

图 4-53　压力传感器模块

3. 实验材料

计算机、Arduino UNO 开发板、HX711 A/D 转换模块和压力传感器。

4. 实验过程

1)软件编程

实验可直接使用例程库。打开例程:文件→示例→DFRobot_HX711→example→readWeight。例程代码见附录 D:实验 4-3-4 HX711 称重模块。

2)硬件连接

压力传感器、HX711 模块与 Arduino UNO 控制板连接示意如图 4-54 所示,图 4-55 为实验实际连接电路。

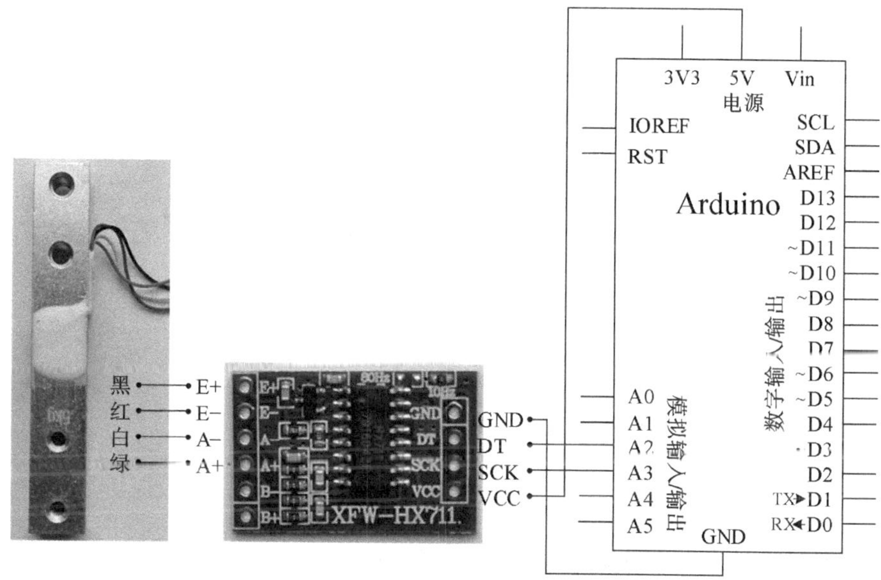

图 4-54　压力传感器和 HXT11 模块连接至 Arduino UNO 电路图

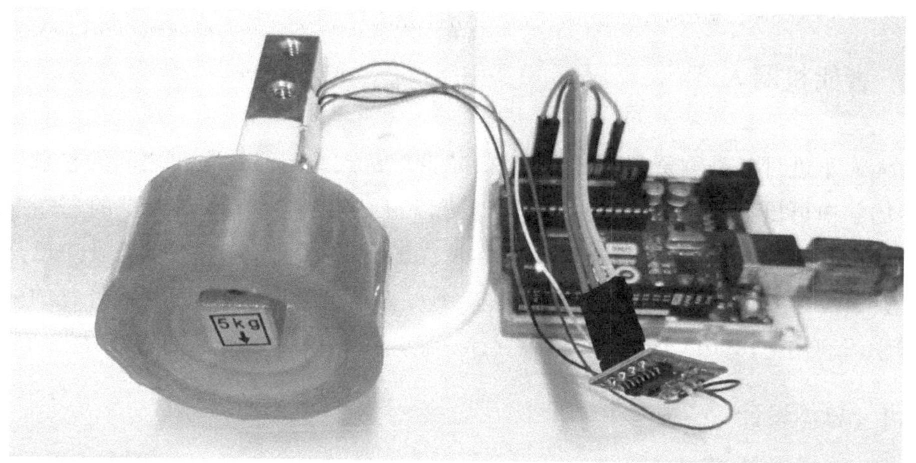

图 4-55　实验实际连接示意图

3)观察实验结果

在重力传感器标签指示位置悬挂一卷胶带。编译并上传程序,打开串口监视器,调整波特率为 9600,在串口调监视可看到输出的胶带质量信息,如图 4-56 所示。

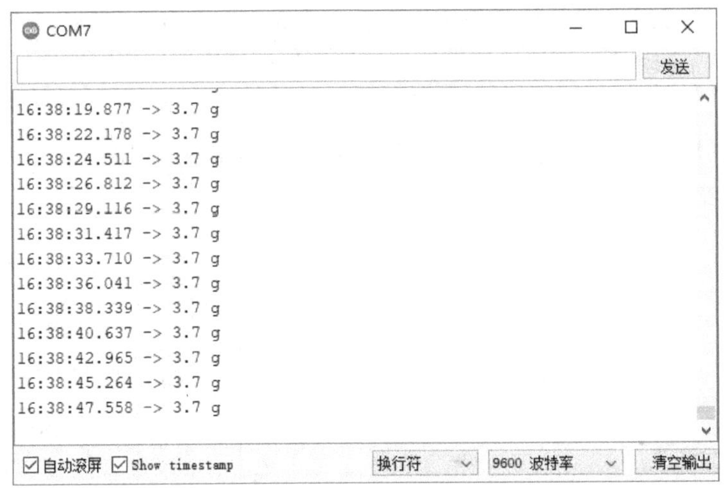

图 4-56　串口监视器输出的胶带重量信息

习题

设计一款智能垃圾桶,具有以下功能:

(1)语音模块识别垃圾种类,并打开对应垃圾桶盖子,延时 10 s 后自动关闭盖子;

(2)光敏电阻检测环境明暗,当照明条件不佳时,灯泡点亮照明;

(3)利用太阳能电池板给智能垃圾桶控制系统供电;

(4)若垃圾桶已满则通过红色指示灯提示,并通过物联网模块发送至智能手机,提醒环卫工人及时清理垃圾。

4.4　智能机器人

使用无人车进行各类物资的配送,可有效减少配送人员与终端客户之间的接触,在医院酒店等应用场景中可以大大降低人力成本,同时可以很好解决“最后一公里”的末端配送问题。目前,基于自动避障和导航的车载运输技术在现代工业、物流业、零售业等行业中已广泛使用,一方面提升了工作效率、节约了人力物力成本,另一方面也营造了智慧化、人性化的生活环境。本项目将学习利用 Arduino UNO 控制板设计一款用于医院运送物品的智能寻迹机器人。

4.4.1　总体设计

1. 硬件设计框图

图 4-57 所示为智能机器人的硬件设计框图。智能机器人主体包括机器人底盘、车轮、电机、电机驱动器、锂电池和传感器模块。设计目标包括:

(1)实现智能机器人自主寻迹或通过蓝牙或 WiFi 远程控制。

(2)实现电机速度 PI 控制。

(3)可实时显示运行速度和电池电量信息。

(4)具有紧急避障功能。

(5)具备喷雾消毒功能。

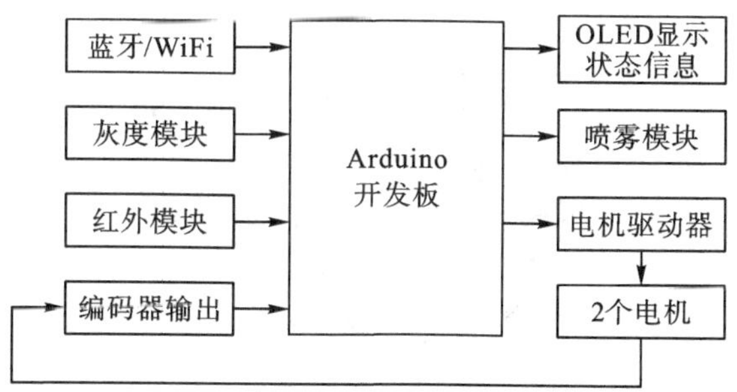

图 4-57　智能机器人硬件设计框图

2. 软件设计流程图

智能机器人的软件设计流程如图 4-58 所示，先定义全局变量和对象，对各模块和引脚进行初始化；再进行外部中断和定时器中断处理，外部中断用于获取编码器数值，定时器中断用于速度 PI 控制；然后读取灰度模块的值，以此设定直流电机的目标速度；随后再控制喷雾模块在机器人运行时进行喷雾；OLED 灯显示屏用于显示系统运行速度和电池电量信息。机器人运行时若遇到障碍物，则关闭中断，电机停转，喷雾停止。

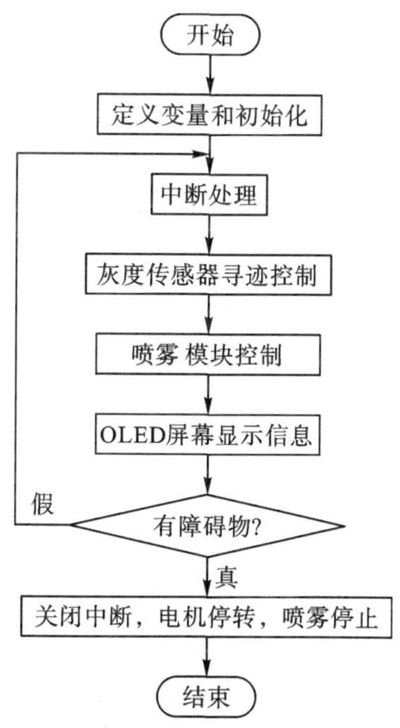

图 4-58　智能机器人软件设计流程图

3. 作品展示

智能机器人作品如图 4-59 所示。

图 4-59 智能机器人作品展示

4.4.2 直流电机速度控制

1. 实验任务

采用 Arduino UNO 控制板，配合电机驱动模块进行直流电机的转速控制。

2. 知识基础

1)直流电机工作原理

直流电机是指能将直流电能转换成机械能(直流电动机)或将机械能转换成直流电能(直流发电机)的旋转电机。图 4-60 所示为一款小型直流电动机，该电机共有 6 个接线端子，依次为电机线一、编码器电源线(+5 V)、编码器 A 相、编码器 B 相、编码器地线、电机线+，6 个接线端由 XH2.54-6P 插座引出，中间 4 根线是编码器的正负电源线及 A/B 相，编码器的内容将在下节讲述。在电机的“电机线+”和“电机线一”两个接线端子上加直流电压，电机转动，调节直流电压大小，可实现电机调速，改变施加在电机上直流电压的极性即可实现电机换向，即从正转变为反转，或从反转变为正转。由于一般的直流电机一分钟可转几千上万转，所以电机内部有减速器，其的目的是降低转速，增加转矩。

图 4-60 直流电机

2)电机驱动 TB6612FNG 模块

由于单片机 I/O 口的带负载能力较弱，而直流电机是大电流感性负载，故需使用功率放大器件。TB6612FNG 是一款直流电机驱动芯片，具有大电流 MOSFET－H 桥结构，双通道电路输出，可同时驱动 2 个电机，最大输入电压 V_m＝15 V，最大输出电流 I_{out}＝1.2 A(平均)/3.2 A(峰值)。

图 4－61 所示为由 TB6612FNG 芯片构成的电机驱动电路板，该驱动电路板包括：①4 个可对外部供电的引脚，支持 5 V/2 A 输出。②电压测量电路，通过串联 10 kΩ 和 1 kΩ 电阻，对输入电源进行 1/11 分压，通过 ADC 采集计算电源电压，实现电源电压监控。③引出标准 XH2.54－6P 接口，方便连接电机引线，AB 相编码器也单独引出。④电源输出电路，可输出与输入电源保持一致的电源。⑤电源开关，可开启/关闭电路板供电。驱动频率范围为 500～30000 Hz。该驱动板有 7 个 Input_IO 引脚和 7 个 Output_IO 引脚，各引脚的功能见表 4－2。注意，使用时将 STBY 置高电平，该电机驱动电路板才能正常工作。

图 4－61　TB6612FNG 电机驱动电路板

表 4－2　TB6612FNG 模块引脚功能

输入接口	功能	输出接口	功能
PWMA	电机 1 的 PWM 接口	5 V	＋5 V 接口
AIN2	电机 1 方向控制引脚	GND	接地
AIN1		ADC	电压采集引脚
STBY	模块使能引脚	E1A	编码器 1A 相
BIN1	电机 2 方向控制引脚	E1B	编码器 1B 相
BIN2		E2A	编码器 2A 相
PWMB	电机 2 的 PWM 接口	E2B	编码器 2B 相

现以一个电机控制为例，说明用 Arduino UNO 控制 TB6612FNG 电机驱动板控制电机转动的过程。控制电机需要 4 个单片机 IO 口，其中 1 个 IO 口控制使能端 STBY，1 个 IO 口输出 PWM 信号，改变占空比可调节电机的速度，2 个 IO 口控制电机方向引脚 AIN1 和 AIN2，

AIN1 和 AIN2 控制电机转动方向，电机转动状态真值见表 4-3。

表 4-3　电机转动状态真值表

引脚 AIN1	引脚 AIN2	电机状态
0	0	停止
1	0	正转
0	1	反转

3)2S 锂电池

如图 4-62 所示为 2S 锂电池，其电压范围为 7.4～8.4 V，使用时电池电压不能低于 7.4 V，低于 7.4 V 可能会因为过放而导致电池永久性损坏。

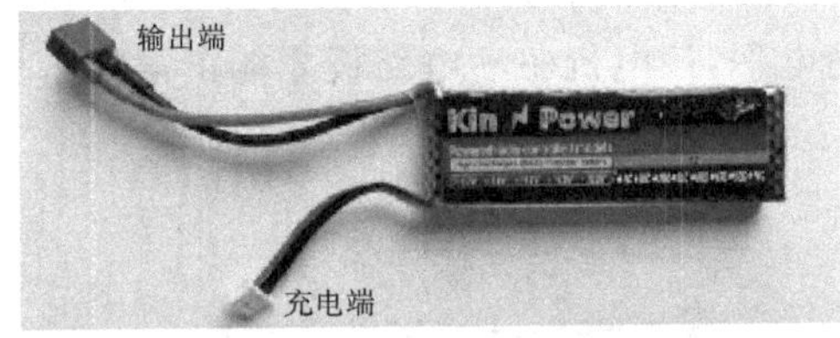

图 4-62　2S 锂电池

3. 实验材料

计算机、Arduino UNO 开发板、直流电机、电机驱动板 TB6612FNG 和 2S 锂电池。

4. 实验过程

1)硬件连接

用标准 XH2.54-6P 连接线连接电机和电机驱动板 TB6612FNG，用杜邦线连接 Arduino UNO 控制板和电机驱动板 TB6612FNG。对应连接示意电路如图 4-63 所示，测试电机的实际连接图如图 4-64 所示。

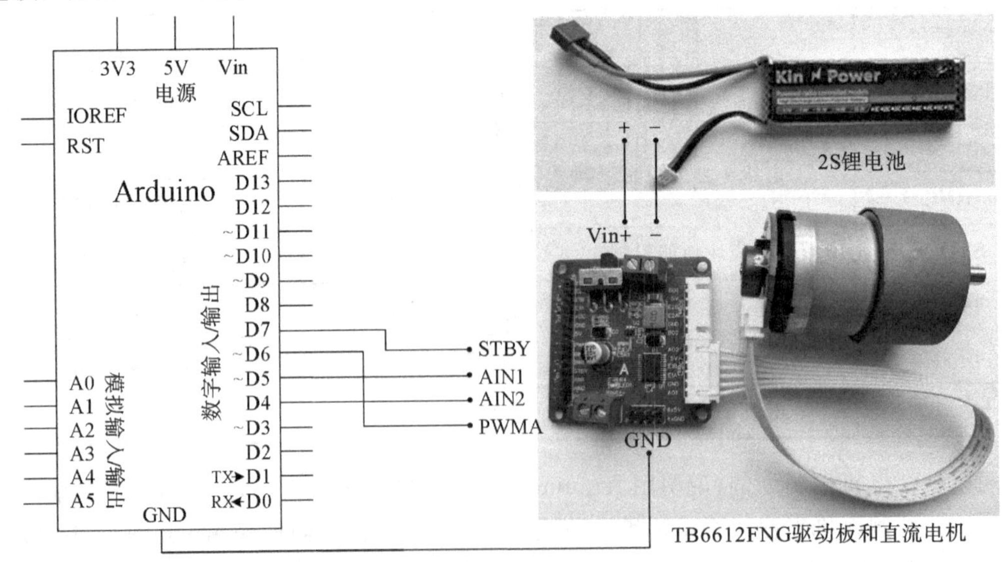

图 4-63　测试电机、驱动板及 2S 锂电池与 Arduino 连接示意图

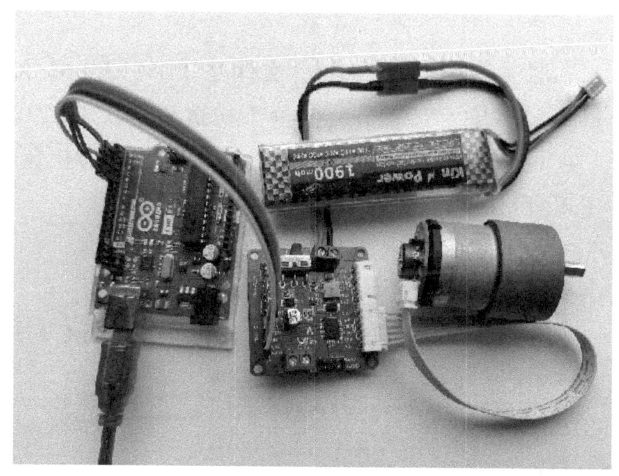

图 4-64　测试电机的实际连接图

2)软件编程

(1)新建 TB6612.h 头文件。在 TB6612.h 文件中,定义一个 TB6612 类,包含用于引脚初始化的构造函 TB6612()和成员函数 SetPWM,并定义成员变量。SetPWM(int pwmValA, int pwmValB)成员函数通过传递参数 pwmValA 和 pwmValB 的值设置电机 A 和 B 的速度,转动方向根据传递参数的正负判断,若传递参数为正则驱动电机正转,若为负则驱动电机反转。

```
//TB6612.h 程序代码
#ifndef TB6612_H
#define TB6612_H
#include "Arduino.h"
class TB6612{
public:
  TB6612(int STBY, int pwmPinA, int AIN1, int AIN2, int pwmPinB, int BIN1, int BIN2);
  void SetPWM(int pwmValA, int pwmValB);  //控制电机 A 和 B 的速度和方向
private:
  int m_STBY;
   int m_pwmPinA;
   int m_AIN1;
   int m_AIN2;
   int m_pwmPinB;
   int m_BIN1;
   int m_BIN2;
```

```
};
#endif
```

(2)新建 TB6612.cpp 源文件。TB6612.cpp 文件是 TB6612.h 头文件中定义的函数的具体实现。在构造函数 TB6612()中定义成员变量等于构造函数 TB6612()中的传递参数，还定义了相关引脚的模式。在 SetPWM()函数中，根据给定 PWM 值的正负，给控制方向的引脚写入高低电平，同时输出 PWM 波。

```
//TB6612.cpp 程序代码
#include "TB6612.h"
TB6612::TB6612(int STBY, int pwmPinA, int AIN1, int AIN2, int pwmPinB, int BIN1, int BIN2) {
    m_STBY = STBY;
    m_pwmPinA = pwmPinA;
    m_AIN1 = AIN1;
    m_AIN2 = AIN2;
    m_pwmPinB = pwmPinB;
    m_BIN1 = BIN1;
    m_BIN2 = BIN2;
pinMode(m_STBY, OUTPUT);
pinMode(AIN1, OUTPUT);
pinMode(AIN2, OUTPUT);
pinMode(BIN1, OUTPUT);
pinMode(BIN2, OUTPUT);
digitalWrite(m_STBY, HIGH);
}

void TB6612::SetPWM(int pwmValA, int pwmValB){ //控制电机 A 和 B 的速度和方向
   if (pwmValA > 0)  //A 轮正转
   {   digitalWrite(m_AIN1, HIGH);
        digitalWrite(m_AIN2, LOW);
        analogWrite(m_pwmPinA, pwmValA);
   }
   else if (pwmValA < 0)  //A 轮反转
   {  digitalWrite(m_AIN1, LOW);
     digitalWrite(m_AIN2, HIGH);
     analogWrite(m_pwmPinA, -pwmValA);
   }
   if (pwmValB > 0)  //B 轮正转
```

```
{   digitalWrite(m_BIN1, HIGH);
    digitalWrite(m_BIN2, LOW);
    analogWrite(m_pwmPinB, pwmValB);
  }
  else if (pwmValB < 0)   //B轮反转
  {  digitalWrite(m_BIN1, LOW);
    digitalWrite(m_BIN2, HIGH);
    analogWrite(m_pwmPinB, -pwmValB);
  }
}
```

(3)编写主程序。编写主程序 exp4 - 4 - car,在主程序中,先引入已编写的电机驱动头文件 TB6612.h。定义引脚和一个 TB6612 对象 MOTOR。在 loop()函数中,通过访问类的成员函数 SetPWM(100, 50)驱动电机转动。

```
//exp4 - 4 - car ino 程序代码
#include "TB6612.h"
int STBY = 7, pwmPinA = 6, AIN1 = 5, AIN2 = 4, pwmPinB = 9, BIN1 = 12, BIN2
= 13;
TB6612 MOTOR(STBY, pwmPinA, AIN1, AIN2, pwmPinB, BIN1, BIN2);  //定义 TB6612
对象
void setup() {
  // put your setup code here, to run once:
}
void loop() {
  // put your main code here, to run repeatedly:
  MOTOR.SetPWM(100, 50);  //设置 A 为顺时针转动,B 轮为顺时针转动
  //MOTOR.SetPWM(-100, 50);  //设置 A 轮为逆时针转动,B 轮为顺时针转动
}
```

3)观察实验结果

编译并上传程序,观察电机是否转动。在 loop()循环中,分别设置 A 轮的 PWM 值为 100、-100 或 0,观察 A 轮的转动状态。

4.4.3　电机速度采集

1. 实验任务

(1)用示波器测量直流电机编码器输出引脚的波形。

(2)利用 Arduino UNO 采集编码器的脉冲数。

(3)将编码器脉冲数转换为电机的转速。

2. 知识基础

1)编码器工作原理

编码器是一种将角位移或者角速度转换成一连串数字脉冲的旋转式传感器,通过检测编码器输出的脉冲信号,就能获取电机转动角度、转速等相关信息。编码器按照转换原理可分为光电编码器和霍尔编码器,本节以霍尔编码器为例介绍测速原理。

霍尔编码器由霍尔码盘和霍尔元件组成,如图 4-65 所示为霍尔编码器的示意图,霍尔码盘是直径一定并等分地布置有不同磁极的圆板。霍尔码盘与电动机同轴,电动机旋转时,霍尔元件能够输出若干脉冲信号,一般输出两组存在 90°(即正交)相位差的方波信号,不仅可以测量速度,还可以辨别转向,正转时 A 相超前 B 相,反转时 B 相超前 A 相,如图 4-66所示。

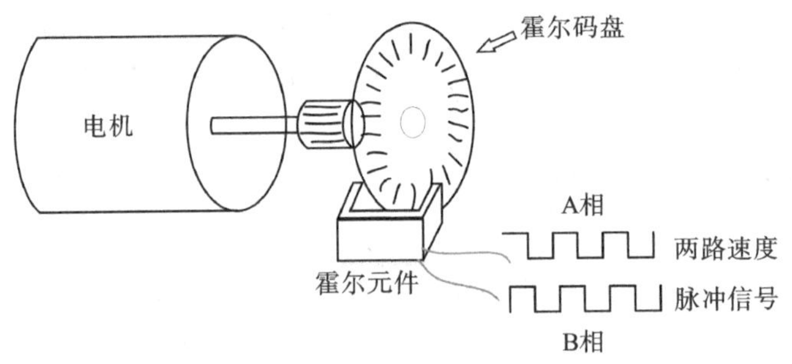

图 4-65 霍尔编码器示意图

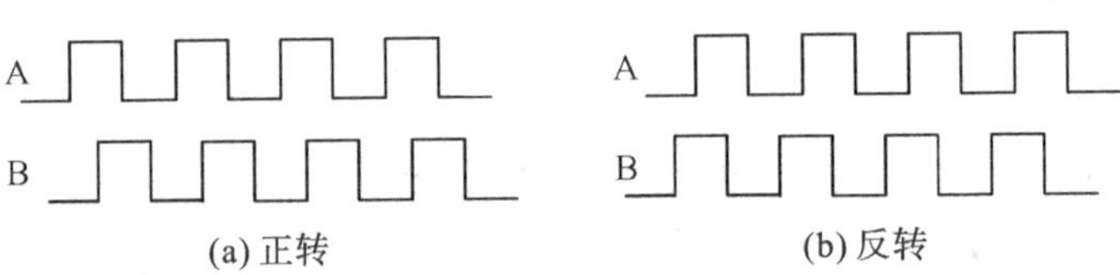

图 4-66 根据编码器 AB 相输出波形区分旋转方向

图 4-67 是实验所选用的直流电机上的编码器及其引脚说明。编码器工作需要+5 V 供电,此外,电机的编码器上自带上拉电阻,所以无需外部上拉,可直接连接到控制器的 I/O 接口。

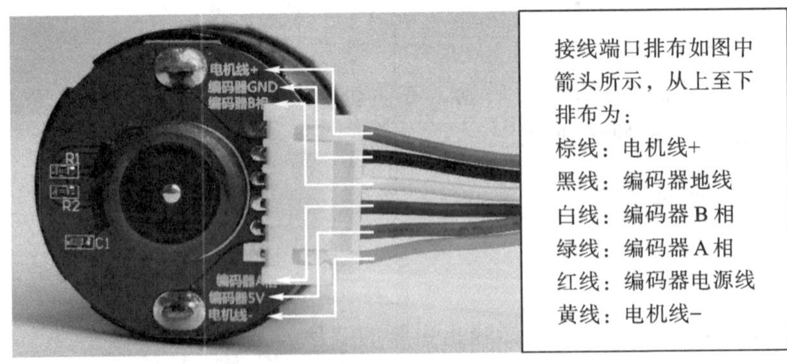

图 4-67 直流电机上的编码器及其引脚说明

2)测速原理

在一定的时间 T_c 内测取旋转编码器输出的脉冲个数 M_1，用以计算这段时间内的平均转速，称作 M 法测速，如图 4-68 所示。旋转编码器输出脉冲的频率为 $f_1=M_1/T_c$，电动机每转动一圈共产生 Z 个脉冲(Z=倍频系数×编码器光栅数)，f_1 除以 Z 就得到电动机的转速。在习惯上，时间 T_c 的单位为秒，转速的单位是转/分(r/min)，则电动机的转速为

$$n=\frac{60M_1}{ZT_c} \tag{4-1}$$

式中，Z 和 T_c 均为常数，因此转速 n 正比于脉冲个数 M_1。高速时 M_1 大，量化误差较小，随着转速的降低，误差增大，转速过低时 M_1 将小于 1，测速装置便不能正常工作，故 M 法测速适用于测量高速旋转电机。

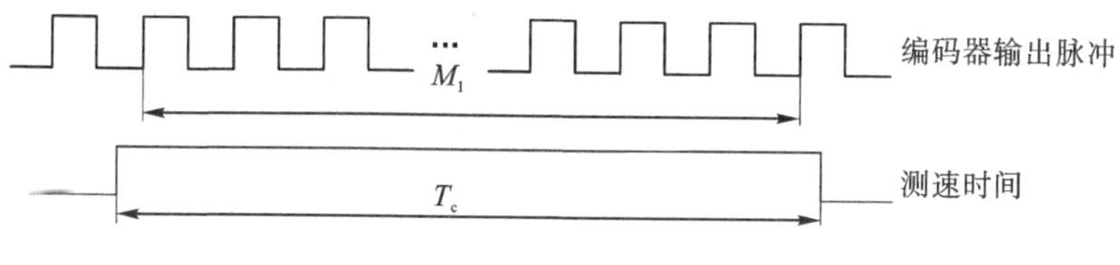

图 4-68　M 法测速

3)倍频技术

图 4-69 为编码器 A、B 相输出的方波波形示意图。在使用 M 法测速时，会通过测量单位时间内 A 相输出的脉冲数来得到速度信息。常规的方法只测量 A 相(或 B 相)的上升沿或下降沿，也就是图中对应的数值 1234 中的某一个，这样在图 4-69 中就只能计数 3 次。采用倍频的方法可以有效提高转速分辨率，四倍频的方法是分别测量 A 相和 B 相编码器的上升沿和下降沿。这样在同样的时间内，可以计数 12 次(3 个 1234 的循环)。这就是四倍频的原理，这是一项实用技术，可以真正地把编码器的精度提升四倍。实际应用中也常采用二倍频技术，即只考虑 A 相或 B 相方波的上升沿或下降沿。

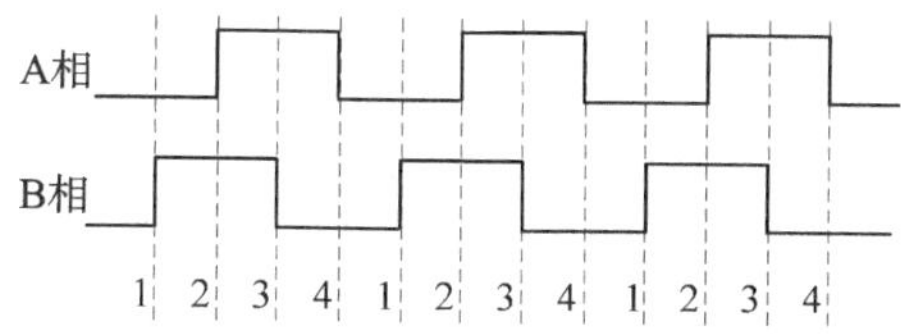

图 4-69　编码器 AB 相输出方波波形

3. 实验材料

计算机、Arduino UNO 开发板、直流电机、电机驱动板 TB6612FNF、2S 锂电池和示波器。

4. 实验过程 1

任务 1：用示波器测量直流电机编码器输出引脚的波形。

1)硬件连接

用示波器 CH1 和 CH2 通道分别测量连接电机的 TB6612FNG 电机驱动板的 E1A 和 E1B,即为直流电机编码器的输出波形,电路连接如图 4－70 所示。

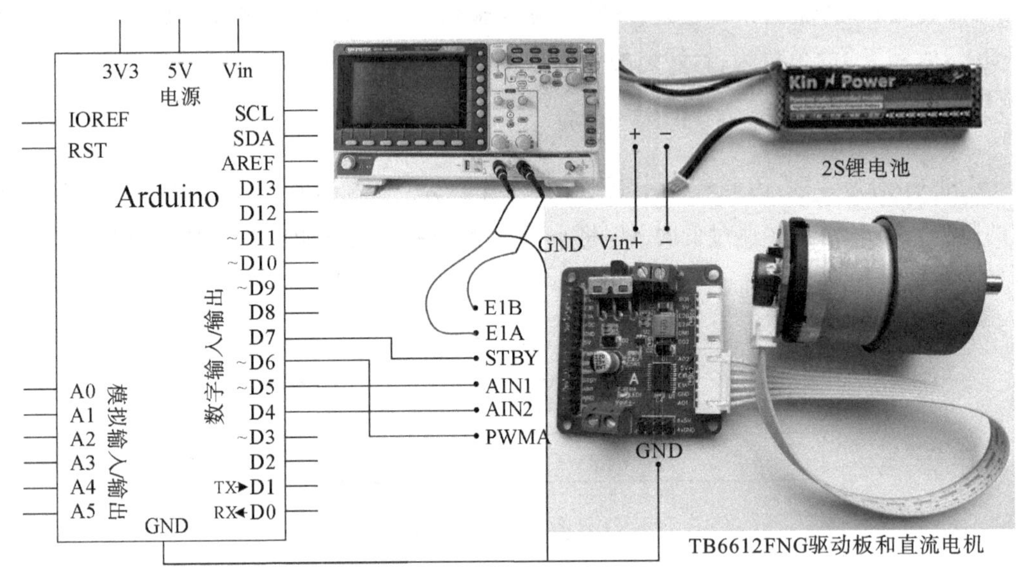

图 4－70　示波器测量直流电机编码器输出波形电路连接示意图

2)软件编程

本实验的程序仍采用 4.4.2 节的程序 exp_4_4_car.ino。

3)观察实验结果

编译并上传程序,观察到当电机速度分别为 100、－100 和 0 时,直流电机编码器的 E1A 和 E1B 引脚输出的波形如图 4－71 所示。

采用二倍频方法,利用直流电机编码器输出的两相波形中的 E1A 引脚输出的方波测速,用 E1B 引脚输出的方波辅助判断转向。仔细观察图 4－71(a),当直流电机正转时,E1A 方波(图 4－71(a)中上面的波形)的下降沿,对应 E1B(图 4－71(a)中下面的波形)的电平为高电平;E1A 方波的上升沿,对应 E1B 的电平为低电平。而当直流电机反转时,情况正好相反,如图 4－71(b)所示,E1A 方波的下降沿,对应 E1B 的电平为低电平;E1A 方波的上升沿,对应 E1B 的电平为高电平。以此可以判断直流电机的转向。图 4－71(c)所示为当直流电机 PWM 脉宽为 0 时,直流电机停转,此时编码器不输出方波。

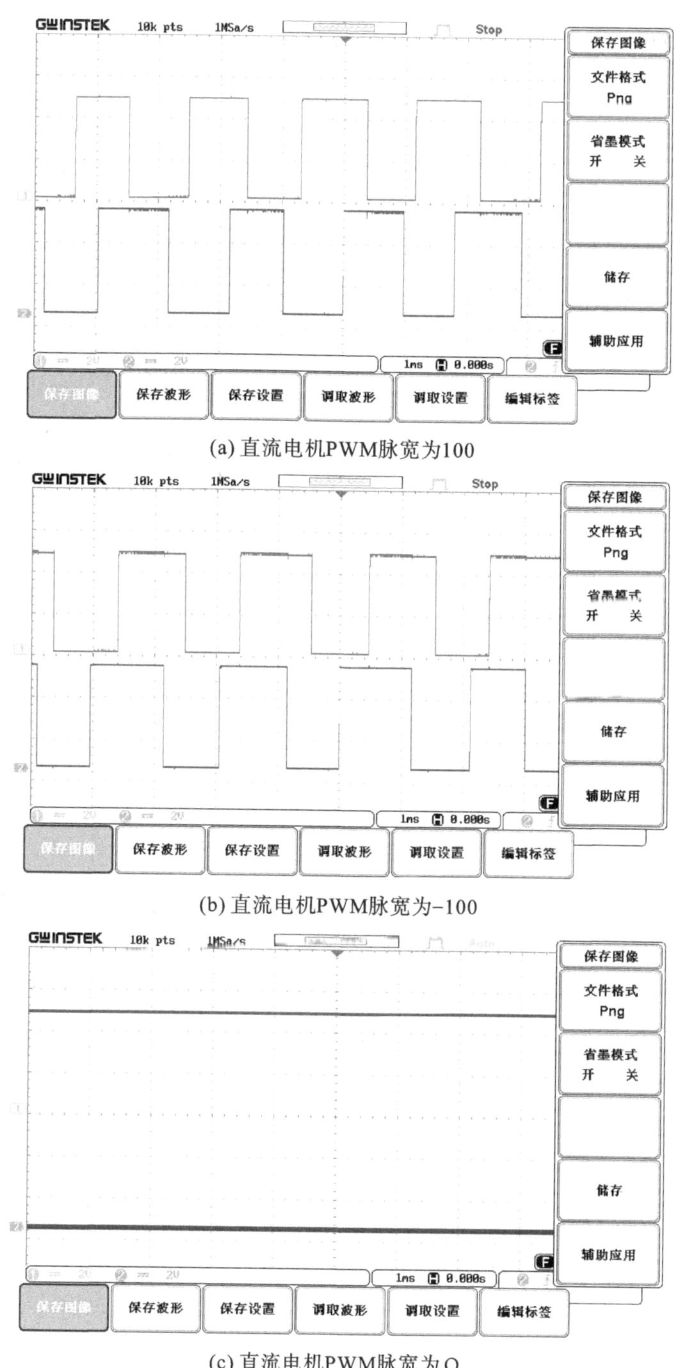

(a) 直流电机PWM脉宽为100

(b) 直流电机PWM脉宽为-100

(c) 直流电机PWM脉宽为0

图 4－71　直流电机编码器 E1A 和 E1B 引脚输出的波形

5. 实验过程 2

任务 2:利用 Arduino UNO 采集编码器的脉冲数。

1)硬件连接

将驱动直流电机的 TB6612FNG 驱动板上的 E1A 和 E1B 引脚连接至 Arduino UNO 控

制板。对应接线示意如图 4-72 所示,E1A 连接 Arduino 的 2 号引脚,E1B 连接 Arduino 的 8 号引脚。

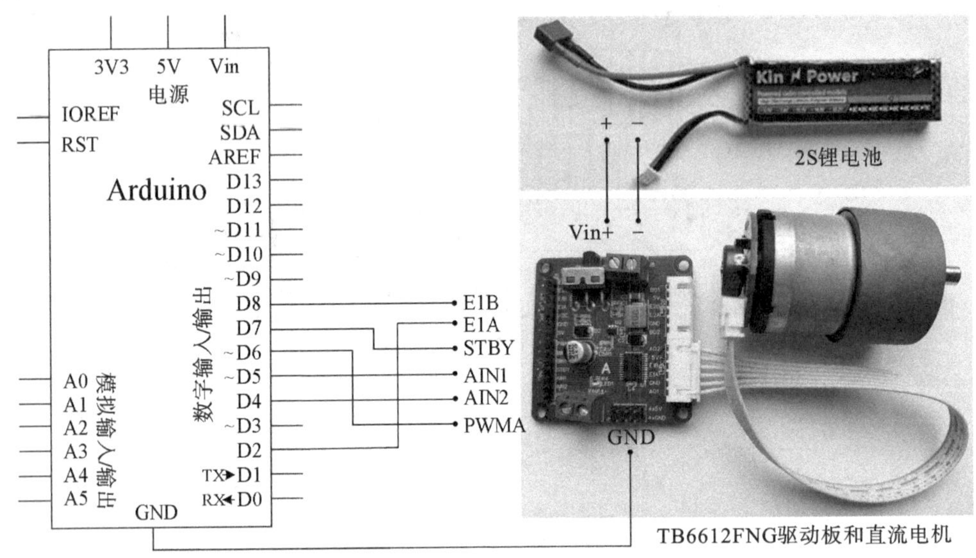

图 4-72　TB6612FNG 驱动板上的编码器输出引脚与 Arduino 连接示意图

2)软件编程

(1)新建工程 exp4_4_carencoder.ino。将 4.4.2 节中的 TB6612.h 和 TB6612.cpp 文件复制到 exp4_4_carencoder.ino 工程文件夹中。

(2)编写主程序 exp4_4_carencoder.ino。在 exp4_4_carencoder.ino 程序中,通过中断对脉冲进行计数,用 attachInterrupt()定义数字引脚 2(0 号中断)的中断函数为 ReadEncoderA(),触发条件为电平改变。在 ReadEncoderA()函数中,读取 E1A(连接数字引脚 2)的电平,根据 E1B(连接数字引脚 8)的电平判断编码器读数是增还是减。比如,如果 E1A 的电平为低电平,E1B 的电平为高电平,则编码器值 encoderValA 应该增加 1,否则减 1。

```
//exp4_4_carencoder.ino 程序代码
#include "TB6612.h"
int STBY = 7, pwmPinA = 6, AIN1 = 5, AIN2 = 4, pwmPinB = 9, BIN1 = 12, BIN2 = 13;
TB6612 MOTOR(STBY, pwmPinA, AIN1, AIN2, pwmPinB, BIN1,  BIN2);  //定义一个TB6612 对象
int encoderPinA = 2, directionPinA = 8; //编码器采集引脚,一路用于测速,另一路用于判断方向
volatile long encoderValA;   //A 轮编码器值
void setup() {
  // put your setup code here, to run once:
  Serial.begin(9600);
  attachInterrupt(0, ReadEncoderA, CHANGE);   //开启外部中断,电平改变时触发
```

```
}

void loop() {
  // put your main code here, to run repeatedly:
  MOTOR.SetPWM(100, 50);  //设置 A 为顺时针转动,B 轮为顺时针转动
  Serial.println(encoderValA);  //将编码器值打印至串口
}

// ReadEncoderA()函数功能:外部中断读取编码器值,具有二倍频功能
void ReadEncoderA() {
  if (digitalRead(encoderPinA) == LOW)        //如果是下降沿触发的中断
  {  if (digitalRead(directionPinA) == LOW)
       encoderValA--;  //根据另外一相电平判定方向
     else
       encoderValA++;
  }
  else        //如果是上升沿触发的中断
  {  if (digitalRead(directionPinA) == LOW)
       encoderValA++; //根据另外一相电平判定方向
     else
       encoderValA--;
  }
}
```

3)观察实验结果

编译并上传程序,打开串口调试器,可看到在直流电机正转情况下,编码器值 encoderValA 在增加,如图 4-73 所示。

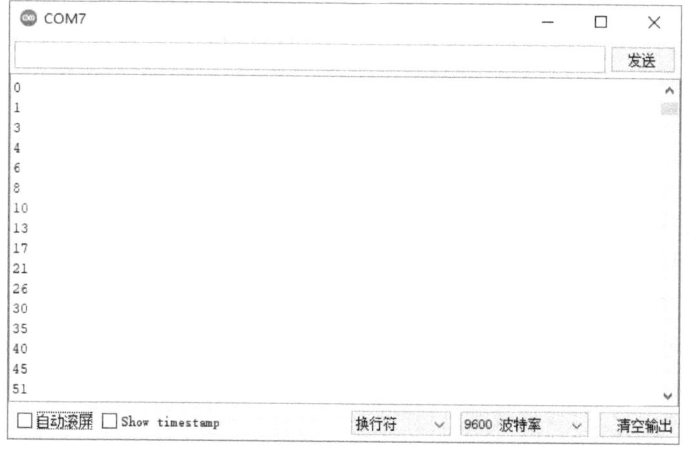

图 4-73　串口调试器输出的 encoderValA 结果

6. 实验过程 3

任务 3:将编码器脉冲数转换为电机的转速。

1)硬件连接

本任务的硬件连接与图 4-63 一致。

2)软件编程

(1)新建工程 exp4-4-carVelocity.ino。将 4.4.2 节中的 TB6612.h 和 TB6612.cpp 文件复制到 exp4-4-carVelocity.ino 工程文件夹中。

(2)编写主程序 exp4-4-carVelocity.ino。在 exp4-4-Velocity.ino 程序中,引入定时器库函数 MsTimer2.h。利用函数 MsTimer2::set(10, SpeedDetection)进行 10 ms 定时,在定时中断函数 SpeedDetection()中读取编码器数值,并在定时中断中对读取的编码器数值清零。

```
//exp4_4_carVelocity.ino 程序代码
#include "TB6612.h"
#include <MsTimer2.h>            //定时中断
int STBY = 7, pwmPinA = 6, AIN1 = 5, AIN2 = 4, pwmPinB = 10, BIN1 = 12, BIN2 = 13;
TB6612 MOTOR(STBY, pwmPinA, AIN1, AIN2, pwmPinB, BIN1,  BIN2);  //定义一个 TB6612 对象
int encoderPinA = 2, directionPinA = 8; //编码器采集引脚,一路用于测速,另一路用于判断方向
volatile long encoderValA;  //A 轮编码器值
void setup() {
  // put your setup code here, to run once:
  pinMode(encoderPinA, INPUT);        //定义引脚 encoderPinA 为输入模式
  pinMode(directionPinA, INPUT);      //定义引脚 directionPinA 为输入模式
  Serial.begin(9600);
  attachInterrupt(0, ReadEncoderA, CHANGE); //开启外部中断,电平改变时触发
  MsTimer2::set(10, SpeedDetection); //使用 Timer2 设置 10 ms 定时中断
  MsTimer2::start();                 //中断使能
}

void loop() {
 // put your main code here, to run repeatedly:
 MOTOR.SetPWM(100, 50);  //设置 A 轮为顺时针转动,B 轮为顺时针转动
 //Serial.println(encoderValA);  //将编码器值打印至串口
}

```

```
// ReadEncoderA()函数功能：外部中断读取编码器值，具有二倍频功能
void ReadEncoderA() {
  if (digitalRead(encoderPinA) == LOW)        //如果是下降沿触发的中断
  {  if (digitalRead(directionPinA) == LOW)
       encoderValA--;  //根据另外一相电平判定方向
     else
       encoderValA++;
  }
  else       //如果是上升沿触发的中断
  {  if (digitalRead(directionPinA) == LOW)
       encoderValA++; //根据另外一相电平判定方向
     else
       encoderValA--;
  }
}
//通过 M 法测速(单位时间内的脉冲数)得到速度
void SpeedDetection() {
  sei();//全局中断开启
  Serial.println(encoderValA);  //将编码器值在清零前打印至串口
  encoderValA = 0;  //直流电机编码器值清零
}
```

3)观察实验结果

编译并上传程序，打开串口调试器，可看到在直流电机正转情况下，编码器 encoderValA 的值为 17～19，如图 4-74 所示。

图 4-74　编码器 10 ms 时间内获取的脉冲值(MOTOR. SetPWM(100, 50);)

若改变 PWM 值为 150，则每隔 10 ms 获取的脉冲数为 27～28，如图 4－75 所示。

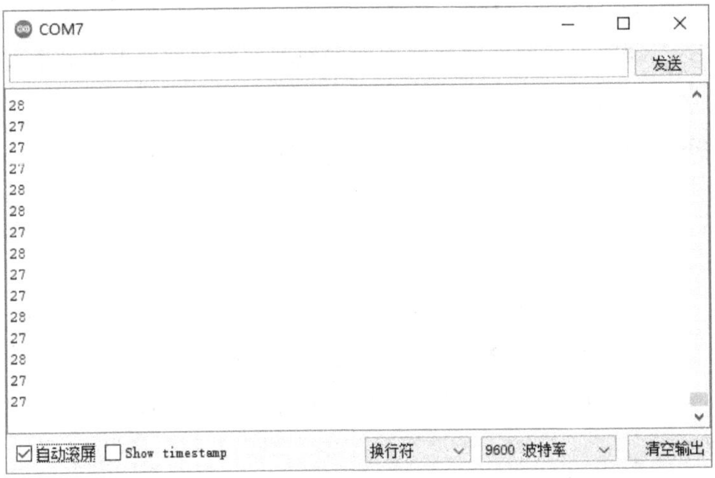

```
COM7
发送
28
27
27
27
28
28
27
28
27
27
28
27
28
27
27
自动滚屏  Show timestamp    换行符    9600 波特率    清空输出
```

图 4－75　编码器 10 ms 时间内获取的脉冲值(MOTOR. SetPWM(150, 50);)

4.4.4　速度控制

1. 实验任务

对采用 PID(Proportion、Intergration、Differentiation，比例、积分、微分)算法对电机转速进行闭环控制。

2. 知识基础

在自动控制系统中，PID 控制器是应用最为广泛的一种控制方法，它具有原理简单、参数整定简便和易于实现的优点。PID 控制器采用闭环控制，通过比例、积分和微分控制有效地纠正被控制对象的偏差，从而使其达到一个稳定的状态。

本系统的控制目标是控制机器人使其两个电机的速度一致，保证机器人直行。由于电机转速与电机外加电压(即 PWM 波占空比)的大小成正比，这就构成了 PID 调节的基础。速度闭环控制的方法是，通过编码器检测电机的转速，并与设定的目标转速值对比，得到控制偏差，通过对控制偏差进行比例、积分或微分控制，得到 PWM 波脉宽的增量，根据 PWM 波脉宽的增量重新计算并更新 PWM 波脉宽，实现电机速度闭环控制的目的，以确保电机稳定运行，使机器人按指定速度和路线运动。

模拟 PID 控制器的数学模型可以用式(4－2)的微分方程表示：

$$u(t)=K_p\left[e(t)+\frac{1}{T_i}\int e(t)\mathrm{d}t+T_d\frac{\mathrm{d}e(t)}{\mathrm{d}t}\right] \tag{4-2}$$

式中，$u(t)$是调节器的输出；K_p是比例系数；$e(t)$是调节器的输入；T_i 是积分时间常数；T_d 是微分时间常数。

由于控制器只能识别数字量，不能对连续的控制量直接进行计算，而且得到的速度值也为离散值，故必须对式(4－2)的 PID 算式进行离散化处理。采用数字式的差分方程代替连续系统的微分方程，得到增量式离散 PID 公式：

$$PWM += K_p[e(k) - e(k-1)] + K_i \cdot e(k) + K_d[e(k) - 2e(k-1) + e(k-2)] \tag{4-3}$$

式中，K_p、K_i 和 K_d 分别称为比例、积分和微分系数；$e(k)$ 为本次偏差；$e(k-1)$ 为上一次偏差；$e(k-2)$ 为上上次的偏差。

3. 实验材料

计算机、Arduino UNO 开发板、直流电机、电机驱动板 TB6612FNF 和 2S 锂电池。

4. 实验过程

1)硬件连接

本任务的硬件连接保持如图 4 - 63 中的接线不变。

2)软件编程

要对速度实现 PID 闭环算法控制，首先要测量电机的速度，在本实验中根据测量单位时间内编码器输出的脉冲信号个数来计算速度。定时器每隔 10 ms 产生定时中断，在中断函数中，首先获取当前编码器的数值，然后调用速度 PI 控制函数 Incremental_PI_A()，对当前获取的编码器速度值与设定的目标值的偏差进行 PID 运算，得到轮子的 PWM 脉宽增量，最后将计算得到的 PWM 值输出，实现实时速度调节。

```
// exp4 - 4 - carPID.ino 程序代码
#include "TB6612.h"
#include <MsTimer2.h>              //定时中断
int STBY = 7, pwmPinA = 6, AIN1 = 5, AIN2 = 4, pwmPinB = 10, BIN1 = 12, BIN2 = 13;
TB6612 MOTOR(STBY, pwmPinA, AIN1, AIN2, pwmPinB, BIN1,  BIN2);  //定义一个 TB6612 对象
int encoderPinA = 2, directionPinA = 8; //编码器采集引脚，一路用于测速，另一路用于判断方向
volatile long encoderValA;  //直流电机编码器值
int Velocity_A = 0;  //直流电机速度
float targetEncoderA = 20; //设置直流电机目标编码器值，控制每隔 5 ms 内编码器数值恒定，依次控制速度恒定
float KP = 0.1, KI=  0.05;
void setup() {
  // put your setup code here, to run once:
  pinMode(encoderPinA, INPUT);         //编码器 E1A 连接的引脚 encoderPinA 定义为输入模式
  pinMode(directionPinA, INPUT);       //编码器 E1B 连接的引脚 directionPinA 定义为输入模式
  Serial.begin(9600);
  attachInterrupt(0, ReadEncoderA, CHANGE);  //开启外部中断，电平改变时触发
```

```
  MsTimer2::set(10, SpeedDetection);        //使用 Timer2 设置 10 ms 定时中断，测速度
  MsTimer2::start();                        //开始计时
}

void loop() {
  // put your main code here, to run repeatedly:
}
/* * * * ReadEncoderA()函数功能:外部中断读取编码器值,具有二倍频功能 * * * */
void ReadEncoderA() {
  if (digitalRead(encoderPinA) == LOW)        //如果是下降沿触发的中断
  {  if (digitalRead(directionPinA) == LOW)
       encoderValA--;  //根据另外一相电平判定方向
     else
       encoderValA++;
  }
  else        //如果是上升沿触发的中断
  {  if (digitalRead(directionPinA) == LOW)
         encoderValA++; //根据另外一相电平判定方向
     else
         encoderValA--;
  }
}
/* * * * 通过 M 法测速(单位时间内的脉冲数)得到速度 * * */
void SpeedDetection() {
  float pwmValueA;
  sei();                                  //全局中断开启
  Velocity_A = encoderValA;  encoderValA = 0;              //直流电机编码器值清零
  pwmValueA = Incremental_PI_A(Velocity_A,targetEncoderA); //速度 PI 控制器
  MOTOR.SetPWM(pwmValueA, 0);
  Serial.println(pwmValueA);  //将编码器值在清零前打印至串口
  Serial.print("en:");
  Serial.println(Velocity_A);

}
/* * * * 增量 PI 速度控制,入口参数:编码器测量值,目标速度;返回值:电机 PWM * * */
```

```
int Incremental_PI_A (int encoderValue, int targetEncoderA)
{
    static float bias =0,pwmValue= 0,lastBias = 0;
    bias =targetEncoderA - encoderValue;              //计算偏差
    pwmValue+= KP * (bias-lastBias)+KI * bias;     //增量式 PI 控制器
    if(pwmValue > 255) pwmValue=255;              //限幅
    if(pwmValue < -255) pwmValue=-255;             //限幅
    lastBias = bias;                               //保存上一次偏差
    return pwmValue;                              //增量输出
}
```

3)观察实验结果

编译并上传程序，打开串口调试器，可看到编码器值从 0 逐渐稳定到设定的值 20，如图 4-76所示。

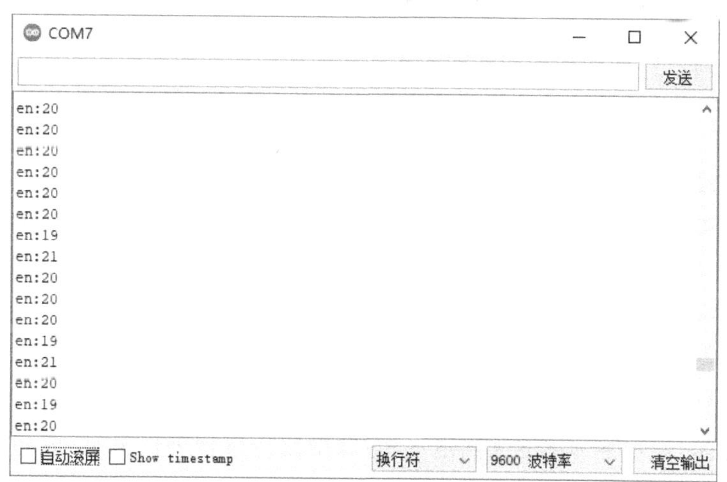

图 4-76　串口调试器输出的编码器值

4.4.5　寻迹功能实现

1. 实验任务

用灰度模块实现机器人巡线功能。

2. 知识基础

1)灰度传感器模块介绍

灰度传感器模块可对不同颜色探测面的任意颜色进行识别，常用于颜色识别、巡线机器人及流水线检测等控制领域。巡线模块按照输出信号可分为数字量和模拟量灰度传感器。数字量灰度传感器的输出为高低电平 1 和 0 两种信号，用于识别任意颜色中色差较大的两种颜色(例如，黑和白，白和蓝，黑和红等)，数字量传感器带有电压比较器芯片和可调电位器，电压比较器芯片将光敏二极管接收到的信号转换成数字信号，电位器用于调节识别灵敏度(或探测距离)。一般是探测到灰度值高(指接近于白色)的颜色时输出低电平,探测到灰度值低(指接近于黑色)的颜色时输出高电平。

模拟量灰度传感器可对被探测面的多种任意颜色进行识别,在探测到不同颜色时,输出不同的电压信号,模拟量灰度传感器模块没有电压比较器芯片和可调电位器,所以输出电压值随被探测面的颜色不同而不同,故可用于识别任意颜色,使用时需注意输出电压值会随探头离地面高度不同和被探测面颜色的不同而变化。

如图 4-77 所示为三路数字量灰度传感器模块及其引脚说明,每组传感器均由一只发光二极管和一只光敏二极管组成,两个传感器安装在同一面上,不同颜色的被检测面对光的反射强弱程度不同,会导致每组传感器的接收光敏二极管的输出信号不同。

R: 右侧传感器输出引脚
M: 中间传感器输出引脚
L: 左侧传感器输出引脚
VCC: 电源引脚(供电电压为5 V)
GND: 接地引脚

图 4-77　三路数字灰度模块及其引脚说明

2)灰度传感器模块巡线原理

本节以三路灰度传感器为例,介绍三路传感器的巡线原理。本任务所用机器人采用两驱动轮底盘,底盘前端为万向轮,当两个驱动轮的速度不同时,即可实现转向。巡线时,三路传感器与黑线的位置有三种情况:①若中路传感器为高电平,左和右路传感器为低电平,即如图 4-78(a)所示的情况,此时小车前进,左右轮速度相同;②若左路传感器为高电平,中和右路传感器为低电平,即如图 4-78(b)所示的情况,此时小车右偏,则应该增加右侧的电机速度,减小左侧电机速度;③若右路传感器为高电平,左和中路传感器为低电平,即如图 4-78(c)所示的情况,此时小车左偏,则应该增加左侧电机速度,减小右侧电机速度。三路传感器仅能实现简单巡线,若要实现判断十字路口或 T 型路口的功能,则需要更多路的传感器。

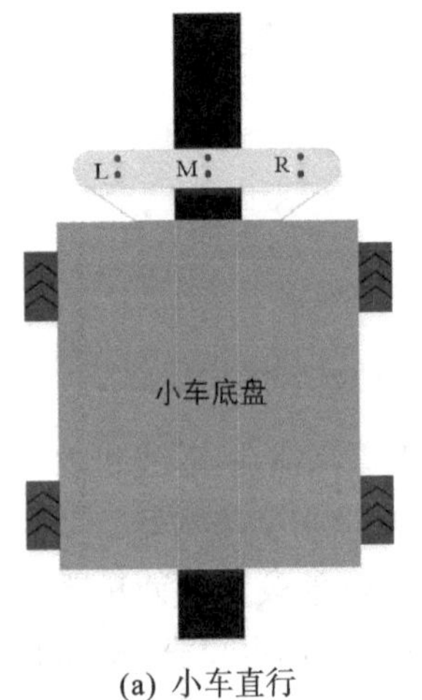

(a) 小车直行

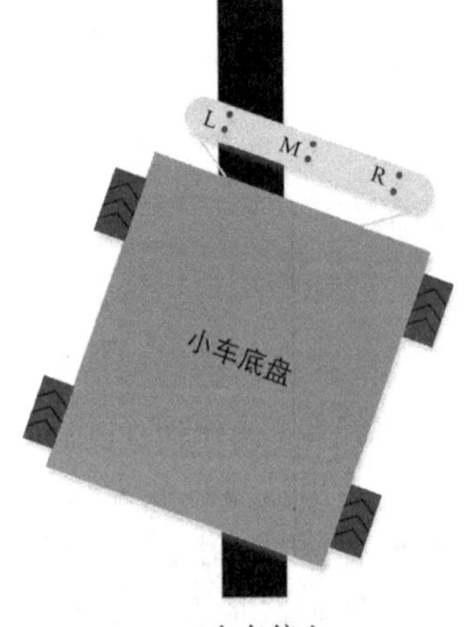

(b) 小车偏左

(c) 小车偏右

图 4-78　三路传感器巡线原理

3. 实验材料

计算机、Arduino UNO 开发板、三路灰度模块。

4. 实验过程

1)硬件连接

连接三路灰度模块和 Arduino UNO 控制板,对应连接示意如图 4-79 所示。

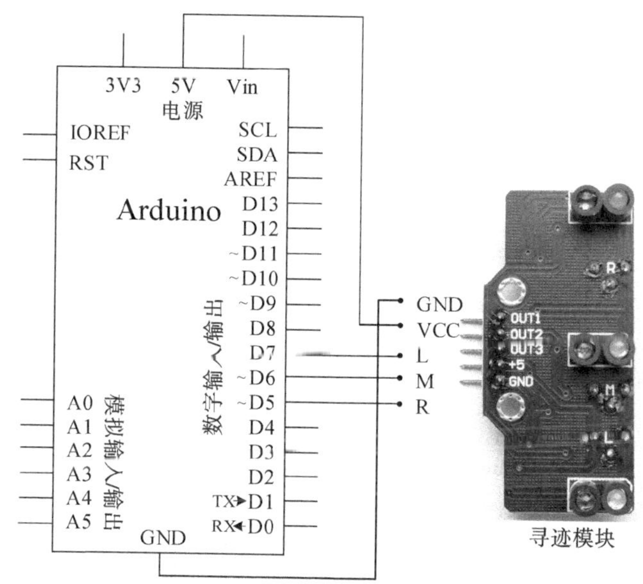

图 4-79　三路灰度模块与 Arduino 连接示意图

2)软件编程

(1)新建 TRACE.h 文件。在 TRACE.h 文件中,定义一个 TRACE 类,包含 TRACE 构造函数和一个用于获取三路灰度传感器检测结果的函数 getGrayvalue(),三个成员变量分别代表三路灰度传感器连接的引脚。

```
//TRACE.h 程序代码
#ifndef TRACE_H
#define TRACE_H
#include "Arduino.h"
class TRACE{
  public:
  TRACE(int leftPin, int middlePin, int rightPin);  //该函数用于引脚初始化
  int getGrayvalue();  //该函数用于获取巡线模块的值
private:
  int m_leftPin;
   int m_middlePin;
   int m_rightPin;
```

```
};
#endif
```

(2)新建 TRACE.cpp 文件。在 TRACE.cpp 文件的构造函数 TRACE()中，首先定义成员变量等于构造函数中的传递参数，定义灰度模块左、中、右三个引脚的模式为输入引脚。在 getGrayvalue()函数中读取三个引脚的电压值，当左、中、右三个引脚分别检测到黑线时，分别返回 1、2 和 3。

```
//TRACE.cpp 程序代码
 #include "TRACE.h"
TRACE::TRACE(int leftPin, int middlePin, int rightPin) {
      m_leftPin = leftPin;
      m_middlePin = middlePin;
      m_rightPin = rightPin;
      pinMode(m_leftPin, INPUT);
      pinMode(m_middlePin, INPUT);
      pinMode(m_rightPin, INPUT);
}
int TRACE::getGrayvalue() {   //定义 A 轮电机运转状态
  int leftValue=0, middleValue = 0, rightValue = 0;
  if( digitalRead(m_leftPin) == HIGH) return 1;
  if( digitalRead(m_middlePin) == HIGH) return 2;
  if( digitalRead(m_rightPin) == HIGH) return 3;
}
```

(3)编写主程序 exp4-4-graysensor.ino。

```
//exp4-4-graysensor.ino 程序代码
 #include "TRACE.h"
int leftPin = 6, middlePin= 7, rightPin = 8;  //定义引脚
TRACE g_trace(leftPin, middlePin, rightPin);   //定义一个 TRACE 类，名称为
void setup() {
   // put your setup code here, to run once:
   Serial.begin(9600);
}

void loop() {
   // put your main code here, to run repeatedly:
   int temp = 0;
   temp =  g_trace.getGrayvalue(); //获取三路灰度模块的值
   Serial.println(temp);
}
```

3)观察实验结果

编译并上传程序,打开串口调试器,在白纸上贴一段宽度为 1.5 cm 的黑色胶带,将三路灰度传感器模块分别放在黑线上方 3~5 cm 处,观察串口调试器的输出。实验实际搭接电路如图 4-80 所示,图 4-81 为串口调试器输出结果。

图 4-80 实验实际搭接电路图

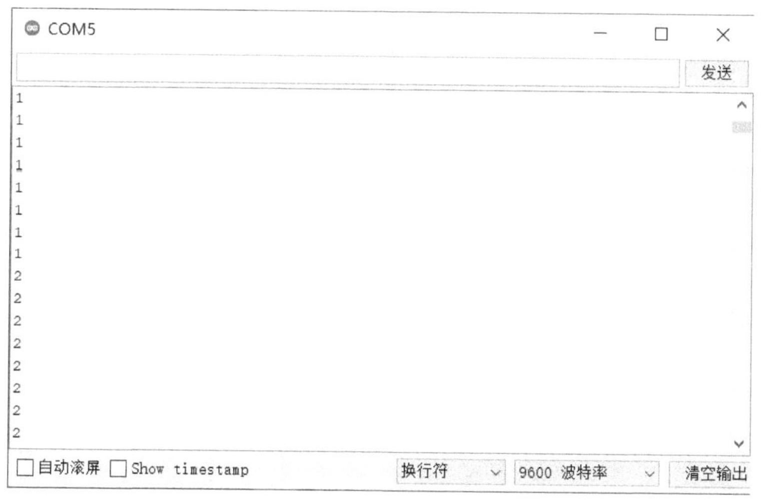

图 4-81 串口调试器输出结果

习题

1. 组装一辆两轮驱动机器人,实现用蓝牙远程控制机器人运动的功能。在串口调试器窗口发送 1,机器人前进;发送 2,机器人后退;发送 3,机器人停止运动;发送 4,机器人左转;发送 5,机器人右转。

2. 利用 TB6612FNG 电压驱动板上 Output_IO 上的电压采集引脚 ADC 检测电池电量并显示在 OLED 灯显示屏上。

3.编写程序，使机器人实现循迹功能。当检测到灰度传感器返回1时，说明机器人运行偏左，应该增加左侧轮速度；当传感器返回值为2时，说明机器人直行，保持两轮速度一致即可；当传感器返回值为3，说明机器人运行偏右，应该增加右侧轮速度。具体PWM脉宽增量应根据实际测试值确定。

第 5 章 树莓派应用入门

5.1 树莓派简介

树莓派(Raspberry Pi)是尺寸仅有信用卡大小的一款易于使用的多功能微型计算机,功能强大,可以连接电视、显示器、键盘和鼠标等设备使用。树莓派可用于浏览网页、玩游戏、学习编程或制作电子电路,被称为单板计算机,它本质上是一台计算机,就像台式机、笔记本电脑或智能手机一样,但是构建在单个电路板上,因此电脑上能做的大部分事情在树莓派上都能做。用树莓派能做很多有意思的项目,比如打造家庭影院、播放 FM 电台、搭建网站服务器或存储中心、开发人脸识别、智能安全门、智能家居、六足机器人应用等。本章将以树莓派 4 Model B 为例,对树莓派的使用进行简单介绍。

5.1.1 树莓派主板

如图 5 - 1 所示为 Raspberry Pi 4 Model B 主板。树莓派 4 Model B 采用博通 BCM2711B0 作为系统级芯片(system on chip,SoC),内存芯片有 1 GB、2 GB、4 GB 三种,支持千兆以太网和双频无线网以及蓝牙,具体组成包括:

(1) CPU:64 - bit quad - core ARM Cortex - A72,1.5 GHz。GPU:VideoCore VI,500 MHz。中央处理器(CPU)和图形处理器(GPU)均封装在 SoC 中。

(2)内存芯片:容量 1 GB、2 GB 或 4 GB。

(3)无线通信部件:双频 WiFi、蓝牙 5.0。

(4)4 个 USB 接口:2×USB 2.0 接口(黑色),2×USB 3.0 接口(蓝色)。

(5)以太网接口:通过 RJ45 接头的网线将树莓派连接到网络。

(6)音频/视频输出接口:3.5 mm 模拟 AV 插孔,有音频输出功能,同时还可以输出视频信号。

(7)摄像头接口:用于连接树莓派摄像头模块。

(8)2×micro-HDMI 2.0 接口:用于连接显示器、电视机或投影仪。

(9)Type-C 接口:用于给树莓派供电,建议使用 5 V/3 A 的电源适配器,以确保供电充足。

(10)DISPLAY 接口:用于连接树莓派专用的触摸屏。

(11)40-pin 排针:是 GPIO(通用输入/输出)连接器。

(12)PoE 兼容接口:用于以太网供电扩展板的接插。

(13)micro SD 卡槽:在主板背面与 DISPLAY 接口对应的位置,最大支持 512 GB,将安装好系统的 microSD 卡插入 micro SD 卡槽,给树莓派接上电就可以启动树莓派。

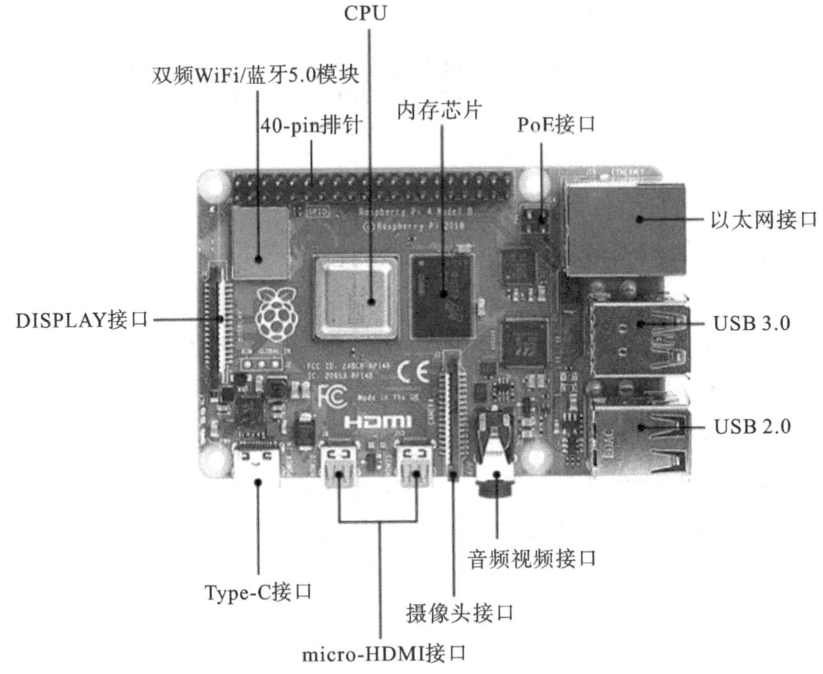

图 5－1　Raspberry Pi 4 Model B 主板

5.1.2　配件介绍

我们先来认识使用树莓派要用到的一些配件,如:

(1)8 G 以上 SD 卡及读卡器,树莓派的系统就安装在 SD 卡中,如图 5－2 所示。

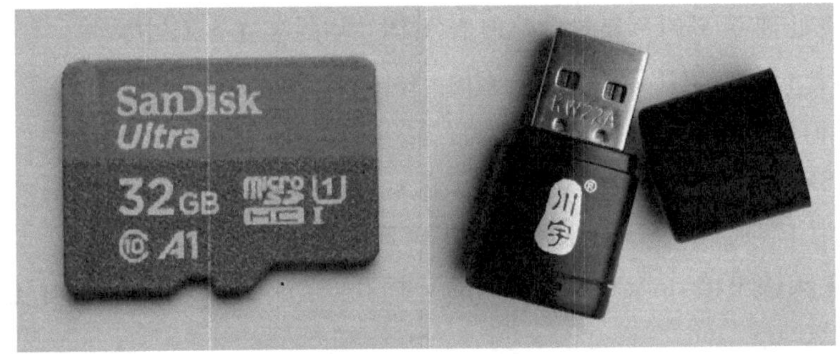

图 5－2　SD 卡和读卡器

(2)5 V/3 A 以上的 USB Type－C 接口电源适配器,如图 5－3 所示。

(3)具有 USB 接口的键盘鼠标一套,如图 5－4 所示。

(4)7 英寸高清带触摸显示屏及用于将树莓派连接到显示屏的 HDMI 线,如图 5－5 所示。

图 5-3　树莓派电源适配器

图 5-4　USB 接口鼠标和键盘

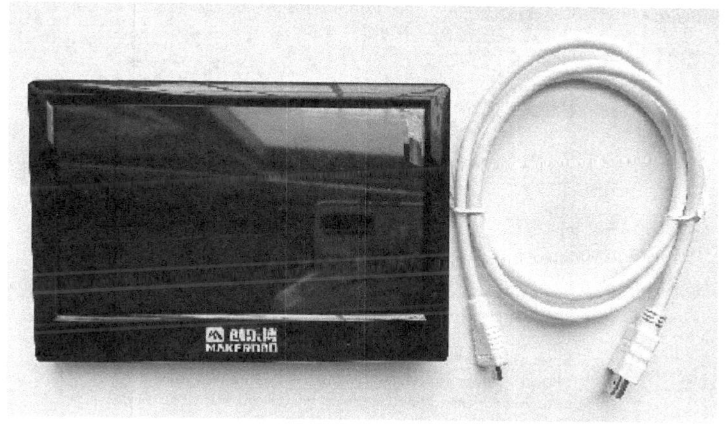

图 5-5　7 寸高清带触摸显示屏及 HDMI 连接线

5.1.3　安装 Raspberry Pi OS 系统至 SD 卡

树莓派没有硬盘，使用前需要将操作系统安装到 SD 卡中，插入树莓派才可以使用。本节将介绍如何将 Raspberry Pi OS 系统安装至 SD 卡。

1. 在 Windows 系统中格式化 SD 卡

安装树莓派系统需要一个空的 SD 卡，如果 SD 卡已经被使用过，则需要用 SD Card Formatter软件对 SD 卡进行格式化。首先，在 SD Card Formatter 官方网站 https://www.sdcardformatter.com/下载 SD Card Formatter 软件并安装，打开 SD Card Formatter 软件，如图 5-6 所示。其次，将 SD 卡插入读卡器，再将读卡器插入计算机的 USB 口，在如图 5-6 所示窗口 Select card 栏选择 SD 卡所在位置，本例中为 G:\- boot，单击“Format”，开始格式化。在弹出的如图 5-7 所示询问“是否继续”窗口中选择“是”，格式化完毕后会弹出如图 5-8 所示格式化成功完成窗口，选择“确定”，即完成 SD 卡格式化。若 SD 卡未被使用过，则可以直接进行下一步操作，无需格式化。

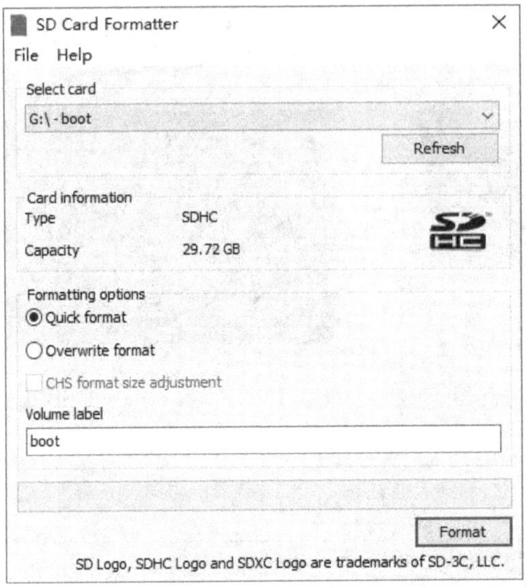

图 5-6 SD Card Formatter 对话框

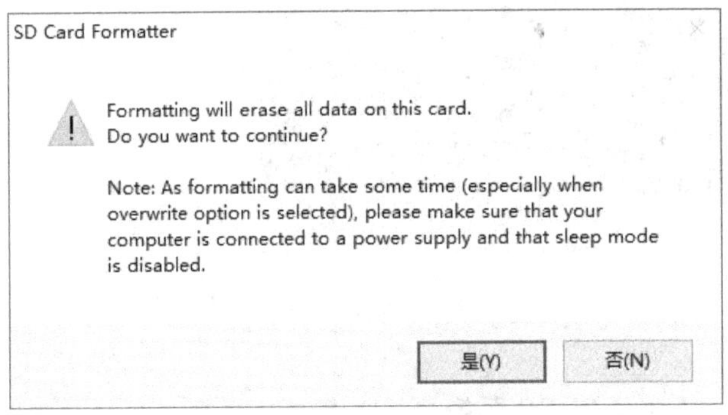

图 5-7 SD 卡格式化弹出窗口

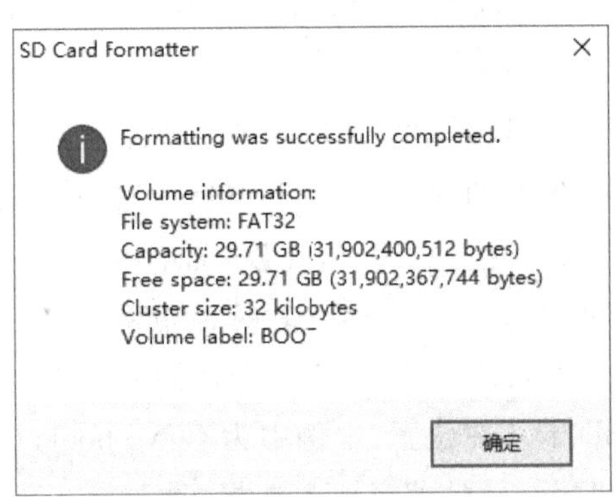

图 5-8 SD 卡格式化成功窗口

2. 下载树莓派操作系统

树莓派支持很多操作系统，主要包括 Raspberry Pi OS(以前称 Raspbian)、Windows10 IoT、Ubuntu 等，Raspberry Pi OS 为官方支持的操作系统。下面主要讲解通过 Raspberry Pi

Imager 安装 Raspberry Pi OS 的具体步骤。Raspberry Pi Imager 是将 Raspberry Pi OS 安装到 SD 卡上的快速简便方法。先下载 Raspberry Pi Imager 并安装到计算机上，通过树莓派镜像烧录器将树莓派操作系统烧录到 SD 卡中。再将烧录好系统的 SD 卡插入树莓派，即完成树莓派操作系统的安装。

在树莓派官方网站 https://www.raspberrypi.com/选择“Software”选项卡，进入下载 Raspberry Pi OS 的页面，如图 5－9 所示，单击“Download for Windows”，下载镜像文件 imager_1.7.3.exe 文件。

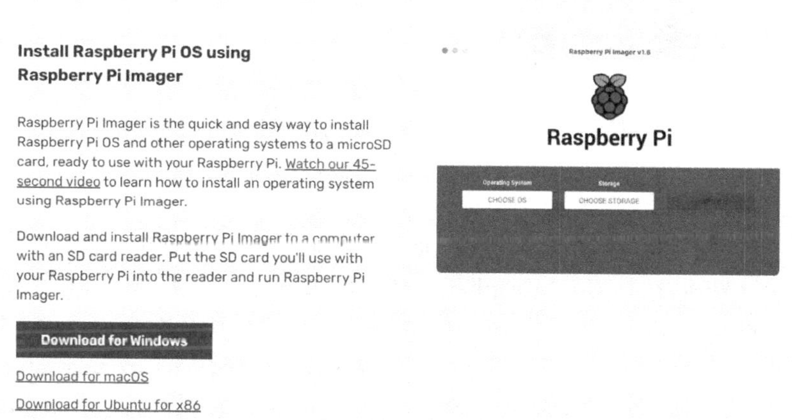

图 5－9　下载树莓派操作系统的界面

双击下载的镜像文件 imager_1.7.3.exe，弹出如图 5－10 所示 Raspberry Pi Imager 界面，选择“Install”。

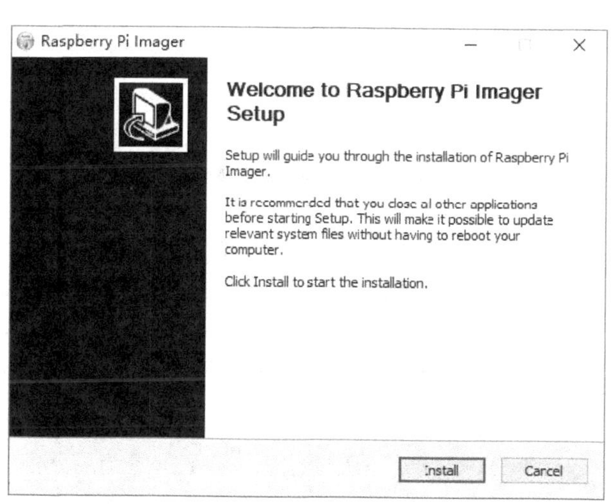

图 5－10　装 Raspberry Pi Imager 界面

镜像安装完成后，弹出如图 5－11 所示安装完成界面，单击“Finish”，弹出如图 5－12 所示树莓派镜像烧录器 v1.7.3 窗口。

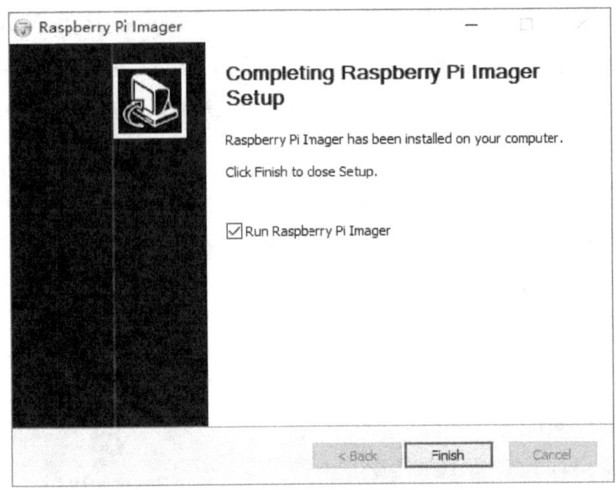

图 5-11 Raspberry Pi Imager 安装完成界面

在如图 5-12 所示的树莓派镜像烧录器窗口，单击“选择操作系统”，在弹出如图 5-13 所示的可选操作系统界面，选择安装“Raspberry Pi OS(32-bit)”。将插入 SD 卡的读卡器插入计算机 USB 口，再在图 5-12 所示界面单击“选择 SD 卡”，在弹出的图 5-14 所示选择存储卡界面选择插入的 SD 卡→“Mass Storage Device USB Device-31.9 GB 挂载到：G:\上”，再点击“烧录”，在弹出的如图 5-15 的警告窗口中选择“是”，烧录器开始烧录，弹出如图 5-16 所示窗口。

图 5-12 树莓派镜像烧录器 v1.7.3

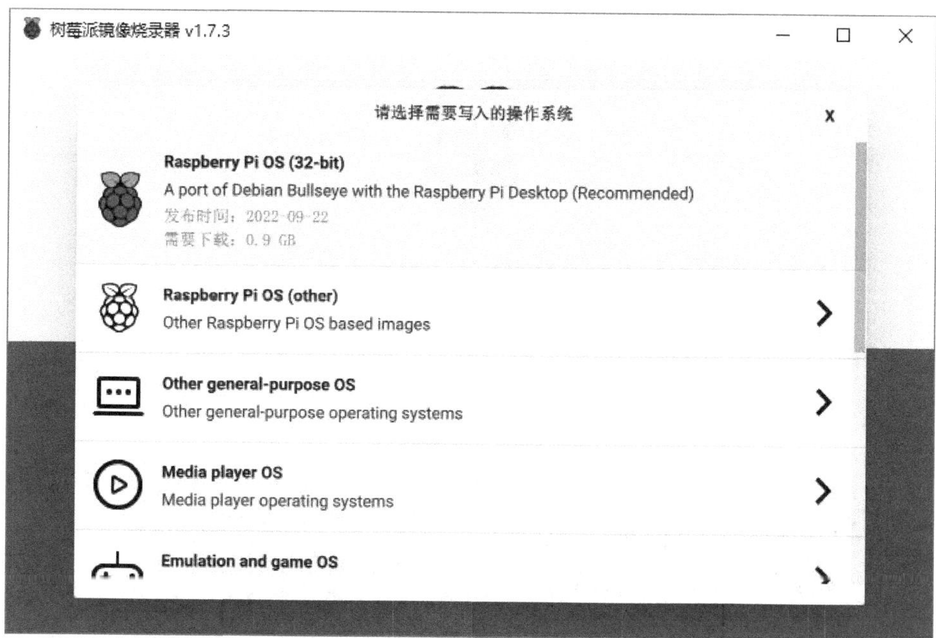

图 5-13　选择操作系统界面

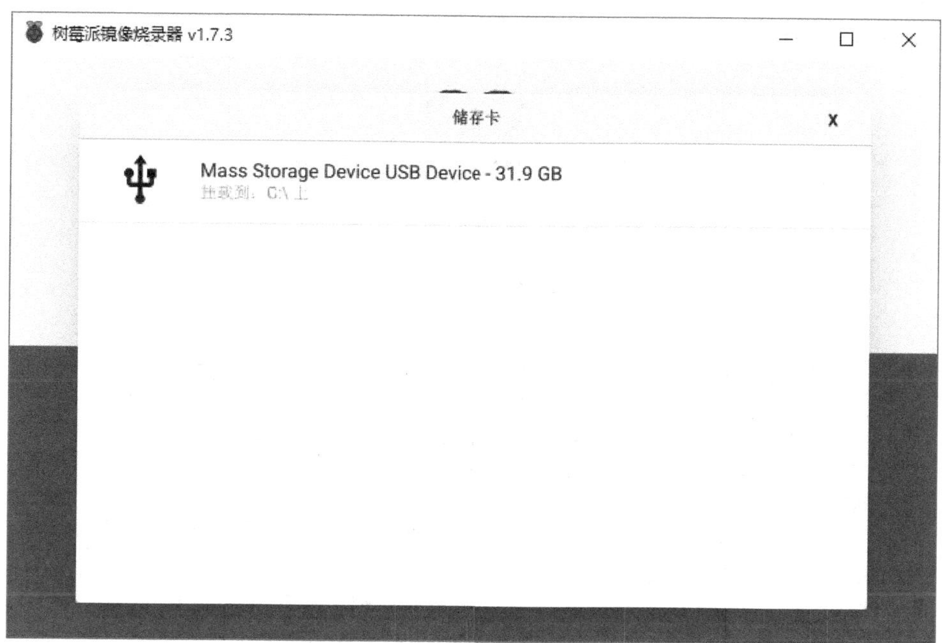

图 5-14　选择存储卡界面

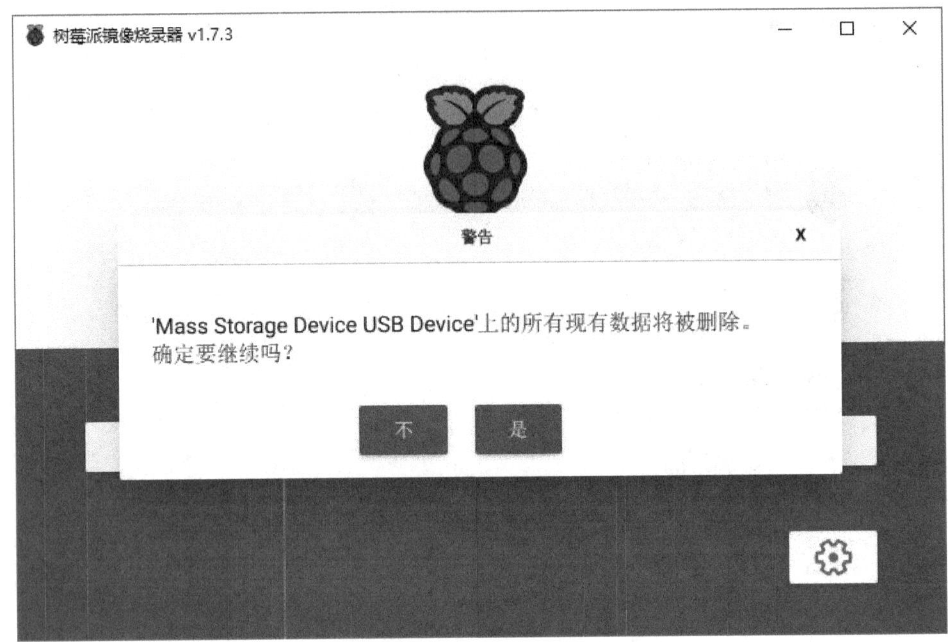

图 5-15　警告窗口

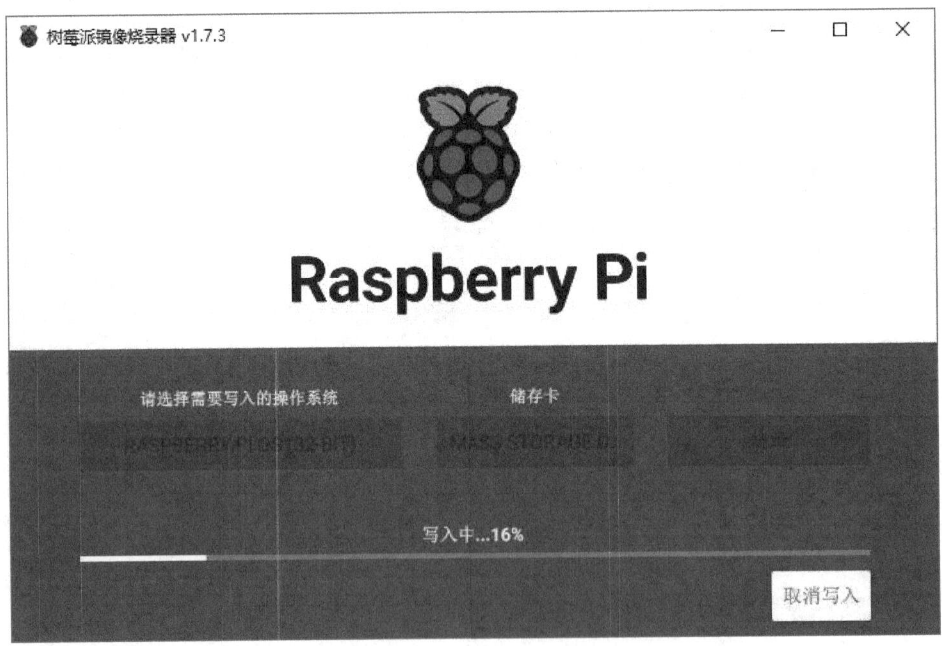

图 5-16　开始烧录窗口

烧录完成后,会弹出如图 5-17 所示窗口,选择“取消”。

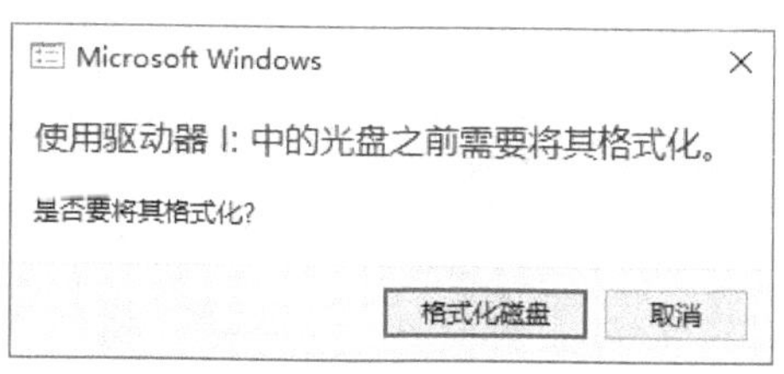

图 5－17　烧录完成后弹出窗口

最后在如图 5－18 所示窗口上，选择“继续”。关闭树莓派镜像烧录器 v1.7.3 界面。至此，树莓派系统的系统盘就做好了。

图 5－18　录统安装完成界面

5.1.4　启动和初始化设置

1. 启动

准备好树莓派所需配件后，可按照以下步骤组装树莓派。组装电路图如图 5－19 所示。

(1)将安装好系统的 SD 卡插入树莓派。

(2)将键盘和鼠标连接线插入树莓派 USB 口(由于所用屏幕为触摸屏，故可以不连接鼠标)。

(3)用 HDMI 线连接树莓派和显示器，同时将显示器的 CTOUCH 端也通过连接线插入树莓派的 USB 接口。

(4)用网线连接树莓派网线接口和路由器。

(5)用电源适配器给树莓派供电。

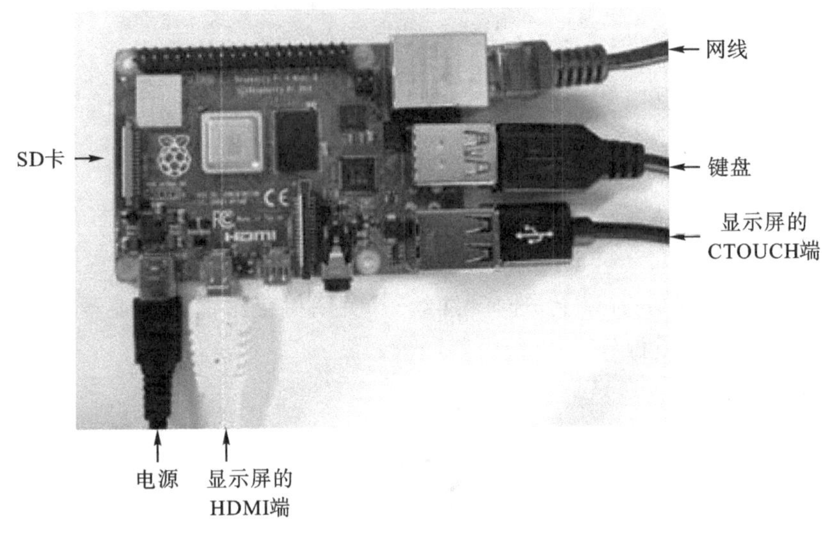

图 5-19　连接树莓派和屏幕

组装完成后，按下电源开关，当看到树莓派主板上红色电源指示灯亮起，绿色指示灯间或闪烁说明系统已经开始启动，这时在显示屏上会看到树莓派的 logo，进入初始化设置。

2. 初始化设置

注意新版树莓派没有用户名和密码，需要自行设置。用户可以利用触摸屏设置用户名和密码。

连接屏幕后，屏幕上会显示如图 5-20 所示的欢迎向导。在触摸屏上单击“Next”，进入如图 5-21 所示界面。

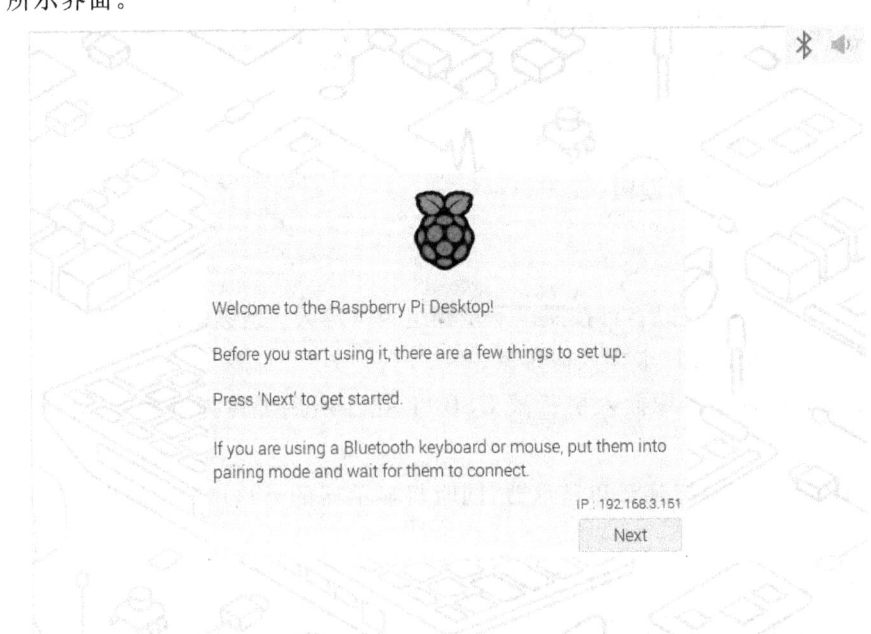

图 5-20　树莓派屏幕欢迎向导

在如图 5-21 所示界面选择地区、语言和时区，通过下拉菜单选择 Country 为“China”，Language 为“Chinese”，然后单击“Next”。

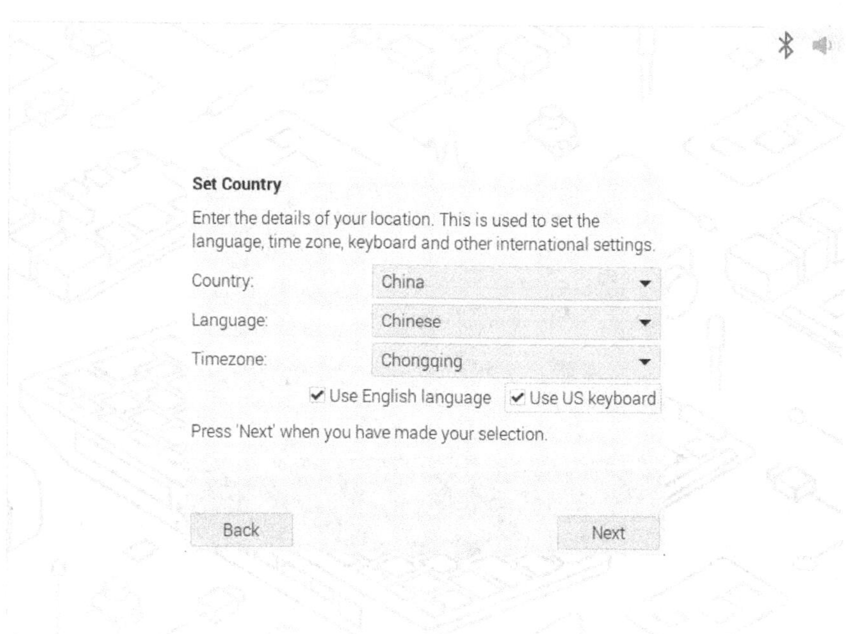

图 5-21　树莓派屏幕选择界面

在如图 5-22 所示界面创建用户名并设置密码，可通过连接的键盘输入，本例将所用树莓派用户名设置为“pi”，密码设置为“654321”，然后单击“Next”。

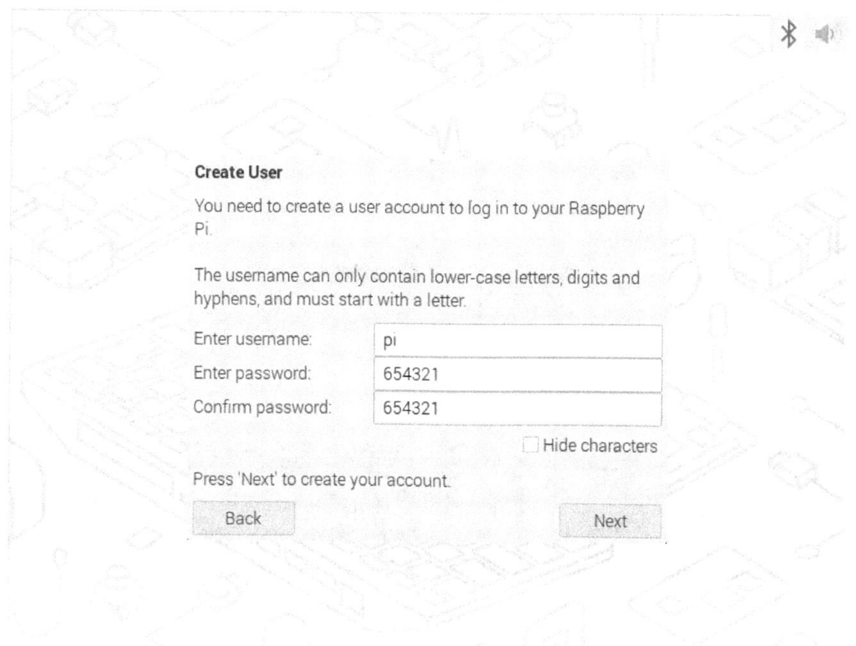

图 5-22　树莓派创建用户名及设置密码界面

在如图 5 - 23 所示界面选择减小桌面尺寸,并单击“Next”。

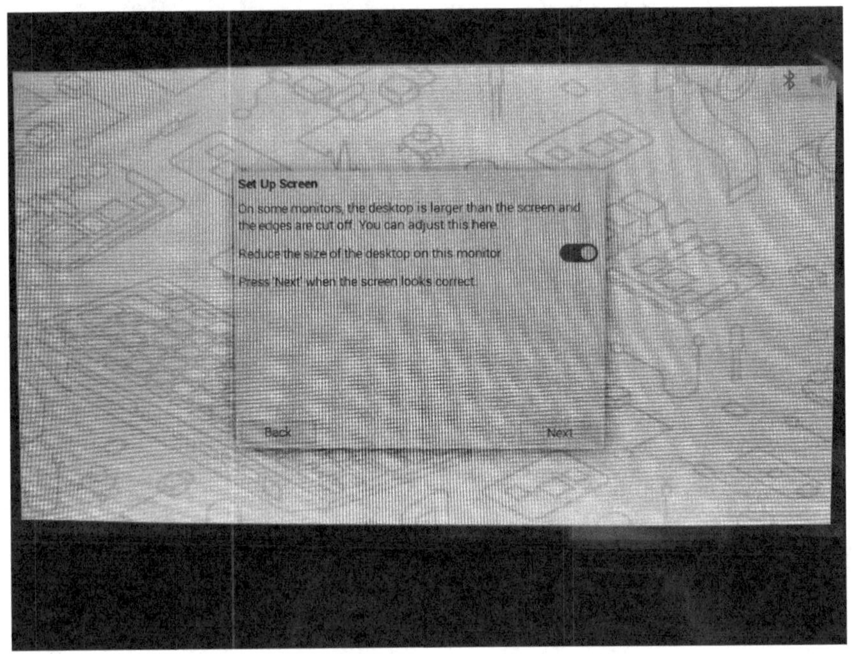

图 5 - 23　树莓派设置桌面尺寸界面

在如图 5 - 24 所示窗口选择需要连接的无线网络,本例中选择工作环境为无线网络 HiWiFi_3EBF92,并单击“Next”。

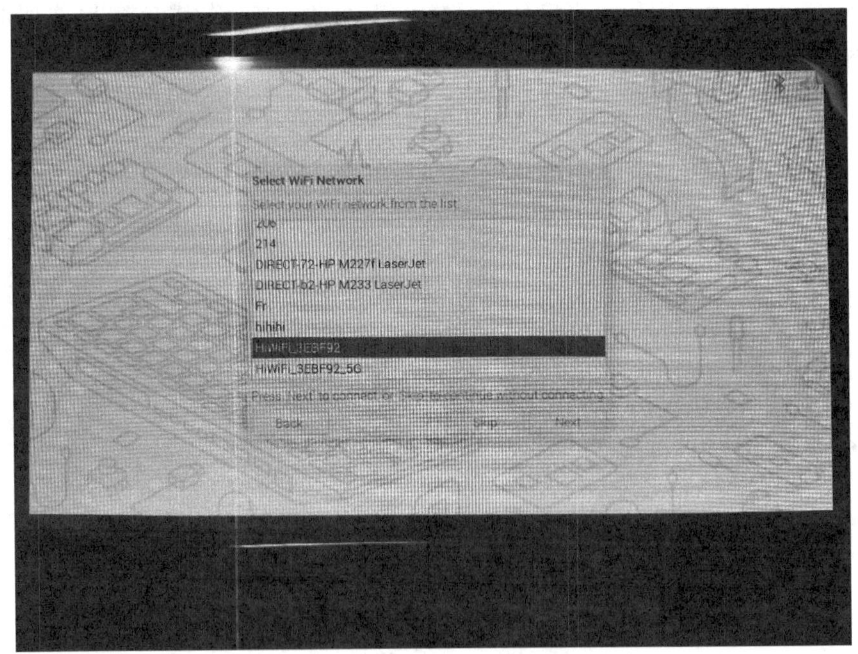

图 5 - 24　连接无线网络界面

在如图 5 - 25 所示窗口中填入无线网络密码,并单击“Next”。

Enter WiFi Password
Enter the password for the WiFi network "HiWiFi_3EBF92"
Password:
Hide characters
Press 'Next' to connect, or 'Skip' to continue without connecting.
Back
Skip
Next

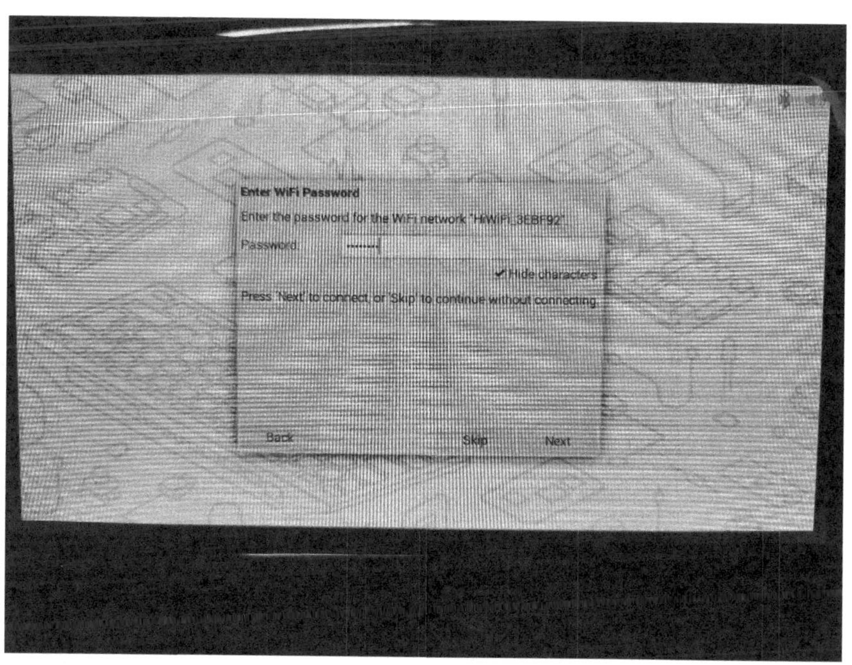

图 5－25　输入无线网络密码界面

在如图 5－26 所示检查更新窗口可能需要等待较长时间，建议选择“Skip”。

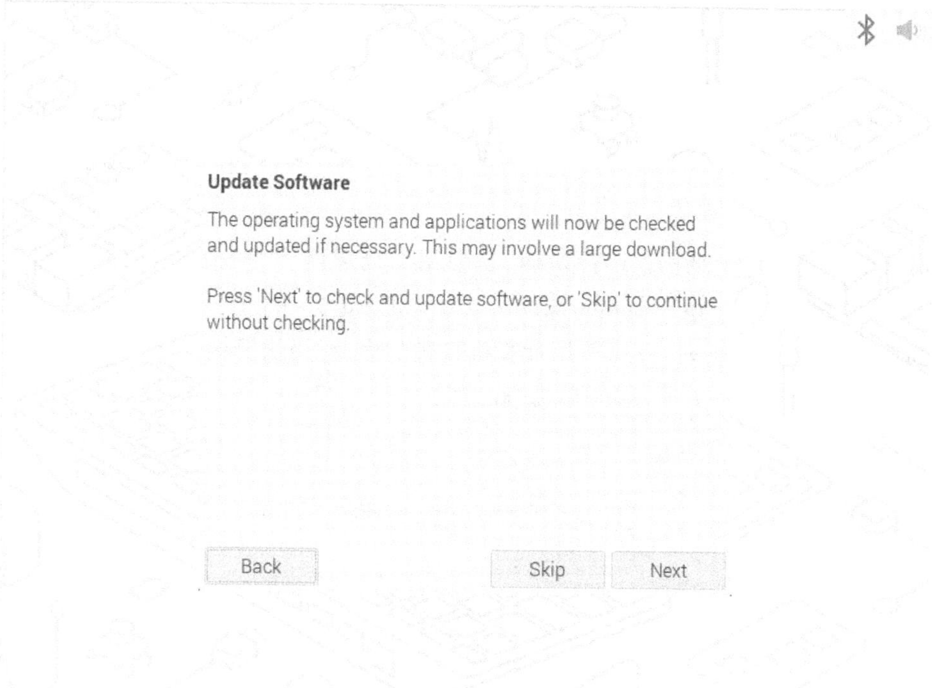

Update Software
The operating system and applications will now be checked and updated if necessary. This may involve a large download.
Press 'Next' to check and update software, or 'Skip' to continue without checking.
Back
Skip
Next

图 5－26　检查更新界面

设置完成后，在如图 5－27 所示窗口选择“Restart”重启树莓派。

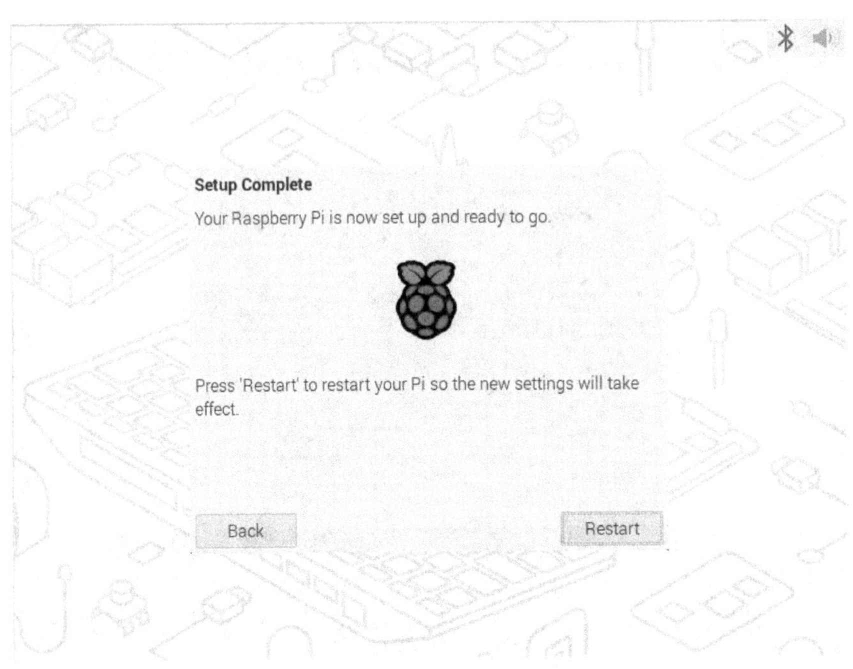

图 5-27　设置完成重启界面

5.1.5　VNC 远程连接

由于树莓派屏幕比较小，操作不方便，VNC-Viewer 软件可以通过计算机端访问树莓派的桌面，从而操作树莓派。远程连接需要知道树莓派连网的 IP 地址。故下面首先介绍如何查询树莓派的 IP 地址，再介绍 VNC-Viewer 的安装和使用方法。

1. 查询树莓派 IP 地址

Advanced IPScanner 是一款运行快速、易使用的局域网 IP 扫描器。在浏览器输入网址 https://www.advanced-ip-scanner.com/cn/，下载 Advanced_IP_Scanner 软件并安装。

查询计算机的 IP 地址时，可以使用计算机自带的命令，用快捷键 Win+R 打开运行窗口，然后输入“cmd”，如图 5-28 所示，并单击“确定”。

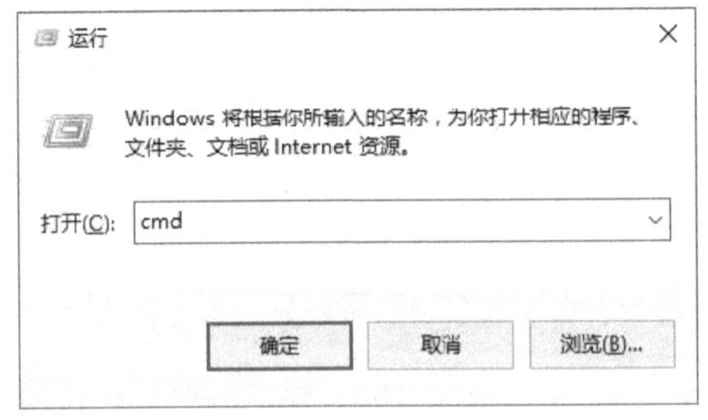

图 5-28　计算机运行窗口

接着，在如图 5-29 所示界面，输入“ipconfig”，单击回车键，就可以看到 Windows IP 的配置，其中的 IPv4 地址就是本机的 IP 地址。

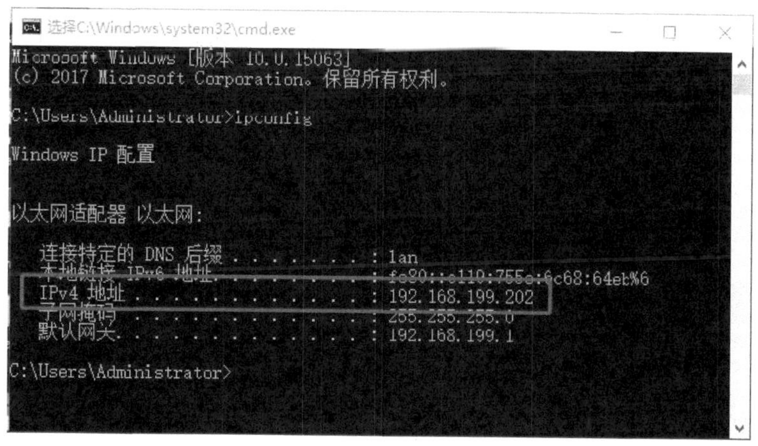

图 5－29　计算机 cmd.exe 界面

最后，打开 Advanced_IP_Scanner 软件，根据查询到的 IPv4 地址，输入所需查询的 IP 地址范围(192.168.199.1～192.168.199.254)，单击“扫描”。扫描结束后，可看到网络内的计算机列表，如图5－30所示，根据扫描结果可知树莓派的 IP 地址为 192.168.199.218。

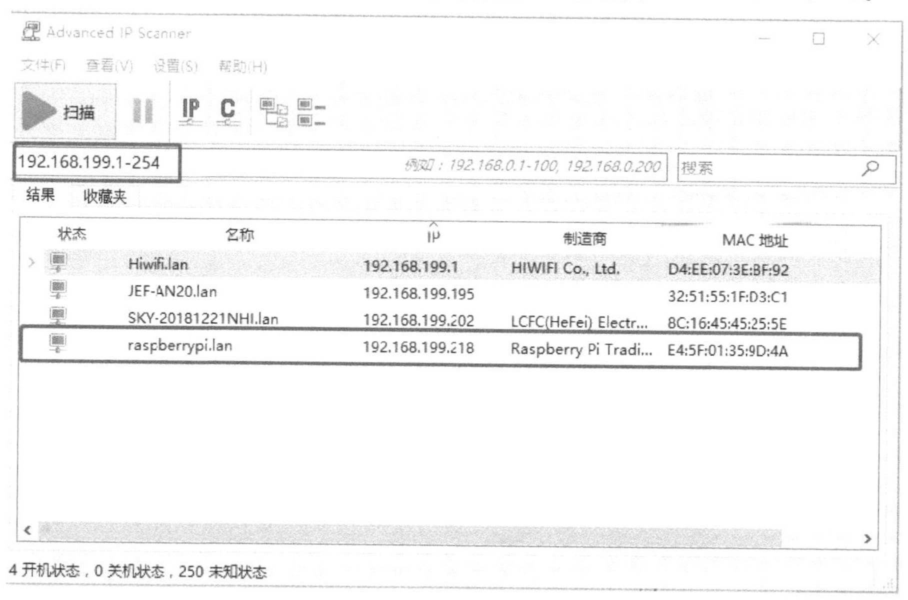

图 5－30　查询树莓派 IP 地址界面

2. VNC Viewer 远程访问

打开网址 https://www.realvnc.com/en/connect/download/viewer/，下载 VNC Viewer 软件并安装。VNC Viewer 远程访问树莓派的步骤为：

首先，打开树莓派的 VNC。在树莓派所连接的触摸屏的桌面上单击左上角的树莓派图标→首选项→Raspberry Pi Configuration，打开 Raspberry Pi Configuration 窗口，选择“Interfaces”选项卡，选择 VNC 接口为“Enable”，单击“OK”，如图 5－31 所示。

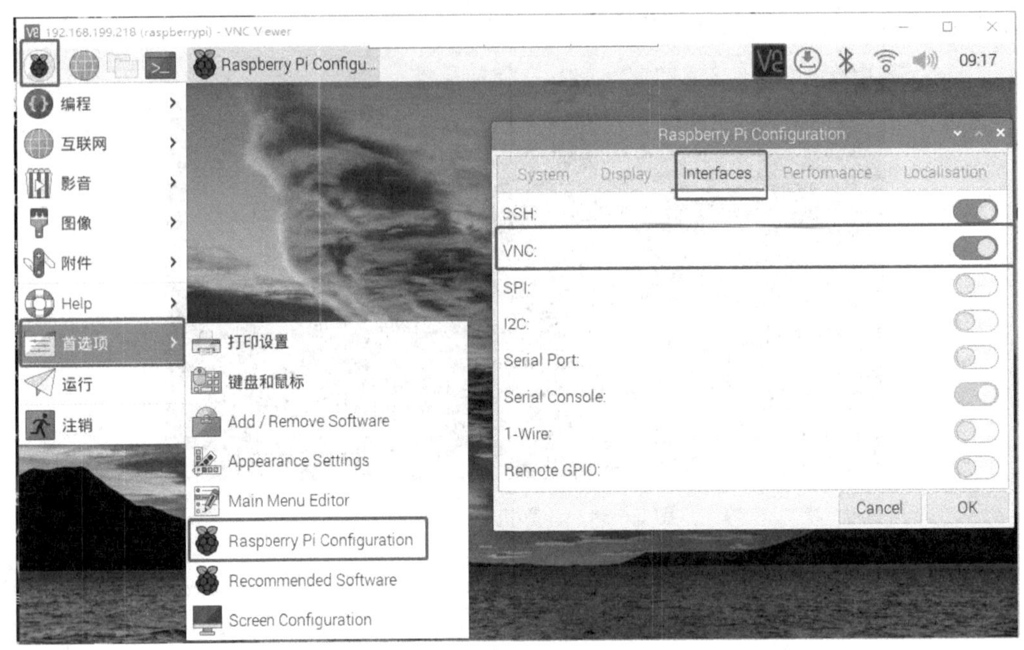

图 5－31　树莓派 VNC 使能界面

然后，打开 VNC Viewer 软件，在 VNC CONNECT 框中输入树莓派的 IP 地址(192.168.199.218)，然后单击回车键，VNC 开始远程连接，如图 5－32 所示。

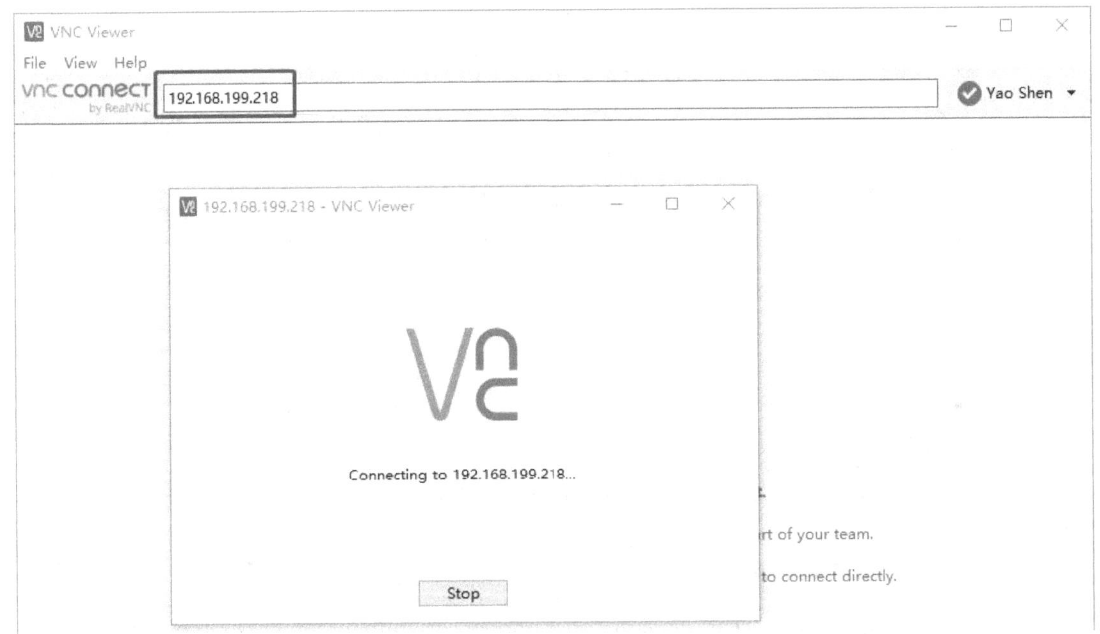

图 5－32　树莓派 VNC 远程连接界面

接着，在弹出的如图 5－33 所示界面上单击“Continue”。

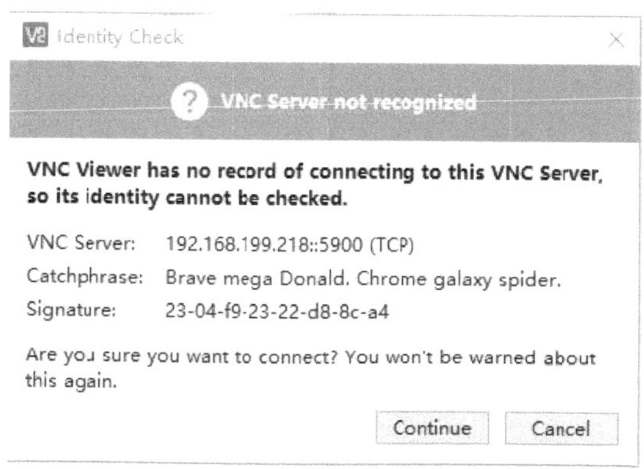

图 5－33　树莓派 VNC 身份确认界面

最后，在图 5－34 所示界面中输入用户名和密码，单击“OK”。此时在计算机上可看到如图 5－35 所示树莓派界面。至此，可以从计算机端访问树莓派了。

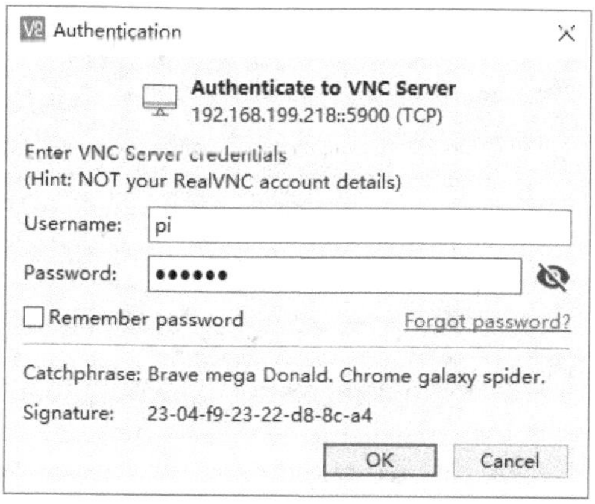

Authentication
Authenticate to VNC Server
192.168.199.218::5900 (TCP)
Enter VNC Server credentials
(Hint: NOT your RealVNC account details)
Username:　pi
Password:　••••••
Remember password　Forgot password?
Catchphrase: Brave mega Donald. Chrome galaxy spider.
Signature:　23-04-f9-23-22-d8-8c-a4
OK　Cancel

图 5－34　VNC 用户授权界面

图 5－35　VNC 远程访问的树莓派界面

5.2 树莓派基础

5.2.1 桌面介绍

本节将对树莓派的桌面进行初步了解。如图 5-36 所示为树莓派桌面，最上面一行为任务栏，任务栏有一些快速启动菜单图标，这些图标的含义见表 5-1。

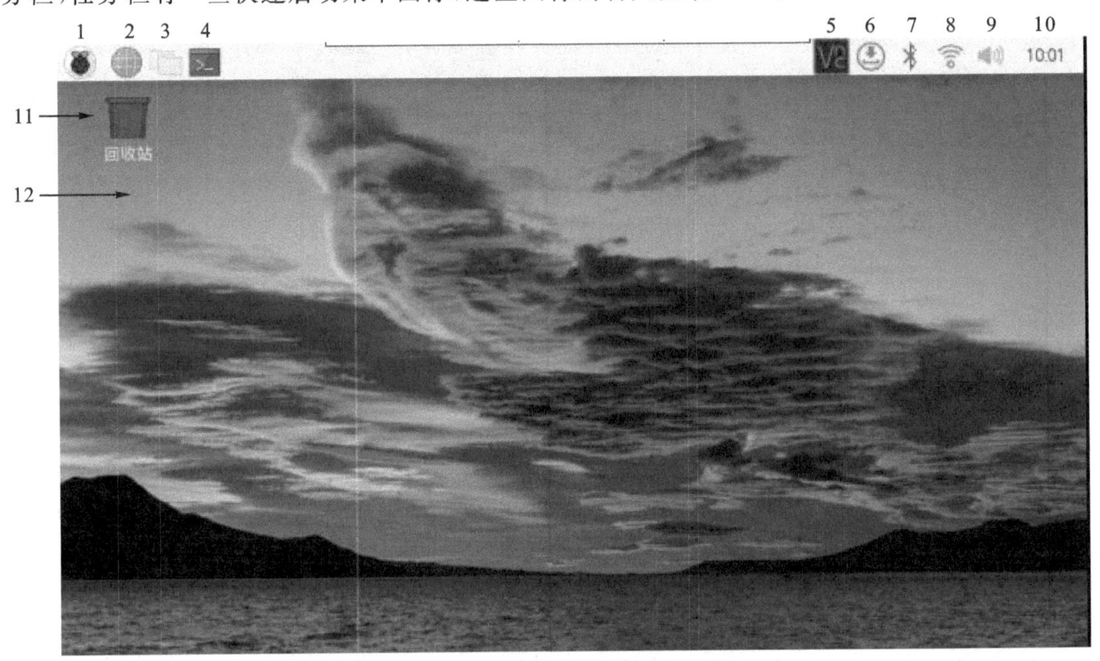

图 5-36　树莓派桌面

表 5-1　树莓派桌面图标介绍

标号	名称	标号	名称
1	应用菜单图标	7	蓝牙
2	Chromium 浏览器图标	8	网络
3	文件夹图标	9	声音
4	LX 终端	10	系统时钟
5	VNC 连接图标	11	回收站
6	更新提示	12	桌面壁纸

树莓派系统与计算机系统类似，可以进行文件管理、软件的安装/卸载、配置工具等基本操作，方法如下：

(1)文件管理。树莓派系统的文件管理与计算机的文件管理一样。可以进行新建、复制

(Ctrl+C)、剪切(Ctrl+X)、粘贴(Ctrl+V)、移动拖拽等操作。使用浏览器下载的文件存储在"/Home/pi/下载"目录下,桌面文件储存在"/Home/pi/Desktop"目录下。

(2)安装/卸载软件。树莓派系统附带了很多软件包。安装软件包的方法是,在树莓派桌面上单击左上角的树莓派图标,选择"首选项"→"Add/Remove Software",打开 Add/Remove Software 窗口,在左侧选择软件分类,在右侧界面选择需要安装的软件,单击"Apply"开始安装,安装过程还需要输入树莓派的密码以验证身份。卸载软件时,需要取消选择这些包,再单击"OK"或"Apply"即可,如图 5-37 所示。

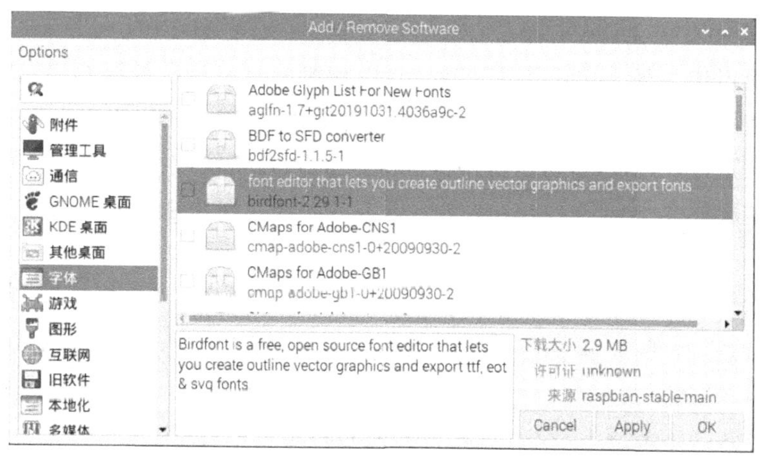

图 5-37　安装或卸载软件窗口

(3)配置工具。在树莓派桌面上单击左上角的树莓派图标,选择"首选项"→"Raspberry Pi Configuration",打开如图 5-38 所示的配置窗口,在这里可以设置主机名和修改密码等。其中的 Boot 选项指设置启动之后直接进入桌面还是进入命令行界面。在 Interfaces 选项卡中,可以设置树莓派的摄像头接口、SSH、VNC 服务、SPI、I2C、串口、串行控制台、1-Wire 接口、远程 GPIO 等一系列功能的开启和关闭。

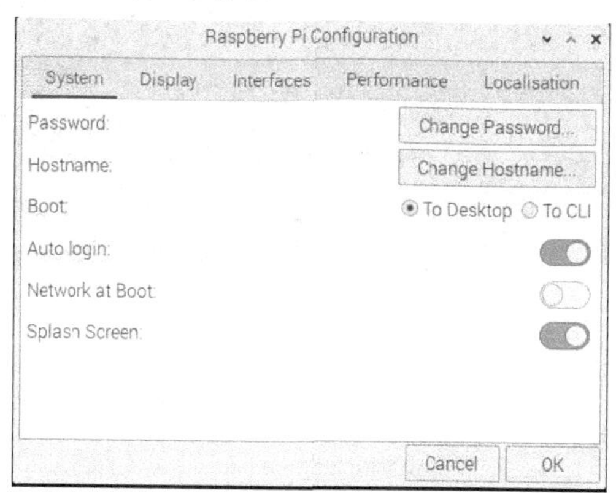

图 5-38　树莓派配置窗口

(4)关机。与其他计算机一样,树莓派关机不可直接断开电源。应通过桌面上树莓派菜单中的"注销"选项来实现关机、重启或注销。等显示屏变黑,树莓派主板上的 ACT 状态指示灯

(绿色)完全熄灭,最后再断开电源。也可以在终端输入关机命令(halt 或 sudo halt),确保 Linux 停止对 SD 卡的一切读写后再切断电源,否则极易丢失数据。

5.2.2 wiringPi 库

wiringPi 是应用于树莓派平台的 GPIO 控制库函数。wiringPi 使用 C 或者 C++编程语言开发。wiringPi 中的函数类似于 Arduino 的 wiring 系统,这使得熟悉 Arduino 的用户在使用 wringPi 时更为方便。

树莓派具有 26 个普通 IO 引脚,利用端口复用时可支持 I2C、SPI 和 UART 通信协议。不使用复用时也可以作为普通端口使用。wiringPi 包括一套 GPIO 控制命令,使用 GPIO 命令时可以控制树莓派 GPIO 管脚。用户可以利用 GPIO 命令通过 shell 脚本控制或查询 GPIO 管脚。wiringPi 是可以扩展的,可以利用 wiringPi 的内部模块或把自定义的扩展模块集成到 wiringPi 中以扩展更多的 GPIO 接口或支持更多的功能。更多功能可查看官网:http://wiringpi.com/。

在树莓派上安装 wiringPi 库的方法是,在树莓派终端窗口分别输入下面第一行和第二行命令,安装 wiringPi 库的 2.52 版本。安装完成后在窗口输入 gpio -v 可测试是否安装成功,安装结果如图 5-39 所示。

```
1.wget https://project-downloads.drogon.net/wiringpi-latest.deb
2.sudo dpkg -i wiringpi-latest.deb
3.gpio -v
```

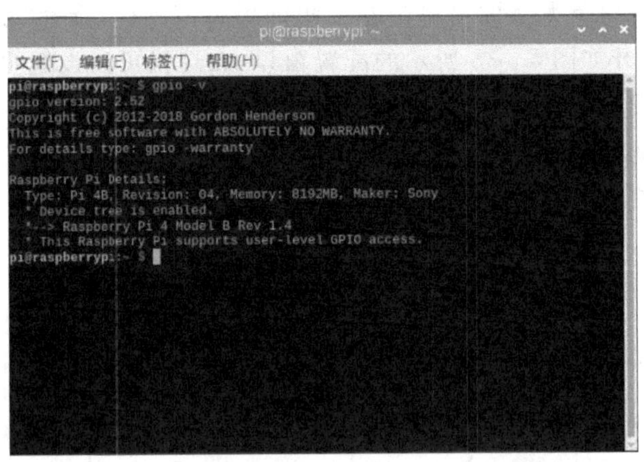

图 5-39 wiringPi 库是否安装成功测试结果

5.2.3 使用 Geany 开发 C 程序

Geany 是树莓派自带的程序编辑器,使用 Geany 开发 C 程序的步骤如下:

(1)新建文件夹。在快速启动栏单击文件夹图标,打开如图 5-40 所示的文件管理窗口,在左侧“文件系统根目录”中选择/home/pi/打开 pi 文件夹,在菜单栏选择“文件”→“New Folder”,在弹出窗口中输入新建文件夹的名字,如“test”。

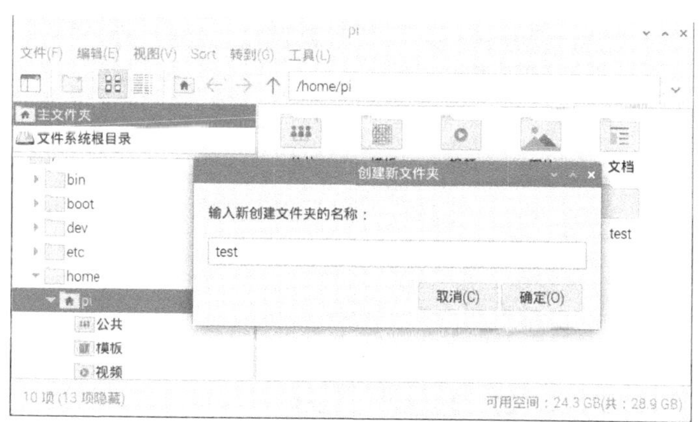

图 5－40　新建文件夹窗口

(2)新建.c 文件。双击打开 test 文件夹，在菜单栏选择“文件”→“New File”，在弹出窗口中输入新建文件的名字，如“hello.c”，如图 5－41 所示。

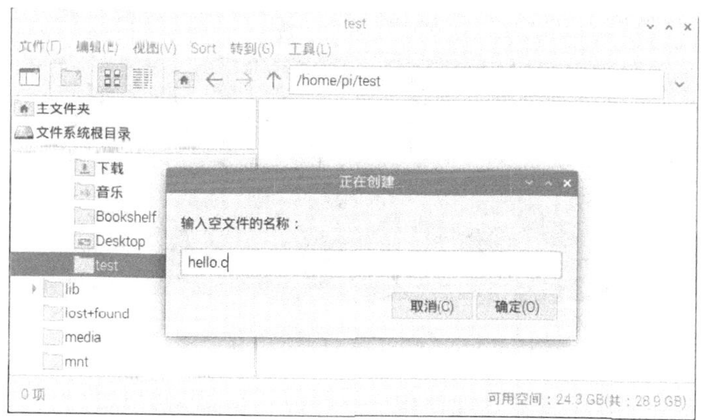

图 5－41　新建文件夹窗口

(3)双击 hello.c 文件。在空文件中输入以下打印输出程序命令。

```
//下面程序实现打印输出
#include <stdio.h>
int main(void){
  printf("This is my first Rasbperry test! \r\n");
  return 0;
}
```

(4)编译运行。在 Geany 工具栏中，依次单击图标，编译程序，单击图标，生成可执行程序，最后单击图标，运行程序，如图 5－42 所示，运行结果如图 5－43 所示。

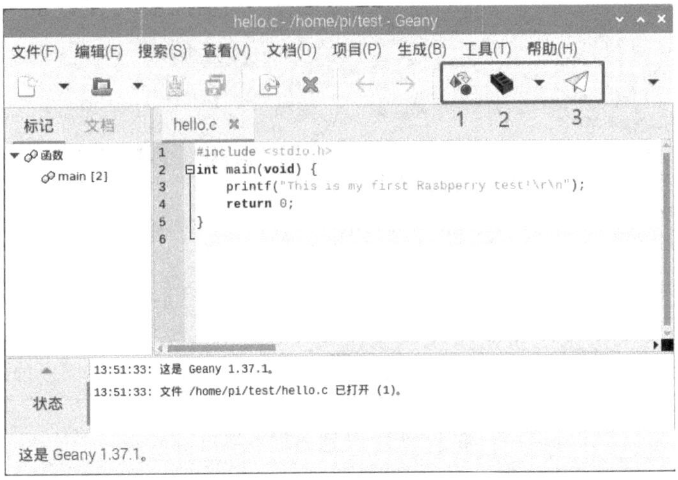

图 5-42　程序编译运行窗口

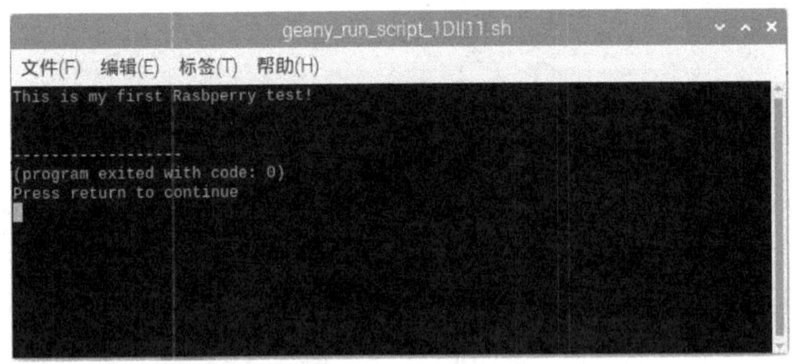

图 5-43　Geany 编辑器运行结果窗口

编译程序时，还可以在树莓派终端使用 gcc 进行。具体方法为：

在任务栏单击“终端”的快速启动图标  ，即可打开终端。在终端依次输入下面三行命令，每一行命令输入完毕需要单击回车键，第一行命令为进入 test 文件夹，第二行命令为编译 hello.c 文件，第三行命令为运行编译文件 hello。运行结果如图 5-44 所示。

1. cd /home/pi/test
2. gcc hello.c -o hello
3. sudo ./hello

图 5-44　树莓派终端编译运行程序结果

我们已经学习了如何在树莓派上编写 C 语言程序并运行，下一节我们将完成几个简单的实验。

5.3　树莓派基础实验

5.3.1　树莓派 I/O 口

树莓派的 I/O 口一共有 40 个引脚，具体含义见表 5－2。目前树莓派有 3 种引脚编号方法：①根据引脚的物理位置编号；②由 C 语言 wiringPi 库指定编号；③由 BCM2837 SOC 指定编号。

表 5－2　树莓派 40Pin 引脚对照表

物理引脚 BOARD 编码	wiringPi 编码	BCM 编码	功能名	物理引脚 BOARD 编码	wiringPi 编码	BCM 编码	功能名
1	—	—	3.3V	21	13	9	MISO
2	—	—	5V	22	6	25	GPIO.6
3	8	2	SDA.1	23	14	11	SCLK
4	—	—	5V	24	10	8	CE0
5	9	3	SCL.1	25	—	—	GND
6	—	—	GND	26	11	7	CE1
7	7	4	GPIO.7	27	30	0	SDA.0
8	15	14	TXD	28	31	1	SCL.0
9	—	—	GND	29	21	5	GPIO.21
10	16	15	RXD	30	—	—	GND
11	0	17	GPIO.0	31	22	6	GPIO.22
12	1	18	GPIO.1	32	26	12	GPIO.26
13	2	27	GPIO.2	33	23	13	GPIO.23
14	—	—	GND	34	—	—	GND
15	3	22	GPIO.3	35	24	19	GPIO.24
16	4	23	GPIO.4	36	27	16	GPIO.27
17	—	—	3.3V	37	25	26	GPIO.25
18	5	24	GPIO.5	38	28	20	GPIO.28
19	12	10	MOSI	39	—	—	GND
20	—	—	GND	40	29	21	GPIO.29

本章中将基于 wiringPi 库以 C 语言控制树莓派 GPIO，因此需要选择由 wiringPi 库指定的编号。由表 5－2 可知，wiringPi 库中的 GPIO 0 引脚对应物理位置编号的引脚 11，wiringPi 库中的 GPIO 30 引脚对应物理引脚 27。

5.3.2 LED 灯实验

1. 实验任务

用树莓派控制 LED 灯使其闪烁。

2. 实验原理

将 LED 灯与 200 Ω 限流电阻的串联电路连接在树莓派的 GPIO 口和接地之间，控制树莓派 GPIO 口输出高低电平，则 LED 灯会根据程序控制开始闪烁。

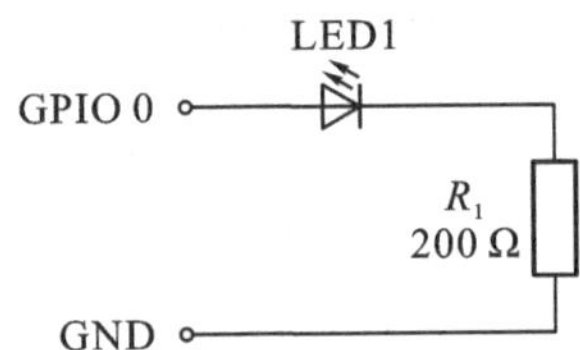

图 5－45　LED 灯实验硬件电路连接图

表 5－3 介绍了一些 wiringPi 库中的函数及其功能，方便在程序中使用。使用 wiringPi 库时应先使用 int wiringPiSetup (void) 函数初始化 wiringPi 库。

表 5－3　wiringPi 库主要函数及其功能

函数	函数功能	返回
void pinMode (int pin，int mode)；	将引脚的模式设置为 INPUT、OUTPUT、PWM_OUTPUT 或 GPIO_CLOCK。注意，只有 wiringPi 引脚 1(BCM_GPIO 18)支持 PWM 输出，只有 wiringPi 引脚 7（BCM _ GPIO 4）支持 CLOCK 输出模式	无
void pullUpDnControl (int pin，int pud)；	设置给定引脚上的上拉或下拉电阻模式，该引脚应设置为输入。与 Arduino 不同，BCM2835 具有上拉和下拉内部电阻器。参数 pud 应为：PUD_OFF(无上拉/下拉)、PUD_down(下拉至接地)或 PUD_up(下拉至 3.3 V)，树莓派上的内部上拉/下拉电阻值约为 50 kΩ	无
void digitalWrite (int pin，int value)；	给设置为 OUTPUT 的引脚写入 HIGH(高)或 LOW(低)(1 或 0)。wiringPi 将任何非零数字视为 HIGH，而 0 是 LOW 的唯一表示	无
void pwmWrite (int pin，int value)；	将该值写入给定引脚的 PWM 寄存器。树莓派有一个板载 PWM 引脚，即引脚 1(BMC_GPIO 18，Phys 12)，范围为0～1024	无

续表

函数	函数功能	返回
int digitalRead (int pin);	返回在给定引脚读取的值。高或低(1 或 0)取决于引脚的逻辑电平	返回在给定引脚读取的值
analogRead (int pin);	返回在模拟输入引脚上读取的值,此函数需要配套 Gertboard 模拟板使用	返回在模拟输入引脚上读取的值
analogWrite (int pin, int value);	将给定值写入模拟引脚,此函数需要配套 Gertboard 模拟板使用	无

3. 实验材料

计算机、树莓派、LED 灯灯、电阻和面包板。

4. 实验过程

1)硬件连接

将树莓派的 GPIO 0 引脚和 GND 引脚连接至 LED 灯和电阻的串联回路中,连接实物图如图 5-46 所示。

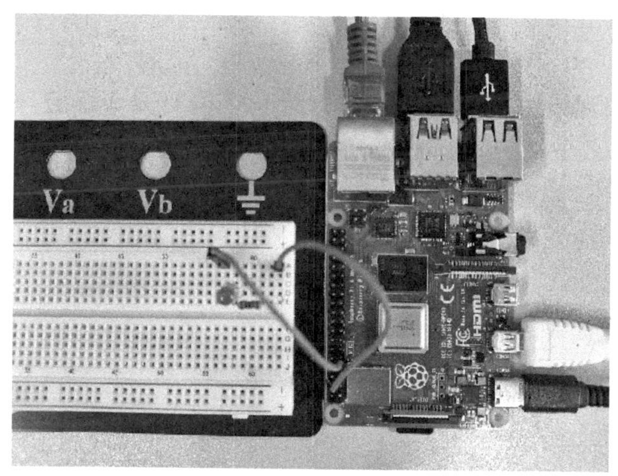

图 5-46　实际连接电路图

2)软件编程

该实验的主要编程步骤如下:

(1)打开树莓派,并通过 VNC Viewer 远程连接树莓派桌面。

(2)新建 led.c 文件。在菜单栏单击文件夹快速启动图标,在 home/pi/test 文件夹中新建一个 led.c 文件。

(3)编写程序。

//代码清单 5-3-1:点亮 LED 灯

```
#include <wiringPi.h>
#include <stdio.h>
int main(void){
wiringPiSetup();
printf("Hello world!");
  pinMode(0,OUTPUT);
  while(1){
    digitalWrite(0,HIGH);
    delay(1000);
    digitalWrite(0,LOW);
    delay(1000);
  }
  return 0;
}
```

3)观察实验结果

打开命令窗口,依次输入下列命令:

(1)cd /home/pi/test

执行该命令,可以进入 test 文件夹。

(2)gcc led.c -o led -lwiringPi

执行该命令,可实现编译 led.c 程序,最后的-lwiringPi 是表示与 wiringPi 库进行连接的语句,若无,则在编译过程中会出现 wiringPi 库中的有些函数,例如 pinMode()等出现没有定义的错误。

最后在命令行输入:

(3)./led

运行程序,就可以看到 LED 灯闪烁。

5.3.3 PWM 输出

1. 实验任务

用树莓派输出 PWM 波。

2. 知识基础

树莓派的 PWM 输出是一个重要的应用。wiringPi 库中包含了一个软件驱动的 PWM 处理库,可以在任意的树莓派 GPIO 上输出 PWM,但其在使用时有一些限制,为了保持低 CPU 使用率,最小脉冲宽度为 100 μs。与默认建议范围 100 相结合,则 PWM 频率为 100 Hz。在使用输出 PWM 波函数时,应包含头文件 wiringPi.h 和 softPwm.h,即包含 wiringPi 库和 pthread 库。表 5-4 为树莓派输出 PWM 波的常用函数原型及功能。

表 5-4　树莓派输出 PWM 波的常用函数原型及功能

函数原型	函数功能	返回值
int softPwmCreate (int pin, int initialValue, int pwmRange);	创建一个软件控制的 PWM 引脚。可以使用任何 GPIO 引脚,引脚编号将与使用的 wiringPiSetup()函数相同。initialValue 为引脚输出的初始值。pwmRange 为 100,给定引脚的值可取 0(关闭)～100(完全打开)	返回 0,表示创建成功。返回其他值,应该检查全局 error 变量,以查看问题
void softPwmWrite (int pin, int value);	更新给定引脚上的 PWM 值。检查值是否在范围内,之前未通过 softPwmCreate 初始化的引脚将被忽略。value:PWM 引脚输出的值	无

3. 实验材料

计算机、树莓派、LED 灯、电阻、示波器和面包板。

4. 实验过程

1)硬件连接

用示波器的 CH1 通道测量树莓派的 GPIO 2 引脚(物理引脚 13)上输出的 PWM 波。

2)软件编程

该实验的主要软件编程步骤如下:

(1)打开树莓派,并通过 VNC Viewer 远程连接树莓派桌面。

(2)新建 softpwm.c 文件。在菜单栏单击文件夹快速启动图标,在 home/pi/test 文件夹中新建一个 softpwm.c 文件。

(3)编写程序。

```
//代码清单 5-3-2:输出 PWM 波
#include <stdio.h>
#include <wiringPi.h>
#include <softPwm.h>
#define pwm_pin 2
int main(void){
  wiringPiSetup();
  while(1){
        softPwmCreate(pwm_pin,0,100);
        softPwmWrite(pwm_pin,50);
  }
}
```

3)观察实验结果

打开命令窗口,依次输入下列命令:

```
cd /home/pi/test
```

执行该命令，可以进入 test 文件夹。

```
gcc softpwm.c -o softpwm -lwiringPi -lpthread
```

执行该命令，可实现编译 softpwm.c 程序。最后在命令行输入：

```
./softpwm
```

运行程序，在示波器上可以看到输出的 PWM 波如图 5-47 所示。

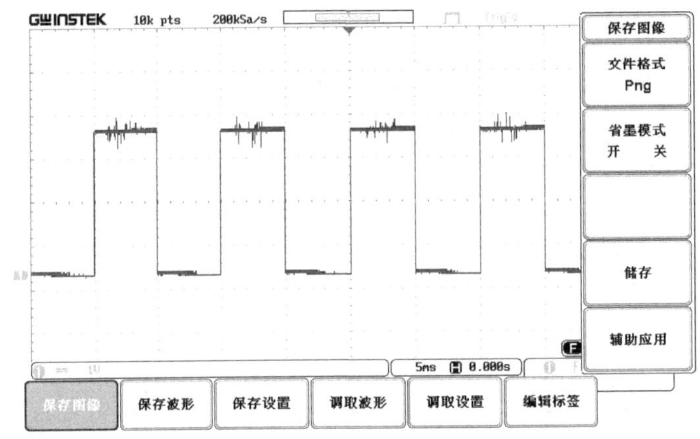

图 5-47 树莓派 GPIO 2 输出的 PWM 波

5.3.4 串口通信

1. 实验任务

(1)利用树莓派通过串口打印字符。

(2)通过计算机串口向树莓派输入字符。当树莓派收到 1,2 或 3 时，分别向串口打印输出 cmd=1, cmd=2 或 cmd=3。

2. 知识基础

1)树莓派串口通信

树莓派 4B 共有 6 个串口，如表 5-5 所示，但在默认情况下 UART2～UART5 是关闭的。mini UART 时钟与 VPU 核心时钟相连，因此，当核心时钟频率改变时，UART 波特率也会改变。所以，mini UART 通常也不如 PL011，这主要是因为它的波特率与 VPU 时钟速度有关。

树莓派的一个串口被引出到 GPIO 14(TXD)和 GPIO 15(RXD)上，称为主串口。对于树莓派 4B，mini UART 是主串口，UART0 是辅助串口。默认情况下，主串口分配给 Linux 控制台，如果将引出的 GPIO 串口用作其他功能，则需要重新配置 Raspberry Pi OS，配置方法将在本节第 4 部分任务过程中详述。树莓派 4B 系统上的 Linux 设备与其描述见表 5-6，表中 /dev/serial0 和 /dev/serial1 是指向 /dev/ttyS0 或 /dev/ttyAMA0 的符号。

表 5－5　树莓派串口及其类型

名称	类型
UART0	PL011
UART1	mini UART
UART2	PL011
UART3	PL011
UART4	PL011
UART5	PL011

表 5－6　树莓派 4B 系统上的 Linux 设备及其描述

Linux 设备	描述
/dev/ttyS0	mini UART
/dev/ttyAMA0	UART0
/dev/serial0	主要的 UART
/dev/serial1	次要的 UART

表 5－7 为 wiringPi 库中包含的一些常用串口函数及其功能和参数说明，注意使用这些函数时应在程序中包含头文件 wiringSerial. h。

表 5－7　wiringPi 库中的常用串口函数及其功能和参数说明

函数	函数功能	参数说明
intserialOpen(char * device, int baud)	打开并初始化串口	device：串口的地址，在 Linux 中为设备所在的目录名；baud：波特率；返回：正常返回文件描述符，否则返回－1，说明打开失败
voidserialClose(int fd)	关闭 fd 关联的串口	fd：文件描述符
voidserialPutchar (int fd, unsigned char c)	发送一个字节的数据到串口	fd：文件描述符；c：要发送的数据
voidserialPuts(int fd, char * s)	发送一个字符串到串口	fd：文件描述符；s：要发送的字符串
voidserialPrintf(int fd, char * message,…)	像使用 C 语言中的 printf 一样发送数据到串口	fd：文件描述符；message：格式化的字符串
intserialDataAvail(int fd)	获取串口缓存中可用的字节数	fd：文件描述符；返回：串口缓存中已经接收的，可读取的字节数，返回－1 代表错误

续表

函数	函数功能	参数说明
intscrialGetchar(int fd)	从串口读取一个字节数据返回。如果串口缓存中没有可用的数据，则会等待10 s，如果10 s后还没有，返回－1	fd：文件描述符；返回：读取到的字符
voidserialFlush(int fd)	刷新，清空串口缓存中的所有可用数据	fd：文件描述符

2）USB 转串口

USB 转串口模块用于实现计算机 USB 接口到通用串口之间的转换。如图 5－48 所示为 USB 转串口模块及其引脚说明，模块采用 CH340G 作为 USB 转串口芯片，模块 USB 接口为 mini 接口，通过 1 个 2＊6P 2.54 mm 间距的排针与外部连接。支持对外供电 5 V 或3.3 V，带有三个 LED 灯，分别为 TXD LED 灯，RXD LED 灯和 POWER LED 灯。

VCC：电源 5 V/3.3 V 供电
GND：接地
RXD：TTL 模式数据接收引脚（接外部设备的 TXD）
TXD：TTL 模式数据发送引脚（接外部设备的 RXD）
RTS：请求发送引脚，CH340E 的 RTS 引脚
CTS：清除发送引脚，CH340 的 CTS 引脚

图 5－48　USB 转串口模块及其引脚说明

3. 实验材料

计算机、树莓派、USB 转串口模块、面包板。

4. 实验过程 1

任务 1：利用树莓派通过串口打印字符。

1）硬件连接

按照图 5－49 中的表格连接 USB 转串口模块和树莓派对应引脚，USB 转串口模块的另一端连接计算机的 USB 口，连线如图 5－49 所示。

图 5-49　树莓派与 USB 转串口模块接线图

2)软件编程

该实验的主要编程步骤为：

(1)打开树莓派，并通过 VNC Viewer 远程连接树莓派桌面。

(2)在树莓派配置端开启串口。在树莓派桌面单击左上角的树莓派图标，选择“首选项”→“Raspberry Pi Configuration”，打开 Raspberry Pi Configuration 窗口，选择“Interfaces”选项卡，设置 Serial Port 接口为“Enable”，Serial Console 接口为“Disable”，单击“OK”，如图 5-50 所示。在重启提示窗口，选择“Yes”，如图 5-51 所示。

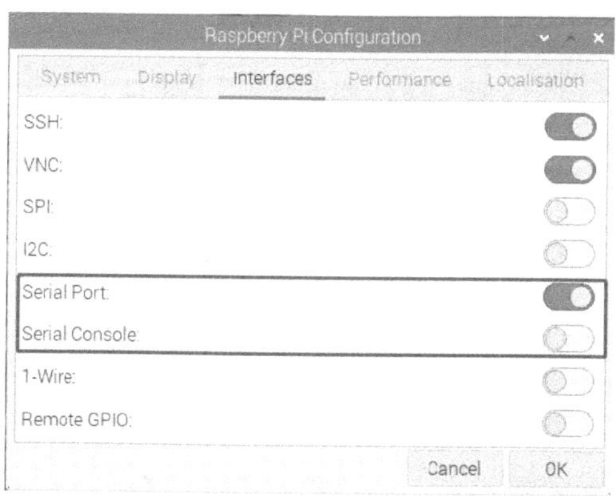

图 5-50　树莓派配置开启串口窗口

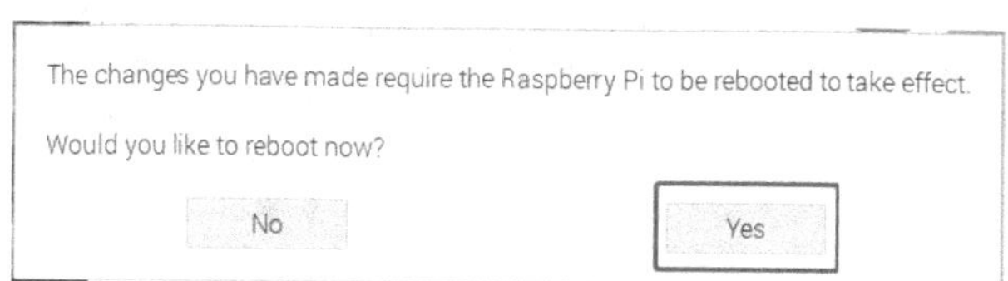

图 5-51　重启提示窗口

(3)查看树莓派串口映射关系。在终端输入 ls /dev/ser * -al 命令，即可查看串口映射关系，如图 5-52 所示。

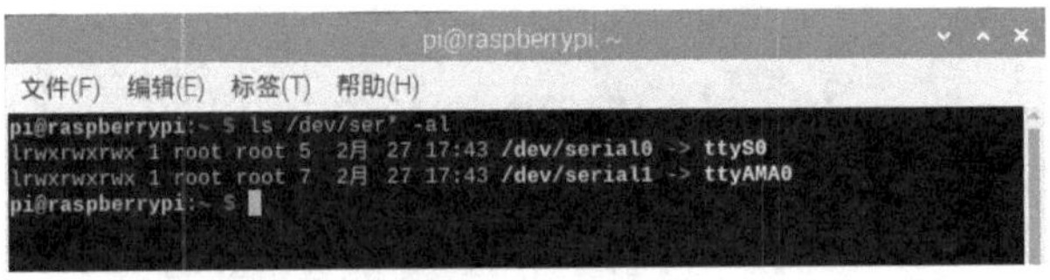

```
pi@raspberrypi:~ $ ls /dev/ser* -al
lrwxrwxrwx 1 root root 5  2月 27 17:43 /dev/serial0 -> ttyS0
lrwxrwxrwx 1 root root 7  2月 27 17:43 /dev/serial1 -> ttyAMA0
pi@raspberrypi:~ $
```

图 5-52　查看默认情况下串口映射关系

(4)在树莓派上更改串口映射关系。在终端中输入命令 sudo nano /boot/config. txt

打开 config. txt 文件,在 enable_uart=1 后面加上代码 dtoverlay=pi3-disable-bt

先按下 Ctrl+O 写入命令,再依次按下 Ctrl+M(回车键)和 CTRL+Z(当前进程转到后台运行),然后在终端输入 sudo reboot 命令,重启树莓派,如图 5-53 所示。

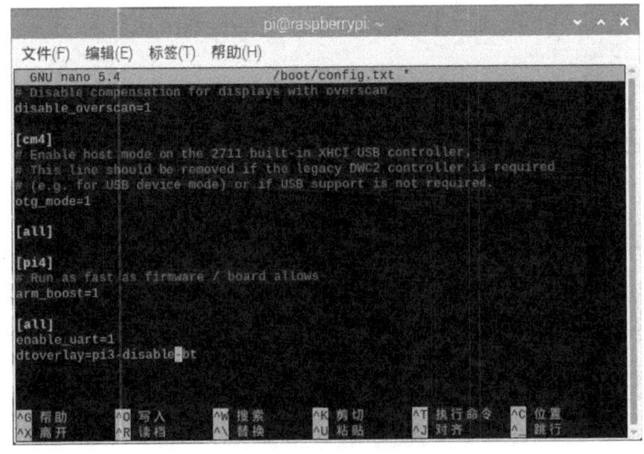

图 5-53　更改映射关系窗口

(5)查看串口映射关系。在终端中输入 ls /dev/ser * -al 命令,查看串口映射关系,如图 5-54 所示。

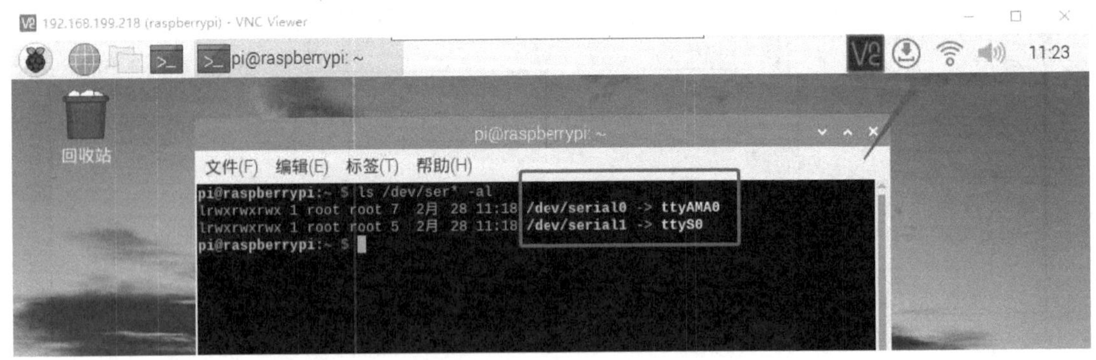

图 5-54　查看串口映射关系窗口

映射关系改变之后,txd 和 rxd 就可以用硬件串口传输数据了。但是,此时桌面上的蓝牙图标消失,无法添加蓝牙设备。当需要换回来时,须打开终端输入 sudo nano /boot/config. txt

删除在(4)中 config. txt 文件最后增加的代码(#dtoverlay=pi3-disable-bt)。重启树莓派,蓝牙图标重新出现,恢复添加蓝牙设备功能。

(6)新建 serial. c 文件。在菜单栏单击文件夹快速启动图标,在 home/pi/test 文件夹中新建一个 serial. c 文件。

(7)编写程序。

//代码清单 5-3-3:树莓派串口发送数据到串口调试器

```
#include <stdio.h>
#include <wiringPi.h>
#include <stdlib.h>
#include <wiringSerial.h>
char *tx="Helloworld! \r\n";
int main() {
  int fd;
  if (wiringPiSetup()==-1){

      printf("setup wiringPi failed! \r\n");
      return 1;
  }
  fd = serialOpen("/dev/ttyAMA0",115200);
  if (fd <0){
      printf("open serial failed! \r\n");
      return 1;
  }
  while(1){

      serialPuts(fd,tx);
      delay(1000);
  }
  serialClose(fd);
  return 0;
}
```

3)观察实验结果

打开命令窗口,依次输入下列命令:

```
cd /home/pi/test
```

执行该命令,可以进入 test 文件夹。

```
gcc serial.c -o serial -lwiringPi
```

执行该命令,可实现编译 serial. c 程序。

```
./serial
```

运行程序,在计算机上打开串口调试器,在计算机端查看 USB 的端口号,设置波特率为

115200,单击“打开串口”,在串口调试器的接收窗口可看到打印输出的字符,如图 5-55 所示。

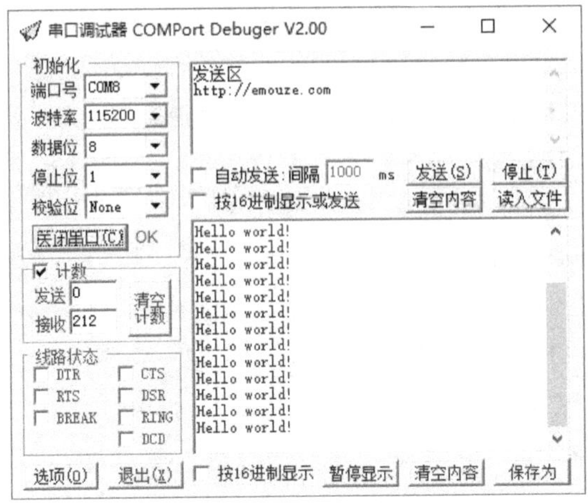

图 5-55 串口调试器输出结果

5. 实验过程 2

任务 2:通过计算机串口向树莓派输入字符,当树莓派接收到 1,2 或 3 时,分别向串口打印输出 cmd=1, cmd=2 或 cmd=3。

1)硬件连接

本实验硬件连接与图 5-44 一致。

2)软件编程

新建 serialport.c 文件,代码如下:

//代码清单 5-3-4:计算机串口向树莓派输入字符

```
#include <stdio.h>
#include <wiringPi.h>
#include <stdlib.h>
#include <wiringSerial.h>
char *tx="Helloworld! \r\n";
char cmd='';
int main() {
int fd;
if (wiringPiSetup()==-1){
        printf("setup wiringPi failed! \r\n");
        return 1;
}
 fd = serialOpen("/dev/ttyAMA0",115200);
 if (fd <0){
        printf("open serial failed! \r\n");
```

```
            return 1;
    }
    serialPuts(fd,Lx);
    delay(1000);
    while(1){

            if(serialDataAvail(fd)!=-1){
                    cmd=serialGetchar(fd);
                    if(cmd=='1'){
                       serialPuts(fd,"cmd=1\r\n");
                    }
                    if(cmd=='2'){
                       serialPuts(fd,"cmd=2\r\n");
                    }
                    if(cmd=='3'){
                       serialPuts(fd,"cmd=3\r\n");
                    }
            }
    }
    serialClose(fd);
    return 0;
}
```

3)观察实验结果

编译并运行程序，打开串口调试器窗口，设置 USB 转串口的端口号，设置波特率为 115200，打开串口。在串口调试器的发送窗口依次输入 1，2 和 3，可看到接收窗口收到的字符，如图 5-56 所示。

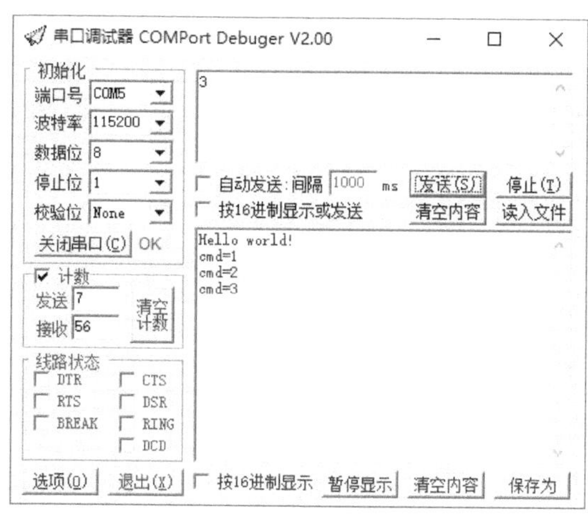

图 5-56　串口调试器输出结果

附 录

附录 A

附录 A-1 C 语言常用函数库

头文件	主要函数
stdio. h	输入输出函数库
math. h	数学函数库
ctype. h	字符函数库
string. h	字符串函数库
system. h	标准库函数库
graphic. h	图形处理函数库
alloc. h	动态内存管理函数库
dir. h	目录操作函数库
dos. h	系统接口函数库
io. h	输入输出函数库
float. h	浮点数据处理库
conio. h	控制台输入输出函数库
assert. h	DEBUG 相关函数库
bios. h	BIOS 相关函数库
mem. h	内存相关函数库
process. h	进程管理函数库
setjup. h	函数跳转函数库
signal. h	信号定义函数库
stdarg. h	函数参数处理函数库
time. h	时间函数库
stdlib. h	标准工具库函数库

附录 A-2 常用输入输出函数

使用输入输出函数时，需要包含头文件<stdio. h>。

函数原型	功能	返回值
void clearer(FILE * fp)	清除与文件指针 fp 有关的所有出错信息	无
int fclose(FILE * fp)	关闭 fp 所指的文件，释放文件缓冲区	出错返回非 0，否则返回 0
int feof (FILE * fp)	检查文件是否结束	遇文件结束返回非 0，否则返回 0
int fgetc (FILE * fp)	从 fp 所指的文件中取得下一个字符	出错返回 EOF，否则返回所读字符
char * fgets (char * buf, int n, FILE * fp)	从 fp 所指的文件中读取一个长度为 n−1 的字符串，将其存入 buf 所指存储区	返回 buf 所指地址，若遇文件结束或出错返回 NULL
FILE * fopen (char * filename, char * mode)	以 mode 指定的方式打开名为 filename 的文件	打开成功，返回文件指针（文件信息区的起始地址），否则返回 NULL
int fprintf(FILE * fp, char * format, args,…)	把 args,…的值以 format 指定的格式输出到 fp 指定的文件中	实际输出的字符数
int fputc(char ch, FILE * fp)	把 ch 中字符输出到 fp 指定的文件中	成功返回该字符，否则返回 EOF
int fputs(char * str, FILE * fp)	把 str 所指字符串输出到 fp 所指文件	成功返回非负整数，否则返回 −1 (EOF)
int fread(char * pt, unsigned size, unsigned n, FILE * fp)	从 fp 所指文件中读取长度(size)为 n 的数据项，并存到 pt 所指文件	读取的数据项个数
int fscanf (FILE * fp, char * format, args,…)	从 fp 所指的文件中按 format 指定的格式把输入数据存入到 args,…所指的内存中	已输入的数据个数，遇文件结束或出错返回 0
int fseek (FILE * fp, long offer, int base)	移动 fp 所指文件的位置指针	成功返回当前位置，否则返回非 0
long ftell (FILE * fp)	求出 fp 所指文件当前的读写位置	成功返回读写位置，出错返回 −1L
int fwrite (char * pt, unsigned size, unsigned n, FILE * fp)	把 pt 所指向的 n * size 个字节输入到 fp 所指文件	输出的数据项个数
int getc (FILE * fp)	从 fp 所指文件中读取一个字符	返回所读字符，若出错或文件结束返回 EOF

续表

函数原型	功能	返回值
int getchar(void)	从标准输入设备读取下一个字符	返回所读字符，若出错或文件结束返回－1
char *gets(char *s)	从标准设备读取一行字符串放入s所指存储区，用'\0'替换读入的换行符	返回s，出错返回NULL
int printf(char *format,args)	把args的值以format指定的格式输出到标准输出设备	输出字符的个数
int putc (int ch, FILE *fp)	同fputc	同fputc
int putchar(char ch)	把ch输出到标准输出设备	返回输出的字符，若出错则返回EOF
int puts(char *str)	把str所指字符串输出到标准设备，将'\0'转成回车换行符	返回换行符，若出错，返回EOF
int rename(char *oldname, char *newname)	把oldname所指文件名改为newname所指文件名	成功返回0，出错返回－1
void rewind(FILE *fp)	将文件位置指针置于文件开头	无
int scanf(char *format,args)	从标准输入设备按format指定的格式把输入数据存入到args所指的内存中	已输入的数据的个数

附录A-3　常用数学函数

调用数学函数时，需要包含头文件<math. h>。

函数原型	功能	返回值	说明
int abs(int x)	求整数x的绝对值	计算结果	—
double fabs(double x)	求双精度实数x的绝对值	计算结果	—
double acos(double x)	计算 $\cos^{-1}(x)$的值	计算结果	x在－1～1范围内
double asin(double x)	计算 $\sin^{-1}(x)$的值	计算结果	x在－1～1范围内
double atan(double x)	计算 $\tan^{-1}(x)$的值	计算结果	—
double atan2(double y, double x)	计算 $\tan^{-1}(x/y)$的值	计算结果	单位为弧度
double cos(double x)	计算cos(x)的值	计算结果	x的单位为弧度
double cosh(double x)	计算双曲余弦cosh(x)的值	计算结果	—
double exp(double x)	求 e^x 的值	计算结果	—

续表

函数原型	功能	返回值	说明
double floor(double x)	求不大于双精度实数 x 的最大整数	计算结果	—
double fmod(double x,double y)	求 x/y 整除后的双精度余数	计算结果	—
double frexp(double val,int *exp)	把双精度 val 分解为尾数和以 2 为底的指数 n,即 val=x * 2^n ,n 存放在 exp 所指的变量中	返回尾数 x	0.5≤x<1
double log(double x)	求 ln x 的值	计算结果	x>0
double log10(double x)	求 $\lg_{10}x$ 的值	计算结果	x>0
double modf(double val,double *ip)	把双精度 val 分解成整数部分和小数部分,整数部分存放在 ip 所指的变量中	返回小数部分	—
double pow(double x,double y)	计算 x^y 的值	计算结果	—
double sin(double x)	计算 sin(x)的值	计算结果	x 的单位为弧度
double sinh(double x)	计算 x 的双曲正弦函数 sinh(x)的值	计算结果	—
double sqrt(double x)	计算 x 的开方:$\sqrt{x}$	计算结果	x≥0
double tan(double x)	计算 tan(x)的值	计算结果	—
double tanh(double x)	计算 x 的双曲正切函数 tanh(x)的值	计算结果	—

附录 A-4　字符函数

调用字符函数时,需要包含头文件<ctype.h>。

函数原型	功能	返回值
int isalnum(int ch)	检查 ch 是否为字母或数字	是,返回 1;否则返回 0
int isalpha(int ch)	检查 ch 是否为字母	是,返回 1;否则返回 0
int iscntrl(int ch)	检查 ch 是否为控制字符	是,返回 1;否则返回 0
int isdigit(int ch)	检查 ch 是否为数字	是,返回 1;否则返回 0
int isgraph(int ch)	检查 ch 是否为 ASCII 码值在 ox21~ox7e 间的可打印字符(即不包含空格字符)	是,返回 1;否则返回 0
int islower(int ch)	检查 ch 是否为小写字母	是,返回 1;否则返回 0
int isprint(int ch)	检查 ch 是否为包含空格符在内的可打印字符	是,返回 1;否则返回 0

续表

函数原型	功能	返回值
int ispunct(int ch)	检查 ch 是否为除了空格、字母、数字之外的可打印字符	是，返回 1；否则返回 0
int isspace(int ch)	检查 ch 是否为空格、制表或换行符	是，返回 1；否则返回 0
int isupper(int ch)	检查 ch 是否为大写字母	是，返回 1；否则返回 0
int isxdigit(int ch)	检查 ch 是否为 16 进制数	是，返回 1；否则返回 0
int tolower(int ch)	把 ch 中的字母转换成小写字母	返回对应的小写字母
int toupper(int ch)	把 ch 中的字母转换成大写字母	返回对应的大写字母

附录 A－5　字符串函数

调用字符函数时，需要包含头文件＜string. h＞。

函数原型	功能	返回值
char * strcat(char * s1, char * s2)	把字符串 s2 接到 s1 后面	s1 所指地址
char * strchr(char * s,int ch)	在 s 所指字符串中，找出第一次出现字符 ch 的位置	返回找到的字符的地址，找不到返回 NULL
int strcmp(char * s1, char * s2)	对 s1 和 s2 所指字符串进行比较	s1＜s2，返回负数；s1= =s2，返回 0；s1＞s2，返回正数
char * strcpy(char * s1, char * s2)	把 s2 指向的字符串复制到 s1 指向的空间	s1 所指地址
unsigned strlen(char * s)	求字符串 s 的长度	返回串中字符(不计最后的'\0')个数
char * strstr(char * s1, char * s2)	在 s1 所指字符串中，找出字符串 s2 第一次出现的位置	返回找到的字符串的地址，找不到返回 NULL

附录 A－6　动态分配函数和随机函数

调用动态分配函数和随机函数时，需要包含头文件＜stdlib. h＞。

函数原型说明	功能	返回值
void * calloc(unsigned n, unsigned size)	分配 n 个数据项的内存空间，每个数据项的大小为 size 个字节	分配内存单元的起始地址；如不成功，返回 0
void * free(void * p)	释放 p 所指的内存区	无
void * malloc(unsigned size)	分配 size 个字节的存储空间	分配内存空间的地址；如不成功，返回 0

续表

函数原型说明	功能	返回值
void *realloc(void *p,unsigned size)	把 p 所指内存区的大小改为 size 个字节	新分配内存空间的地址;如不成功,返回 0
int rand(void)	产生 0～32767 的随机整数	返回一个随机整数
void exit(int state)	程序终止执行,返回调用过程,state 为 0 正常终止,非 0 非正常终止	无

附录 B　Arduino 基础函数

附录 B-1　程序函数

函数原型	功能
setup()	当 Arduino 板起动时 setup()函数会被调用。用来初始化变量、引脚模式，及开始使用某个库。该函数在 Arduino 板的每次上电和复位时只运行一次
loop()	loop()函数循环运行，允许程序改变状态和响应事件，可以用来实时控制 Arduino 板

附录 B-2　常量宏定义

宏定义	功能
#define HIGH 0x1	高电平
#define LOW 0x0	低电平
#define INPUT 0x0	输入
#define OUTPUT 0x1	输出
#define true 0x1	真
#define false 0x0	假
#define PI 3.14159265	π
#define HALF_PI 1.57079	1/2π
#define TWO_PI 6.283185	2π
#define DEG_TO_RAD 0.01745329	弧度转换成角度
#define RAD_TO_DEG 57.2957786	角度转换成弧度

附录 B-3　数字 I/O 口控制函数

函数名称	函数原型	功能	说明
pinMode	void pinMode (uint8_t pin, uint8_t mode)	设置引脚模式，配置引脚为输入或输出模式	mode：INPUT，OUTPUT，或 INPUT_PULLUP
digitalWrite()	void digitalWrite (uint8_t pin, uint8_t value)	设置引脚的高低电平，在写入引脚之前，需要将引脚设置为 OUTPUT 模式	uint8_t：unsigned char 类型标识符 pin：引脚编号 value：HIGH 或 LOW

续表

函数名称	函数原型	功能	说明
digitalRead()	int digitalRead (uint8_t pin)	读取引脚的高低电平，在读取引脚之前，需要将引脚设置为 INPUT 模式	如果引脚没有链接到任何地方，那么将随机返回 HIGH 或 LOW

附录 B－4　模拟 I/O 口控制函数

函数名称	函数原型	功能	说明
analogRead()	int analogRead (uint8_t pin)	读取模拟引脚，返回 0～1023之间的值，每读一次需要花 1 μm 的时间	函数 analogRead()在读取模拟值之后，将根据参考电压将模拟值转换到[0,1023]区间内
analogReference()	void analogReference (uint8_t type)	设置用于模拟输入的参考电压(即输入范围的最大值)，可通过 AREF 引脚获取参考电压	type：参考类型(DEFAULT/INTERNAL/EXTERNAL) DEFAULT：默认 5 V INTERNAL：低功耗模式 ATmega168：1.1 V ATmega8：2.56 V EXTERNAL：扩展模式
analogWrite()	void analogWrite (uint8_t pin，int value)	将模拟值(PWM 波)写入引脚	value 为 0～255 之间的值，0 对应 off，255 对应 on

附录 B－5　高级 I/O 口控制函数

函数名称	函数原型	功能	说明
shiftOut()	void shiftOut (uint8_t dataPin，uint8_t clockPin，uint8_t bitOrder，byte val)	位移输出函数，主要作用于 74HC595，通过十进制数字 0～255 对应于 8 位二进制的数，从而控制各个引脚的高低电平，一次性向位移寄存器写入一个字节，若没有这个函数我们需要把一个字节 8 位拆开，一位一位地配置。一般输出范围为 0～255，大于此范围分两次输出	输入 val 数据后 Arduino 会自动把数据移动分配到 8 个并行输出端，其中 dataPin 为连接 DS 的数据引脚号，clockPin 为连接 SH_CP 的时钟引脚号，bitOrder 为设置数据位移顺序，分别为高位先入 MSBFIRST 或者低位先入 LSBFIRST val：数据

续表

函数名称	函数原型	功能	说明
pulseIn()	unsigned long pulseIn (uint8_t pin, uint8_t state, unsigned long timeout)	读取高低电平持续的时间,读取引脚的脉冲,脉冲可以是 HIGH 或 LOW。如果是 HIGH,函数先等引脚变为高电平,然后再开始计时,一直到变为低电平为止,并返回脉冲持续的时间长短,单位为微秒。如果超时还没有读到的话,将返回 0	pin:引脚号 state:脉冲状态 timeout:超时时间

附录 B-6 时间函数

函数名称	函数原型	功能	说明
millis()	unsigned longmillis (void)	返回自 Arduino 板开始运行当前程序以来经过的毫秒数	大约 50 天后,该数字将溢出归零时间为 unsigned long 类型,如果用 int 保存时间将得到错误结果
delay()	void delay (unsigned long ms)	延时函数	单位为毫秒
delayMicroseconds()	void delayMicroseconds (unsigned int us)	延时函数	单位为微秒
micros()	unsigned longmicros (void)	返回自 Arduino 板开始运行当前程序以来经过的微秒数	单位为微秒,大约 70 min 后,该数字将溢出归零

附录 B-7 中断函数

函数名称	函数原型	功能	说明
attachInterrupt()	void attachInterrupt (uint8_t interruptNum, void(*)(void) userFunc, int mode)	定义中断;外部中断有 0 和 1 两种,对应 2 号和 3 号数字引脚	interruptNum:中断类型,0 或 1; fun:中断服务函数; mode:触发方式,LOW 代表低电平触发中断,CHANGE 代表电平改变时触发中断,RISING 代表低电平变为高电平触发中断,FALLING 代表高电平变为低电平触发中断;在中断函数中 delay()函数不能使用,millis()始终返回进入中断前的值,读串口数据的话,可能会丢失;中断函数中使用的变量需要定义为 volatile 类型
detachInterrupt()	void detachInterrupt (uint8_t interruptNum)	关闭指定类型的中断	—

续表

函数名称	函数原型	功能	说明
interrupts()	# define interrupts() sei()	重新启用中断	—
noInterrupts()	# define noInterrupts() cli()	禁止中断	—

附录 B-8　串口通讯函数

函数名称	函数原型	功能	说明
begin()	void HardwareSerial::begin(long speed)	打开串口	speed 波特率
available()	Serial.available()	获取串口上可读取的数据的字节数	该数据是指已经到达并存储在接收缓存(共有 64 字节)中的数据,available()继承自 Stream 实用类
read()	Serial.read()	读串口数据	read()继承自 Stream 实用类,读取串口上第一个可读取的字节,如果没有可读取的数据则返回－1
flush()		刷新串口数据	
print()	Serial.print(val, format)	往串口发送数据,无换行	val:要发送的数据 format:可选,相当于格式化数据 返回的是发送的字节数,浮点数默认发送两位小数,可选的第二个参数用于指定数据的格式,要发送单个字节数据,使用 Serial.write()
println()	类似 Serial.print()	往串口发数据,有换行	
write()	Serial.write(buf, len)	写二进制数据到串口,数据按照字节发送	buf:发送的数据;len:发送数据长度,返回值为发送数据的长度;若以字符形式发送数字则使用 print()函数
peak()	Serial.peak()	返回接收到的串口数据的下一个字节(字符)	不把该数据从串口数据缓存中清除,每次成功调用 peak()将返回相同的字符
serialEvent()		串口中断函数,当串口有数据到达时调用该函数,可使用 Serial.read()读取串口数据	只有当本轮 loop()执行完后,才会自动调用 serialEvent()函数
Serial.end()		禁止串行通信	—

附录 C

1. **实验** 3-6-1　OLED **灯显示**

<程序来源于 Arduino 例程库>

```
#include <SPI.h>
#include <Wire.h>
#include <Adafruit_GFX.h>
#include <Adafruit_SSD1306.h>

#define SCREEN_WIDTH 128 // OLED灯 display width, in pixels
#define SCREEN_HEIGHT 32 // OLED灯 display height, in pixels

// Declaration for an SSD1306 display connected to I2C (SDA, SCL pins)
// The pins for I2C are defined by the Wire-library.
// On an arduino UNO:       A4(SDA), A5(SCL)
// On an arduino MEGA 2560: 20(SDA), 21(SCL)
// On an arduino LEONARDO:   2(SDA),  3(SCL), ...
#define OLED灯_RESET     4 // Reset pin # (or -1 if sharing Arduino reset pin)
#define SCREEN_ADDRESS 0x3C ///< See datasheet for Address; 0x3D for 128x64, 0x3C for 128x32
Adafruit_SSD1306 display(SCREEN_WIDTH, SCREEN_HEIGHT, &Wire, OLED灯_RESET);

#define NUMFLAKES     10 // Number of snowflakes in the animation example

#define LOGO_HEIGHT   16
#define LOGO_WIDTH    16
static const unsigned char PROGMEM logo_bmp[] =
{ 0b00000000, 0b11000000,
  0b00000001, 0b11000000,
  0b00000001, 0b11000000,
  0b00000011, 0b11100000,
  0b11110011, 0b11100000,
  0b11111110, 0b11111000,
  0b01111110, 0b11111111,
  0b00110011, 0b10011111,
```

```
  0b00011111, 0b11111100,
  0b00001101, 0b01110000,
  0b00011011, 0b10100000,
  0b00111111, 0b11100000,
  0b00111111, 0b11110000,
  0b01111100, 0b11110000,
  0b01110000, 0b01110000,
  0b00000000, 0b00110000 };

void setup() {
  Serial.begin(9600);

  // SSD1306_SWITCHCAPVCC = generate display voltage from 3.3V internally
  if(! display.begin(SSD1306_SWITCHCAPVCC, SCREEN_ADDRESS)) {
    Serial.println(F("SSD1306 allocation failed"));
    for(;;); // Don't proceed, loop forever
  }

  // Show initial display buffer contents on the screen --
  // the library initializes this with an Adafruit splash screen.
  display.display();
  delay(2000); // Pause for 2 seconds

  // Clear the buffer
  display.clearDisplay();

  // Draw a single pixel in white
  display.drawPixel(10, 10, SSD1306_WHITE);

  // Show the display buffer on the screen. You MUST call display() after
  // drawing commands to make them visible on screen!
  display.display();
  delay(2000);
  // display.display() is NOT necessary after every single drawing command,
  // unless that's what you want...rather, you can batch up a bunch of
  // drawing operations and then update the screen all at once by calling
  // display.display(). These examples demonstrate both approaches...
```

```
  testdrawline();         // Draw many lines

  testdrawrect();         // Draw rectangles (outlines)

  testfillrect();         // Draw rectangles (filled)

  testdrawcircle();       // Draw circles (outlines)

  testfillcircle();       // Draw circles (filled)

  testdrawroundrect();  // Draw rounded rectangles (outlines)

  testfillroundrect();  // Draw rounded rectangles (filled)

  testdrawtriangle();   // Draw triangles (outlines)

  testfilltriangle();   // Draw triangles (filled)

  testdrawchar();         // Draw characters of the default font

  testdrawstyles();       // Draw 'stylized' characters

  testscrolltext();       // Draw scrolling text

  testdrawbitmap();       // Draw a small bitmap image

  // Invert and restore display, pausing in-between
  display.invertDisplay(true);
  delay(1000);
  display.invertDisplay(false);
  delay(1000);

  testanimate(logo_bmp, LOGO_WIDTH, LOGO_HEIGHT); // Animate bitmaps
}

void loop() {
```

```
}

void testdrawline() {
  int16_t i;

  display.clearDisplay(); // Clear display buffer

  for(i=0; i<display.width(); i+=4) {
    display.drawLine(0, 0, i, display.height()-1, SSD1306_WHITE);
    display.display(); // Update screen with each newly-drawn line
    delay(1);
  }
  for(i=0; i<display.height(); i+=4) {
    display.drawLine(0, 0, display.width()-1, i, SSD1306_WHITE);
    display.display();
    delay(1);
  }
  delay(250);

  display.clearDisplay();

  for(i=0; i<display.width(); i+=4) {
    display.drawLine(0, display.height()-1, i, 0, SSD1306_WHITE);
    display.display();
    delay(1);
  }
  for(i=display.height()-1; i>=0; i-=4) {
    display.drawLine(0, display.height()-1, display.width()-1, i, SSD1306_
WHITE);
    display.display();
    delay(1);
  }
  delay(250);

  display.clearDisplay();

  for(i=display.width()-1; i>=0; i-=4) {
```

```
    display.drawLine(display.width()-1, display.height()-1, i, 0, SSD1306_
WHITE);
    display.display();
    delay(1);
  }
  for(i=display.height()-1; i>=0; i-=4) {
    display.drawLine(display.width()-1, display.height()-1, 0, i, SSD1306_
WHITE);
    display.display();
    delay(1);
  }
  delay(250);

  display.clearDisplay();

  for(i=0; i<display.height(); i+=4) {
    display.drawLine(display.width()-1, 0, 0, i, SSD1306_WHITE);
    display.display();
    delay(1);
  }
  for(i=0; i<display.width(); i+=4) {
    display.drawLine(display.width()-1, 0, i, display.height()-1, SSD1306_
WHITE);
    display.display();
    delay(1);
  }

  delay(2000); // Pause for 2 seconds
}

void testdrawrect(void) {
  display.clearDisplay();

  for(int16_t i=0; i<display.height()/2; i+=2) {
    display.drawRect(i, i, display.width()-2*i, display.height()-2*i,
SSD1306_WHITE);
    display.display(); // Update screen with each newly-drawn rectangle
```

```
    delay(1);
  }

  delay(2000);
}

void testfillrect(void) {
  display.clearDisplay();

  for(int16_t i=0; i<display.height()/2; i+=3) {
    // The INVERSE color is used so rectangles alternate white/black
    display.fillRect(i, i, display.width()-i*2, display.height()-i*2,
SSD1306_INVERSE);
    display.display(); // Update screen with each newly-drawn rectangle
    delay(1);
  }

  delay(2000);
}

void testdrawcircle(void) {
  display.clearDisplay();

  for(int16_t i=0; i<max(display.width(),display.height())/2; i+=2) {
    display.drawCircle(display.width()/2, display.height()/2, i, SSD1306_
WHITE);
    display.display();
    delay(1);
  }

  delay(2000);
}

void testfillcircle(void) {
  display.clearDisplay();

  for(int16_t i=max(display.width(),display.height())/2; i>0; i-=3) {
```

```
    // The INVERSE color is used so circles alternate white/black
    display.fillCircle(display.width() / 2, display.height() / 2, i, SSD1306_IN-
VERSE);
    display.display(); // Update screen with each newly-drawn circle
    delay(1);
  }

  delay(2000);
}

void testdrawroundrect(void) {
  display.clearDisplay();

  for(int16_t i=0; i<display.height()/2-2; i+=2) {
    display.drawRoundRect(i, i, display.width()-2*i, display.height()-2*i,
      display.height()/4, SSD1306_WHITE);
    display.display();
    delay(1);
  }

  delay(2000);
}

void testfillroundrect(void) {
  display.clearDisplay();

  for(int16_t i=0; i<display.height()/2-2; i+=2) {
    // The INVERSE color is used so round-rects alternate white/black
    display.fillRoundRect(i, i, display.width()-2*i, display.height()-2*i,
      display.height()/4, SSD1306_INVERSE);
    display.display();
    delay(1);
  }

  delay(2000);
}
```

```
void testdrawtriangle(void) {
  display.clearDisplay();

  for(int16_t i=0; i<max(display.width(),display.height())/2; i+=5) {
    display.drawTriangle(
      display.width()/2  , display.height()/2-i,
      display.width()/2-i, display.height()/2+i,
      display.width()/2+i, display.height()/2+i, SSD1306_WHITE);
    display.display();
    delay(1);
  }

  delay(2000);
}

void testfilltriangle(void) {
  display.clearDisplay();

  for(int16_t i=max(display.width(),display.height())/2; i>0; i-=5) {
    // The INVERSE color is used so triangles alternate white/black
    display.fillTriangle(
      display.width()/2  , display.height()/2-i,
      display.width()/2-i, display.height()/2+i,
      display.width()/2+i, display.height()/2+i, SSD1306_INVERSE);
    display.display();
    delay(1);
  }

  delay(2000);
}

void testdrawchar(void) {
  display.clearDisplay();

  display.setTextSize(1);      // Normal 1:1 pixel scale
  display.setTextColor(SSD1306_WHITE); // Draw white text
  display.setCursor(0, 0);     // Start at top-left corner
```

```
  display.cp437(true);         // Use full 256 char 'Code Page 437' font

  // Not all the characters will fit on the display. This is normal.
  // Library will draw what it can and the rest will be clipped.
  for(int16_t i=0; i<256; i++) {
    if(i == '\n') display.write(' ');
    else          display.write(i);
  }

  display.display();
  delay(2000);
}

void testdrawstyles(void) {
  display.clearDisplay();

  display.setTextSize(1);             // Normal 1:1 pixel scale
  display.setTextColor(SSD1306_WHITE);        // Draw white text
  display.setCursor(0,0);             // Start at top-left corner
  display.println(F("Hello, world!"));

  display.setTextColor(SSD1306_BLACK, SSD1306_WHITE); // Draw 'inverse' text
  display.println(3.141592);

  display.setTextSize(2);             // Draw 2X-scale text
  display.setTextColor(SSD1306_WHITE);
  display.print(F("0x")); display.println(0xDEADBEEF, HEX);

  display.display();
  delay(2000);
}

void testscrolltext(void) {
  display.clearDisplay();

  display.setTextSize(2); // Draw 2X-scale text
  display.setTextColor(SSD1306_WHITE);
```

```
  display.setCursor(10, 0);
  display.println(F("scroll"));
  display.display();      // Show initial text
  delay(100);

  // Scroll in various directions, pausing in-between:
  display.startscrollright(0x00, 0x0F);
  delay(2000);
  display.stopscroll();
  delay(1000);
  display.startscrollleft(0x00, 0x0F);
  delay(2000);
  display.stopscroll();
  delay(1000);
  display.startscrolldiagright(0x00, 0x07);
  delay(2000);
  display.startscrolldiagleft(0x00, 0x07);
  delay(2000);
  display.stopscroll();
  delay(1000);
}

void testdrawbitmap(void) {
  display.clearDisplay();

  display.drawBitmap(
    (display.width()  - LOGO_WIDTH ) / 2,
    (display.height() - LOGO_HEIGHT) / 2,
    logo_bmp, LOGO_WIDTH, LOGO_HEIGHT, 1);
  display.display();
  delay(1000);
}

#define XPOS   0 // Indexes into the 'icons' array in function below
#define YPOS   1
#define DELTAY 2
```

```
void testanimate(const uint8_t *bitmap, uint8_t w, uint8_t h) {
  int8_t f, icons[NUMFLAKES][3];

  // Initialize 'snowflake' positions
  for(f=0; f< NUMFLAKES; f++) {
    icons[f][XPOS]   = random(1 - LOGO_WIDTH, display.width());
    icons[f][YPOS]   = -LOGO_HEIGHT;
    icons[f][DELTAY] = random(1, 6);
    Serial.print(F("x: "));
    Serial.print(icons[f][XPOS], DEC);
    Serial.print(F(" y: "));
    Serial.print(icons[f][YPOS], DEC);
    Serial.print(F(" dy: "));
    Serial.println(icons[f][DELTAY], DEC);
  }

  for(;;) { // Loop forever...
    display.clearDisplay(); // Clear the display buffer

    // Draw each snowflake:
    for(f=0; f< NUMFLAKES; f++) {
      display.drawBitmap(icons[f][XPOS], icons[f][YPOS], bitmap, w, h, SSD1306_
WHITE);
    }

    display.display(); // Show the display buffer on the screen
    delay(200);        // Pause for 1/10 second

    // Then update coordinates of each flake...
    for(f=0; f< NUMFLAKES; f++) {
      icons[f][YPOS] += icons[f][DELTAY];
      // If snowflake is off the bottom of the screen...
      if (icons[f][YPOS] >= display.height()) {
        // Reinitialize to a random position, just off the top
        icons[f][XPOS]   = random(1 - LOGO_WIDTH, display.width());
        icons[f][YPOS]   = -LOGO_HEIGHT;
        icons[f][DELTAY] = random(1, 6);
```

```
      }
    }
  }
}
```

2. **实验** 3 - 6 - 2 LCD1602 **液晶屏显示**

＜程序来源于 Arduino 例程库＞

```
/*
  LiquidCrystal Library — Hello World

Demonstrates the use a 16x2 LCD display.  The LiquidCrystal
library works with all LCD displays that are compatible with the
Hitachi HD44780 driver. There are many of them out there, and you
can usually tell them by the 16-pin interface.

This sketch prints "Hello World!" to the LCD
and shows the time.

  The circuit:
 * LCD RS pin to digital pin 12
 * LCD Enable pin to digital pin 11
 * LCD D4 pin to digital pin 5
 * LCD D5 pin to digital pin 4
 * LCD D6 pin to digital pin 3
 * LCD D7 pin to digital pin 2
 * LCD R/W pin to ground
 * LCD VSS pin to ground
 * LCD VCC pin to 5V
 * 10K resistor:
 * ends to +5V and ground
 * wiper to LCD VO pin (pin 3)

Library originally added 18 Apr 2008
by David A. Mellis
library modified 5 Jul 2009
by Limor Fried (http://www.ladyada.net)
```

```
example added 9 Jul 2009
by Tom Igoe
modified 22 Nov 2010
by Tom Igoe
modified 7 Nov 2016
by Arturo Guadalupi

This example code is in the public domain.

http://www.arduino.cc/en/Tutorial/LiquidCrystalHelloWorld

*/

// include the library code:
#include <LiquidCrystal.h>

// initialize the library by associating any needed LCD interface pin
// with the arduino pin number it is connected to
const int rs = 12, en = 11, d4 = 5, d5 = 4, d6 = 3, d7 = 2;
LiquidCrystal lcd(rs, en, d4, d5, d6, d7);

void setup() {
  // set up the LCD's number of columns and rows:
  lcd.begin(16, 2);
  // Print a message to the LCD.
  lcd.print("hello, world!");
}

void loop() {
  // set the cursor to column 0, line 1
  // (note: line 1 is the second row, since counting begins with 0):
  lcd.setCursor(0, 1);
  // print the number of seconds since reset:
  lcd.print(millis() / 1000);
}
```

附录 D

1. **实验** 4.1.2 MP3－TF－16P **播放器模块**

<程序来源于 Arduino 例程库>

```
/* * * * * * * * * * * * * * * * * * * * * * * * * * * * * * * * * * * * *
* * * * * * * * * * * * * *
DFPlayer - A Mini MP3 Player For Arduino
<https://www.dfrobot.com/product-1121.html>

* * * * * * * * * * * * * * * * * * * * * * * * * * * * * * * * * * * * *
* * * * * * * * * * * * *
This example shows the basic function of library for DFPlayer.

Created 2016-12-07
By [Angelo qiao](Angelo.qiao@dfrobot.com)

GNU Lesser General Public License.
See <http://www.gnu.org/licenses/> for details.
All above must be included in any redistribution
* * * * * * * * * * * * * * * * * * * * * * * * * * * * * * * * * * * * *
* * * * * * * * * * * * * * /

/* * * * * * * * * * * Notice and Trouble shooting * * * * * * * * * * * * *
* *
1.Connection and Diagram can be found here
<https://www.dfrobot.com/wiki/index.php/DFPlayer_Mini_SKU:DFR0299#Connec-
tion_Diagram>
2.This code is tested on Arduino Uno, Leonardo, Mega boards.
* * * * * * * * * * * * * * * * * * * * * * * * * * * * * * * * * * * * *
* * * * * * * * * * * * * * /

#include "Arduino.h"
#include "SoftwareSerial.h"
#include "DFRobotDFPlayerMini.h"
```

```
SoftwareSerial mySoftwareSerial(3, 2); // RX, TX
DFRobotDFPlayerMini myDFPlayer;
void printDetail(uint8_t type, int value);

void setup()
{
  mySoftwareSerial.begin(9600);
  Serial.begin(115200);

  Serial.println();
  Serial.println(F("DFRobot DFPlayer Mini Demo"));
  Serial.println(F("Initializing DFPlayer ... (May take 3~5 seconds)"));

  if (! myDFPlayer.begin(mySoftwareSerial)) {  //Use softwareSerial to communi-
cate with mp3.
    Serial.println(F("Unable to begin:"));
    Serial.println(F("1.Please recheck the connection!"));
    Serial.println(F("2.Please insert the SD card!"));
    while(true){
      delay(0); // Code to compatible with ESP8266 watch dog.
    }
  }
  Serial.println(F("DFPlayer Mini online."));

  myDFPlayer.volume(10);  //Set volume value. From 0 to 30
  myDFPlayer.play(1);  //Play the first mp3
}

void loop()
{
  static unsigned long timer = millis();

  if (millis() - timer > 10000) {
    timer = millis();
    myDFPlayer.next();  //Play next mp3 every 3 second.
  }
```

```
  if (myDFPlayer.available()) {
    printDetail(myDFPlayer.readType(), myDFPlayer.read()); //Print the detail
message from DFPlayer to handle different errors and states.
  }
}

void printDetail(uint8_t type, int value){
  switch (type) {
    case TimeOut:
      Serial.println(F("Time Out!"));
      break;
    case WrongStack:
      Serial.println(F("Stack Wrong!"));
      break;
    case DFPlayerCardInserted:
      Serial.println(F("Card Inserted!"));
      break;
    case DFPlayerCardRemoved:
      Serial.println(F("Card Removed!"));
      break;
    case DFPlayerCardOnline:
      Serial.println(F("Card Online!"));
      break;
    case DFPlayerUSBInserted:
      Serial.println("USB Inserted!");
      break;
    case DFPlayerUSBRemoved:
      Serial.println("USB Removed!");
      break;
    case DFPlayerPlayFinished:
      Serial.print(F("Number:"));
      Serial.print(value);
      Serial.println(F(" Play Finished!"));
      break;
    case DFPlayerError:
      Serial.print(F("DFPlayerError:"));
```

```
        switch (value) {
          case Busy:
            Serial.println(F("Card not found"));
            break;
          case Sleeping:
            Serial.println(F("Sleeping"));
            break;
          case SerialWrongStack:
            Serial.println(F("Get Wrong Stack"));
            break;
          case CheckSumNotMatch:
            Serial.println(F("Check Sum Not Match"));
            break;
          case FileIndexOut:
            Serial.println(F("File Index Out of Bound"));
            break;
          case FileMismatch:
            Serial.println(F("Cannot Find File"));
            break;
          case Advertise:
            Serial.println(F("In Advertise"));
            break;
          default:
            break;
        }
        break;
      default:
        break;
    }
}
```

2. 实验 4－1－3 DS1302 **时钟模块**

<程序来源于 Arduino 例程库>

```
// CONNECTIONS:
// DS1302 CLK/SCLK --> 5
// DS1302 DAT/IO --> 4
```

```
// DS1302 RST/CE --> 2
// DS1302 VCC --> 3.3v - 5v
// DS1302 GND --> GND

#include <ThreeWire.h>
#include <RtcDS1302.h>

ThreeWire myWire(4,5,2); // IO, SCLK, CE
RtcDS1302<ThreeWire> Rtc(myWire);

void setup ()
{
    Serial.begin(9600);

    Serial.print("compiled: ");
    Serial.print(_DATE_);
    Serial.println(_TIME_);

    Rtc.Begin();

    RtcDateTime compiled = RtcDateTime(_DATE_, _TIME_);
    printDateTime(compiled);
    Serial.println();

    if (! Rtc.IsDateTimeValid())
    {
        // Common Causes:
        //    1) first time you ran and the device wasn't running yet
        //    2) the battery on the device is low or even missing

        Serial.println("RTC lost confidence in the DateTime!");
        Rtc.SetDateTime(compiled);
    }

    if (Rtc.GetIsWriteProtected())
    {
        Serial.println("RTC was write protected, enabling writing now");
```

```
        Rtc.SetIsWriteProtected(false);
    }

    if (! Rtc.GetIsRunning())
    {
        Serial.println("RTC was not actively running, starting now");
        Rtc.SetIsRunning(true);
    }

    RtcDateTime now = Rtc.GetDateTime();
    if (now < compiled)
    {
         Serial.println("RTC is older than compile time!  (Updating Date-
Time)");
        Rtc.SetDateTime(compiled);
    }
    else if (now > compiled)
    {
        Serial.println("RTC is newer than compile time. (this is expected)");
    }
    else if (now == compiled)
    {
        Serial.println("RTC is the same as compile time! (not expected but all is
fine)");
    }
}

void loop ()
{
    RtcDateTime now = Rtc.GetDateTime();

    printDateTime(now);
    Serial.println();

    if (! now.IsValid())
    {
        // Common Causes:
```

```
            //    1) the battery on the device is low or even missing and the power
line was disconnected
            Serial.println("RTC lost confidence in the DateTime!");
        }

    delay(10000); // ten seconds
}

#define countof(a) (sizeof(a) / sizeof(a[0]))

void printDateTime(const RtcDateTime& dt)
{
    char datestring[20];

    snprintf_P(datestring,
            countof(datestring),
            PSTR("%02u/%02u/%04u %02u:%02u:%02u"),
            dt.Month(),
            dt.Day(),
            dt.Year(),
            dt.Hour(),
            dt.Minute(),
            dt.Second() );
    Serial.print(datestring);
}
```

3. **实验** 4-2-4 **射频** IC **卡感应器** RFID-RC522

<程序来源于 Arduino 例程库>

```
/*
 * ---------------------------------------------------------------------
 * Example sketch/program showing how to read new NUID from a PICC to serial.
 * ---------------------------------------------------------------------
 * This is a MFRC522 library example; for further details and other examples see:
https://github.com/miguelbalboa/rfid
 *
 * Example sketch/program showing how to the read data from a PICC (that is: a RFID
```

Tag or Card) using a MFRC522 based RFID

* Reader on the Arduino SPI interface.

*

* When the Arduino and the MFRC522 module are connected (see the pin layout below), load this sketch into Arduino IDE

* then verify/compile and upload it. To see the output: use Tools, Serial Monitor of the IDE (hit Ctrl+Shft+M). When

* you present a PICC (that is: a RFID Tag or Card) at reading distance of the MFRC522 Reader/PCD, the serial output

* will show the type, and the NUID if a new card has been detected. Note: you may see "Timeout in communication" messages

* when removing the PICC from reading distance too early.

*

* @license Released into the public domain.

*

* Typical pin layout used:

* ---

* MFRC522 Arduino Arduino Arduino Arduino Arduino

* Reader/PCD Uno/101 Mega Nano v3 Leonardo/Micro Pro Micro

* Signal Pin Pin Pin Pin Pin Pin

* ---

* RST/Reset RST 9 5 D9 RESET/ICSP-5 RST

* SPI SS SDA(SS) 10 53 D10 10 10

* SPI MOSI MOSI 11 / ICSP-4 51 D11 ICSP-4 16

* SPI MISO MISO 12 / ICSP-1 50 D12 ICSP-1 14

* SPI SCK SCK 13 / ICSP-3 52 D13 ICSP-3 15

*

* More pin layouts for other boards can be found here: https://github.com/miguelbalboa/rfid#pin-layout

```
 */

 #include <SPI.h>
 #include <MFRC522.h>

 #define SS_PIN 10
 #define RST_PIN 9

MFRC522 rfid(SS_PIN, RST_PIN); // Instance of the class

MFRC522::MIFARE_Key key;

// Init array that will store new NUID
byte nuidPICC[4];

void setup() {
  Serial.begin(9600);
  SPI.begin(); // Init SPI bus
  rfid.PCD_Init(); // Init MFRC522

  for (byte i = 0; i < 6; i++) {
    key.keyByte[i] = 0xFF;
  }

  Serial.println(F("This code scan the MIFARE Classsic NUID."));
  Serial.print(F("Using the following key:"));
  printHex(key.keyByte, MFRC522::MF_KEY_SIZE);
}

void loop() {

   // Reset the loop if no new card present on the sensor/reader. This saves the entire process when idle.
   if ( ! rfid.PICC_IsNewCardPresent())
     return;

   // Verify if the NUID has been readed
```

```
if ( ! rfid.PICC_ReadCardSerial())
  return;

Serial.print(F("PICC type: "));
MFRC522::PICC_Type piccType = rfid.PICC_GetType(rfid.uid.sak);
Serial.println(rfid.PICC_GetTypeName(piccType));

// Check is the PICC of Classic MIFARE type
if (piccType != MFRC522::PICC_TYPE_MIFARE_MINI &&
  piccType != MFRC522::PICC_TYPE_MIFARE_1K &&
  piccType != MFRC522::PICC_TYPE_MIFARE_4K) {
  Serial.println(F("Your tag is not of type MIFARE Classic."));
  return;
}

if (rfid.uid.uidByte[0] != nuidPICC[0] ||
  rfid.uid.uidByte[1] != nuidPICC[1] ||
  rfid.uid.uidByte[2] != nuidPICC[2] ||
  rfid.uid.uidByte[3] != nuidPICC[3] ) {
  Serial.println(F("A new card has been detected."));

  // Store NUID into nuidPICC array
  for (byte i = 0; i < 4; i++) {
    nuidPICC[i] = rfid.uid.uidByte[i];
  }

  Serial.println(F("The NUID tag is:"));
  Serial.print(F("In hex: "));
  printHex(rfid.uid.uidByte, rfid.uid.size);
  Serial.println();
  Serial.print(F("In dec: "));
  printDec(rfid.uid.uidByte, rfid.uid.size);
  Serial.println();
}
else Serial.println(F("Card read previously."));

// Halt PICC
```

```
  rfid.PICC_HaltA();

  // Stop encryption on PCD
  rfid.PCD_StopCrypto1();
}


/**
 * Helper routine to dump a byte array as hex values to Serial.
 */
void printHex(byte *buffer, byte bufferSize) {
  for (byte i = 0; i < bufferSize; i++) {
    Serial.print(buffer[i] < 0x10 ? " 0" : " ");
    Serial.print(buffer[i], HEX);
  }
}

/**
 * Helper routine to dump a byte array as dec values to Serial.
 */
void printDec(byte *buffer, byte bufferSize) {
  for (byte i = 0; i < bufferSize; i++) {
    Serial.print(buffer[i] < 0x10 ? " 0" : " ");
    Serial.print(buffer[i], DEC);
  }
}
```

4. **实验** 4－3－2 **舵机**

<程序来源于 Arduino 例程库>

```
#include <Servo.h>

Servo myservo;  // create servo object to control a servo
// twelve servo objects can be created on most boards

int pos = 0;    // variable to store the servo position
```

```
void setup() {
  myservo.attach(9);  // attaches the servo on pin 9 to the servo object
}

void loop() {
  for (pos = 0; pos <= 180; pos += 1) { // goes from 0 degrees to 180 degrees
    // in steps of 1 degree
    myservo.write(pos);              // tell servo to go to position in variable
'pos'
     delay(15);                       // waits 15 ms for the servo to reach
the position
   }
  for (pos = 180; pos >= 0; pos -= 1) { // goes from 180 degrees to 0 degrees
    myservo.write(pos);              // tell servo to go to position in variable
'pos'
     delay(15);                       // waits 15 ms for the servo to reach
the position
   }
}
```

4. 实验 4-3-3 **语音合成播报模块** XFS5152

<程序来源于亚博智能科技有限公司>

1)XFS.h 文件

```
#ifndef_XFS_H
#define_XFS_H
#include "Arduino.h"
class XFS5152CE
{
public:
    typedef struct
    {
        uint8_t DataHead;
        uint8_t Length_HH;
        uint8_t Length_LL;
        uint8_t Commond;
        uint8_t EncodingFormat;
```

```
        const char * Text;
    } XFS_Protocol_TypeDef;
    XFS_Protocol_TypeDef DataPack;
    /*
    * |帧头(1Byte)| 数据区长度(2Byte)|                数据区(<4KByte)
|
    * |                |高字节 | 低字节 | 命令字 | 文本编码格式 | 待合成文
本 |
    * |     0xFD       |  0xHH  |  0xLL  |  0x01  |  0x00~0x03  |  ...
...     |
    */

typedef enum
{
    CMD_StartSynthesis = 0x01,//语音合成命令
    CMD_StopSynthesis = 0x02,//停止合成命令,没有参数
    CMD_PauseSynthesis = 0x03,//暂停合成命令,没有参数
    CMD_RecoverySynthesis = 0x04,//恢复合成命令,没有参数
    CMD_CheckChipStatus = 0x21,//芯片状态查询命令
    CMD_PowerSavingMode = 0x88,//芯片进入省电模式
    CMD_NormalMode = 0xFF//芯片从省电模式返回正常工作模式
} CMD_Type;//命令字
void StartSynthesis(const char * str);//开始合成
void StartSynthesis(String str);//开始合成

bool IIC_WriteByte(uint8_t data);
void IIC_WriteBytes(uint8_t * buff, uint32_t size);
void SendCommond(CMD_Type cmd);
void StopSynthesis();//停止合成
void PauseSynthesis();//暂停合成
void RecoverySynthesis();//恢复合成

typedef enum
{
    GB2312 = 0x00,
    GBK = 0x01,
    BIG5 = 0x02,
```

```
    UNICODE = 0x03
} EncodingFormat_Type;//文本的编码格式
void SetEncodingFormat(EncodingFormat_Type encodingFormat);

typedef enum
{
    ChipStatus_InitSuccessful = 0x4A,//初始化成功回传
    ChipStatus_CorrectCommand = 0x41,//收到正确的命令帧回传
    ChipStatus_ErrorCommand = 0x45,//收到不能识别命令帧回传
    ChipStatus_Busy = 0x4E,//芯片忙碌状态回传
    ChipStatus_Idle = 0x4F//芯片空闲状态回传
} ChipStatus_Type;//芯片回传
uint8_t ChipStatus;

typedef enum
{
    Style_Single,//? 为 0,一字一顿的风格
    Style_Continue//? 为 1,正常合成
} Style_Type; //合成风格设置 [f?]
void SetStyle(Style_Type style);

typedef enum
{
    Language_Auto,//? 为 0,自动判断语种
    Language_Chinese,//? 为 1,阿拉伯数字、度量单位、特殊符号等合成为中文
    Language_English//? 为 2,阿拉伯数字、度量单位、特殊符号等合成为英文
} Language_Type; //合成语种设置 [g?]
void SetLanguage(Language_Type language);

typedef enum
{
    Articulation_Auto,//? 为 0,自动判断单词发音方式
    Articulation_Letter,//? 为 1,字母发音方式
    Articulation_Word//? 为 2,单词发音方式
} Articulation_Type; //设置单词的发音方式 [h?]
void SetArticulation(Articulation_Type articulation);
```

```
typedef enum
{
    Spell_Disable,//? 为 0,不识别汉语拼音
    Spell_Enable//? 为 1,将"拼音+1 位数字(声调)"识别为汉语拼音,例如:hao3
} Spell_Type; //设置对汉语拼音的识别 [i?]
void SetSpell(Spell_Type spell);

typedef enum
{
    Reader_XiaoYan = 3,//? 为 3,设置发音人为小燕(女声,推荐发音人)
    Reader_XuJiu = 51,//? 为 51,设置发音人为许久(男声,推荐发音人)
    Reader_XuDuo = 52,//? 为 52,设置发音人为许多(男声)
    Reader_XiaoPing = 53,//? 为 53,设置发音人为小萍(女声)
    Reader_DonaldDuck = 54,//? 为 54,设置发音人为唐老鸭(效果器)
    Reader_XuXiaoBao = 55//? 为 55,设置发音人为许小宝(女童声)
} Reader_Type;//选择发音人 [m?]
void SetReader(Reader_Type reader);

typedef enum
{
    NumberHandle_Auto,//? 为 0,自动判断
    NumberHandle_Number,//? 为 1,数字作号码处理
    NumberHandle_Value//? 为 2,数字作数值处理
} NumberHandle_Type; //设置数字处理策略 [n?]
void SetNumberHandle(NumberHandle_Type numberHandle);

typedef enum
{
    ZeroPronunciation_Zero,//? 为 0,读成"zero
    ZeroPronunciation_O//? 为 1,读成"欧"音
} ZeroPronunciation_Type; //数字"0"在读 作英文、号码时 的读法 [o?]
void SetZeroPronunciation(ZeroPronunciation_Type zeroPronunciation);


typedef enum
{
```

```
    NamePronunciation_Auto,//? 为 0,自动判断姓氏读音
    NamePronunciation_Constraint//? 为 1,强制使用姓氏读音规则
} NamePronunciation_Type; //设置姓名读音 策略 [r?]
void SetNamePronunciation(NamePronunciation_Type namePronunciation);

void SetSpeed(int speed);//设置语速 [s?] ? 为语速值,取值:0～10
void SetIntonation(int intonation);//设置语调 [t?] ? 为语调值,取值:0～10
void SetVolume(int volume);//设置音量 [v?] ? 为音量值,取值:0～10

typedef enum
{
    PromptTone_Disable,//? 为 0,不使用提示音
    PromptTone_Enable//? 为 1,使用提示音
} PromptTone_Type; //设置提示音处理策略 [x?]
void SetPromptTone(PromptTone_Type promptTone);

typedef enum
{
    OnePronunciation_Yao,//? 为 0,合成号码"1"时读成"幺
    OnePronunciation_Yi//? 为 1,合成号码"1"时读成"一"
} OnePronunciation_Type; //设置号码中"1"的读法 [y?]
void SetOnePronunciation(OnePronunciation_Type onePronunciation);

typedef enum
{
    Rhythm_Diasble,//? 为 0," * "和"#"读出符号
    Rhythm_Enable//? 为 1,处理成韵律,"*"用于断词,"#"用于停顿
} Rhythm_Type; //是否使用韵律 标记"*"和"#" [z?]
void SetRhythm(Rhythm_Type rhythm);


void SetRestoreDefault();//恢复默认的合成参数 [d] 所有设置(除发音人设置、
语种设置外)恢复为默认值

XFS5152CE(EncodingFormat_Type encodingFormat = GB2312);
void Begin(uint8_t addr = 0x50);
uint8_t GetChipStatus();
```

```
        void TextCtrl(char c, int d);

    private :
        uint8_t I2C_Addr;
    };
#endif
```

2)XFS.cpp 文件

```
#include "XFS.h"
#include <Wire.h>

#define XFS_WIRE Wire

#define XFS_DataHead (uint8_t)0xFD

XFS5152CE::XFS5152CE(EncodingFormat_Type encodingFormat)
{
  DataPack.DataHead = XFS_DataHead;
  DataPack.Length_HH = 0x00;
  DataPack.Length_LL = 0x00;

  DataPack.Commond = 0x00;
  DataPack.EncodingFormat = encodingFormat;

  ChipStatus = 0x00;
}


void XFS5152CE::Begin(uint8_t addr)
{
  I2C_Addr = addr;
  XFS_WIRE.begin();
}

uint8_t XFS5152CE::GetChipStatus()
{
  uint8_t AskState[4] = {0xFD,0x00,0x01,0x21};
  XFS_WIRE.beginTransmission(I2C_Addr);
```

```
  XFS_WIRE.write(AskState,4);
  XFS_WIRE.endTransmission();
  delay(100);
  XFS_WIRE.requestFrom(I2C_Addr, 1);
  while (XFS_WIRE.available())
  {
    ChipStatus = XFS_WIRE.read();
  }
  return ChipStatus;
}


bool XFS5152CE::IIC_WriteByte(uint8_t data)
{
  Wire.beginTransmission(I2C_Addr);
  Wire.write(data);
  if(Wire.endTransmission()! =0)                //发送结束信号
   {
          delay(10);
          return false;
    }
    delay(10);
    return true;
}

void XFS5152CE::IIC_WriteBytes(uint8_t * buff, uint32_t size)
{
  for (uint32_t i = 0; i < size; i++)
  {
    IIC_WriteByte(buff[i]);
  }
}

void XFS5152CE::StartSynthesis(const char * str)
{
  uint16_t size = strlen(str) + 2;
  DataPack.Length_HH = highByte(size);
```

```
    DataPack.Length_LL = lowByte(size);
    DataPack.Commond = CMD_StartSynthesis;
    DataPack.Text = str;


    IIC_WriteBytes((uint8_t *)&DataPack,5);
    IIC_WriteBytes(DataPack.Text, strlen(str));

}


void XFS5152CE::StartSynthesis(String str)
{
    StartSynthesis((const char *)str.c_str());
}

void XFS5152CE::SendCommond(CMD_Type cmd)
{
    DataPack.Length_HH = 0x00;
    DataPack.Length_LL = 0x01;
    DataPack.Commond = cmd;

    XFS_WIRE.beginTransmission(I2C_Addr);
    XFS_WIRE.write((uint8_t *)&DataPack, 4);
    XFS_WIRE.endTransmission();
}

void XFS5152CE::StopSynthesis()
{
    SendCommond(CMD_StopSynthesis);
}

void XFS5152CE::PauseSynthesis()
{
    SendCommond(CMD_PauseSynthesis);
}
```

```
void XFS5152CE::RecoverySynthesis()
{
  SendCommond(CMD_RecoverySynthesis);
}

void XFS5152CE::TextCtrl(char c, int d)
{
  char str[10];
  if (d != -1)
    sprintf(str, "[%c%d]", c, d);
  else
    sprintf(str, "[%c]", c);
  StartSynthesis(str);
}

void XFS5152CE::SetEncodingFormat(EncodingFormat_Type encodingFormat)
{
  DataPack.EncodingFormat = encodingFormat;
}

void XFS5152CE::SetStyle(Style_Type style)
{
  TextCtrl('f', style);
  while(GetChipStatus() != ChipStatus_Idle)
  {
     delay(30);
  }
}

void XFS5152CE::SetLanguage(Language_Type language)
{
  TextCtrl('g', language);
  while(GetChipStatus() != ChipStatus_Idle)
  {
     delay(30);
  }
}
```

```
void XFS5152CE::SetArticulation(Articulation_Type articulation)
{
  TextCtrl('h', articulation);
  while(GetChipStatus() != ChipStatus_Idle)
  {
    delay(30);
  }
}

void XFS5152CE::SetSpell(Spell_Type spell)
{
  TextCtrl('i', spell);
  while(GetChipStatus() != ChipStatus_Idle)
  {
    delay(30);
  }
}

void XFS5152CE::SetReader(Reader_Type reader)
{
  TextCtrl('m', reader);
  while(GetChipStatus() != ChipStatus_Idle)
  {
    delay(30);
  }
}

void XFS5152CE::SetNumberHandle(NumberHandle_Type numberHandle)
{
  TextCtrl('n', numberHandle);
  while(GetChipStatus() != ChipStatus_Idle)
  {
    delay(30);
  }
}
```

```
void XFS5152CE::SetZeroPronunciation(ZeroPronunciation_Type zeroPronunciation)
{
  TextCtrl('o', zeroPronunciation);
  while(GetChipStatus() != ChipStatus_Idle)
  {
    delay(30);
  }
}


void XFS5152CE::SetNamePronunciation(NamePronunciation_Type namePronunciation)
{
  TextCtrl('r', namePronunciation);
  while(GetChipStatus() != ChipStatus_Idle)
  {
    delay(30);
  }
}

void XFS5152CE::SetSpeed(int speed)
{
  speed = constrain(speed, 0, 10);
  TextCtrl('s', speed);
  while(GetChipStatus() != ChipStatus_Idle)
  {
    delay(30);
  }
}

void XFS5152CE::SetIntonation(int intonation)
{
  intonation = constrain(intonation, 0, 10);
  TextCtrl('t', intonation);
  while(GetChipStatus() != ChipStatus_Idle)
  {
    delay(30);
  }
```

```
}

void XFS5152CE::SetVolume(int volume)
{
  volume = constrain(volume, 0, 10);
  TextCtrl('v', volume);
  while(GetChipStatus() != ChipStatus_Idle)
  {
    delay(30);
  }
}

void XFS5152CE::SetPromptTone(PromptTone_Type promptTone)
{
  TextCtrl('x', promptTone);
  while(GetChipStatus() != ChipStatus_Idle)
  {
    delay(30);
  }
}

void XFS5152CE::SetOnePronunciation(OnePronunciation_Type onePronunciation)
{
  TextCtrl('y', onePronunciation);
  while(GetChipStatus() != ChipStatus_Idle)
  {
    delay(30);
  }
}

void XFS5152CE::SetRhythm(Rhythm_Type rhythm)
{
  TextCtrl('z', rhythm);
  while(GetChipStatus() != ChipStatus_Idle)
  {
    delay(30);
  }
```

```
}


void XFS5152CE::SetRestoreDefault()
{
  TextCtrl('d', -1);
  while(GetChipStatus() != ChipStatus_Idle)
  {
    delay(30);
  }
}
```

6. **实验** 4-3-4 HX711 **称重模块**

<程序来源于 Arduino 例程库>

```
#include <DFRobot_HX711.h>

/*!
 * @fn DFRobot_HX711
 * @brief Constructor
 * @param pin_din   Analog data pins
 * @param pin_slk   Analog data pins
 */
DFRobot_HX711 MyScale(A2, A3);

void setup() {
  Serial.begin(9600);
}

void loop() {
  // Get the weight of the object
  Serial.print(MyScale.readWeight(), 1);
  Serial.println(" g");
  delay(200);
}
```

参考文献

[1]柯博文. Arduino 完全实战[M]. 北京:电子工业出版社,2016.

[2]芦关山,王邵锋. Arduino 程序设计实例教程[M]. 北京:人民邮电出版社,2017.

[3]李明亮. Arduino 项目 DIY[M]. 北京:清华大学出版社,2014.

[4]李永华,高英,陈青云. Arduino 软硬件协同设计实战指南[M]. 北京:清华大学出版社,2015.

[5]肖明耀,夏清,郭惠婷,高文娟. Arduino Mega2560 应用技能实训[M]. 北京:中国电力出版社,2018.

[6]王乐. 自适应无线智能音乐灯光系统设计与实现[D]. 杭州:杭州电子科技大学, 2017.

[7]陈伯时. 电力拖动自动控制系统——运动控制系统[M]. 3 版. 北京:机械工业出版社,2003.